孩子一读就懂的

化学

趣味化学

［法］让·亨利·卡西米尔·法布尔　著

倪安淼　译

北京理工大学出版社
BEIJING INSTITUTE OF TECHNOLOGY PRESS

图书在版编目（CIP）数据

孩子一读就懂的化学. 趣味化学 / (法) 让·亨利·卡西米尔·法布尔著 ; 倪安淼译. --北京 : 北京理工大学出版社, 2021.10

ISBN 978-7-5682-9809-4

Ⅰ. ①孩… Ⅱ. ①让… ②倪… Ⅲ. ①化学—普及读物 Ⅳ. ①O6-49

中国版本图书馆CIP数据核字（2021）第083292号

出版发行 / 北京理工大学出版社有限责任公司

社　　址 / 北京市海淀区中关村南大街 5 号

邮　　编 / 100081

电　　话 / （010）68914775（总编室）

　　　　　（010）82562903（教材售后服务热线）

　　　　　（010）68944723（其他图书服务热线）

网　　址 / http://www.bitpress.com.cn

经　　销 / 全国各地新华书店

印　　刷 / 三河市金泰源印务有限公司

开　　本 / 880 毫米 × 710 毫米　　1/16

印　　张 / 23　　　　　　　　　　　　　　　　责任编辑 / 王玲玲

字　　数 / 313千字　　　　　　　　　　　　　文案编辑 / 王玲玲

版　　次 / 2021 年 10 月第 1 版　2021 年 10 月第 1 次印刷　　责任校对 / 周瑞红

定　　价 / 148.00元（全 3 册）　　　　　　　责任印制 / 施胜娟

CONTENTS
目录

C O N T E N T S
目录

21

不同种类的水

22

植物的工作

CONTENTS

目录

23

硫

24

氯气

25

氮的化合物

引子

保罗叔叔是一个很有学问的人，他住在一个偏远的小村庄里，过着给莴苣浇浇水、种种卷心菜和大白萝卜的平静生活。和他住在一起的，还有他的侄子们，埃米尔和朱尔斯。这两位年轻的小小学者都非常渴望学习，他们甚至已经在研究十字相乘法[1]的难点和过去分词[2]的缺陷了。哥哥朱尔斯甚至怀疑，当他掌握了算术和语法之后，学校已经没什么可以再教他的了。他们的叔叔总是鼓励他们去探寻知识，因为他坚信，在人生这场艰难的战斗中，最好的武器就是知识。

家里人早就注意到，保罗叔叔似乎有一个不同寻常的计划，他打算教给他的侄子们有关化学的一些入门知识，因为化学这门学科在实际生活中很多地方都能发挥巨大作用。

"这些可爱的孩子未来会成为什么样的人呢？"他这样问自己，"他们会成为制造商、艺术工匠、机械师、农场工人还是别的什么？谁知道呢。但是无论如何，有一件事是肯定的。那就是，无论将来做什么，只要他们能够对所完成的事情进行解释，对他们来说就是有好处的，所以他们必须掌握一点科学知识。我要让我的侄子们知道空气和水是什么；为什么我们要呼吸；为什么木头能燃烧；植物生长所必需的营养元素以及土壤的成分有哪些。我要他们了解这些基本的知识，毕竟农业、工业技术和

---

1 [1] 十字相乘法：因式分解的14种方法之一，表达式为 $x^2 + (a+b)x + ab = (x+a)(x+b)$。

2 [2] 过去分词：一般在动词后加ed，表示被动或完成。

我们的健康本身都离不开这些知识。我要让他们从自己的观察和体验中彻底理解这些事情。这里的书肯定是不够的，它们只能用作科学实验的辅助工具。我们该怎么办呢？"

就这样，保罗叔叔思考着他的计划，一个非常艰巨的计划，比如如何拥有一个实验室和所有精妙的设备，没有这些，好像是没法进行任何严谨的化学实验的。现在手边唯一的装备是家里最常见的器皿——瓶子、药罐、瓦罐、茶壶、盘子、杯子、碗、酒杯和芥末瓶子。这儿距离城里也不远，特殊情况下，我们还可以购买一些便宜的药品和玻璃器具，所以要留出十法郎作为经费。那么，如何在这个村庄给我们提供的简单设备的帮助下，传授一些有用的化学知识呢？——这就是问题所在。

但某天，保罗叔叔向他的侄子们宣布，他打算做一些小小的转变，从而让他们枯燥无味的学习更加生动有趣。由于他们对"化学"根本没有概念，所以他不再使用这个词，而只是向他们展示有意思的现象以及他们所做的各种各样神奇的实验。活泼且富有好奇心的埃米尔和朱尔斯知道后十分高兴。

"我们什么时候开始？"他们问道，"明天，还是……今天？"

"就今天！马上就开始！给我五分钟准备一下。"

01

混合物与化合物

导　读

王凤文

　　嗨，亲爱的小伙伴，我知道能拿起这本书，翻到这一页的你，一定是一个爱思考、爱钻研、充满好奇心的聪慧宝！没错，这本书会带你走进一个通往化学科学的神奇之旅，在这里，由智慧的保罗叔叔领队，和你一样爱思考、爱学习的朱尔斯和埃米尔两位小朋友已经在等你。让我们一起，轻松愉悦地走进神秘而又真实的物质世界吧，是不是很期待呢？

　　小伙伴们，化学世界是一个充满神奇色彩的世界，化学科学是一门以实验为基础的科学，我们生活在一个物质的世界里，我们的生活随处都有化学，保罗叔叔今天选取了随处可见的铁屑、看不见摸不着的空气、水以及我们玩过的磁铁，还让我们认识了一种中学化学常见物质——硫黄，那么铁屑、硫黄、空气、水之间到底发生了哪些故事呢？你的两个小伙伴，埃米尔和朱尔斯对那个发烫的瓶子产生了浓厚的兴趣，并且对"灼热""痛"的感受颇深。听说"人造小火山"等一系列精彩实验将会由你给大家展示，我看好你呦！

　　从今天起，你能够接触到**"纯净物""混合物""单质""化合物""化合反应"**等新名词，你将认识**"金属单质"**和**"非金属单质"**，还会学到**"混合物的分离方法"**，这些陌生的字眼不会吓到你吧？你可以把它们理解为游戏世界中的成员和道具，它们是我们学习、感知化学内容的基本成员，保罗叔叔会引领我们借助简单的物质、简单的实验让你轻松学会它们。

　　在这里，保罗叔叔精心给我们设计的每一个场景、每一次任务，都会充分地启迪到我们的小脑瓜，我们要去观察，去思考，去寻求解决问题的办法，你的每一次探究，不管成功还是失败，都会带给你不一样体验，相信N次失败之后一定有第N+1次的成功，这是世上几乎所有的科学家、发明家的必经之路。保罗叔叔会在引领的路上教给我们科学的方法，会让我们以后尽可能少走弯路。到时候可要瞪大你的眼睛，用上你的小巧手，开动你的大脑机器，去观察，去感知，去发现，去大胆尝试哦！

　　本书用浅显、明白的对话和简单、生动的实验，将化学的基本知识有系统、有步骤地一一讲解，读这本书，仿佛在读一本动人的小说，它能把你吸引到故事中去，你将跟保罗叔叔在一起，一边听他亲切的讲解，一边看他忙碌的实验，你会发现，化学世界是色彩斑斓的，又是变化莫测的，化学能"把白色变成黑色，把黑色变成白色，把甜的变成苦的，把苦的变成甜的，把无害的物质变成致命的毒药，把致命的毒药变成完全无害的东西"。保罗叔叔给我们精心设计的实验，就在我们的眼皮底下，变魔术一般地让铁和硫黄消失不见了。在这个奇趣无穷的世界里，你的好奇心将会得到极大满足。

　　化学实验是研究物质性质及其变化的重要途径。通过认真品读，我们不仅能体会到化学实验带来的无穷魅力，还能轻松地学到很多中学化学的基础知识。

　　1.物质的分类体系如图所示。你还知道物质的其他分类方法吗？按什么分类的呢？把生活中的物质去对对号吧。

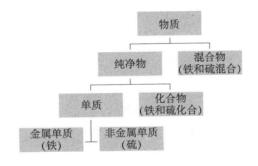

　　2.分离铁粉和硫黄混合物的方法有两种：

①利用铁能被磁铁吸引的特性。

②利用铁粉和硫黄均不能溶于水且密度不同。

你在生活中还遇到过其他方法吗？和同伴们交流一下吧，你一定会有更多收获。

3.化合反应：两种或两种以上物质生成一种物质的反应。

　　哈哈，我知道急性子的你已经迫不及待想去找保罗叔叔和小伙伴了，那就来吧，未来的小化学家！让我们一起走进奇妙的化学世界的第1章《混合物与化合物》吧！

第1节

证明铁屑

说干就干，保罗叔叔到他的邻居锁匠师傅家里，从他工作台上的东西中挑选了一样，用一张纸包起来带走了。接着，他又去药店里，花几毛钱买了一种药，把它用一块旧报纸包好，将这两包东西一起带回了家。

"这是什么？"他把其中一个包裹打开，问孩子们。

"它是一种黄色的粉末，把它放在手指间摩擦，会发出轻微的噼噼啪啪的声音。"埃米尔回答，"我猜这是硫黄。"

"我，"朱尔斯补充说，"我敢肯定这是硫黄，你们看着。"

说着，他拈起一小撮黄色的粉末，撒在厨房烧得正旺的一块木炭上，随着一股难闻的硫黄火柴的气味，蓝色的火焰升腾起来。

"我觉得这就是硫黄！"男孩儿高兴地叫起来，因为他找到了一种十分快速的方法来证明他叔叔给他们带来的东西是什么，"它是硫黄，不可能是别的东西，因为那是唯一燃烧起来发出蓝色火焰而且气味难闻到让人想要咳嗽的东西。"

"是的，孩子们。"他们的叔叔对此表示赞同，"这是细细的粉状硫黄，叫硫黄精（flowers of sulphur）。那么再猜猜这是什么？"

他打开第二个包裹，露出里面的粉末，它闪闪发光的颗粒告诉我们，这是一种金属。

"看起来很像铁屑。"小观察员弟弟说道。

"不仅仅看起来是铁屑。"小观察员哥哥却断言说，"这就是铁屑。保罗叔叔，您一定是从锁匠家买的。"

"虽然我必须祝贺朱尔斯拥有聪明的头脑和敏捷的思维，"保罗叔叔说，"但是我同时得给他提个醒，不要太武断。在接下来我们一起学习的过程中，最好在下任何结论之前先仔细观察，否则就有可能频频出错。你说这些金属颗粒是铁屑，但是铅屑、锡屑、锌屑、铁屑——它们都有着非常相似的外观，颜色都泛白且有光泽。你说黄色的粉末是硫黄，就拈一撮粉末撒在燃烧的木炭上来证明你说的是对的。现在找找同样强有力的证据，来证明这些金属屑是铁屑。"

男孩们开动脑筋，他们疑惑地看向对方，还是想不出什么好办法。到底该做一个什么样的小测试来证明这些金属屑是铁屑呢？这确实是一个令人费解的问题，但最后保罗叔叔引导着男孩们找到了正确的解决思路。

"用磁铁怎么样？"他说，"那块马蹄形的磁铁，朱尔斯上一次从集市上买来放在他的小工具柜里，用来做物理实验的那个？它不正能帮你们脱离现在的困境吗？我看到过很多次你们玩磁铁的样子，你们用它来吸铁、钉子、针。难道它还能吸铅不成？"

"不，"朱尔斯回答说，"我从来没能用它吸上一点儿铅，尽管它会吸起更重的铁，例如一把钥匙。"

"它会吸引锡吗？"

"不，锡和铅一样。"

"锌和铜呢？磁铁对它们有什么影响吗？"

"也和铅、锡一样。啊！我知道了。磁铁只吸引铁。这就是我们需要做的小测试。我们现在开始吧。"

于是朱尔斯两步并作一步跑上楼，迅速来到他的工具柜前。在那个松木架子上，摆放着他的书和他的小器械、简单的器具，还有他自己的手工小玩意儿。他一把抓住他的磁铁，冲下楼，把它几乎没入金属屑堆里。金属屑立刻一簇簇地吸在磁铁的两端，形成了长长的竖立的胡须。

"瞧，"男孩儿大声道，"它把那些颗粒吸上来了！我现在确定这是铁屑，肯定是铁屑。"

"是的，我的孩子，它们就是铁屑，"他的叔叔赞同道，"我在锁匠的工作台上收集了这些铁屑。现在，毫无疑问我们已经证明了这些确实是铁和硫，有了它们，我们就要进入化学的学习了。你们注意看好接下来我要做的事。"

第2节
分离混合物

说着，他把硫黄精和铁屑倒在一张大纸上，然后像抖筛子似的抖了抖，再用手指搅了搅，把它们充分混合在一起。

"看，现在，"他说，"我们的报纸上有什么？"

"哦，太简单了，"朱尔斯回答说，"这不就是硫黄精和铁屑的混合物。"

"没错，一个混合物。那么如果它们混在一起，你们还能区分得出来它们分别是什么吗？"

"没什么比这更容易的了，"埃米尔仔细地看了看报纸上的东西，回答说，"例如，这边有一些硫黄颗粒，我能认出来是因为它们是黄色的；这边是一些铁屑，我可以从它们闪亮的光泽看出来。"

"你愿意一粒一粒地把这两种物质全部都分开来吗？"

"可以啊，不过有这个必要吗？虽然我的视力很好，在别针的帮助下，我可以把所有的硫黄拨到一边，把所有的铁拨到另一边，但是，我怀疑以我的耐心是不是能坚持到底。"

"嗯，这肯定是一项比拣一盘豆子更费时的工作，埃米尔不论多有耐心，都没法完成这项任务。但这件事并非不可能。那一小堆，现在既不是纯硫黄的黄色，也不是纯铁的有光泽的灰白色，而是两种颜色都有一些，结果有点儿泛绿的东西，我觉得，一双足够有耐性的眼睛能看出它们的区别，一双足够灵巧的手可以把硫和铁分开。然而还有其他方法来分开硫和铁。谁能想到一个？加油，现在开动脑筋。"

"我想到了！"朱尔斯喊道，他把磁铁的两端或两极在混合物中来回移动。

"我正要说这个方法，"埃米尔说，"要是朱尔斯多给我一点时间来思考的话就好了。叔叔已经提示过我们用磁铁了，剩下的一目了然。"

"经过一番深思找到解决困难的方法，这没什么问题，我年轻的朋友，"他的叔叔回答说，"但果断地处理问题会更好。不过，我敢肯定，你很快就会和朱尔斯打成平手。现在让我们看看他分离这两种物质的方法到底能不能成功。"

朱尔斯继续把磁铁插进铁屑和硫黄的混合物中，结果，金属颗粒被吸在磁铁的两极，并紧紧地粘在了上面，而硫则被留在了纸上。磁铁一次又一次地搅进混合物堆里，每次把它取出来的时候，它的两端都会吸上长长厚厚像胡子一样的铁屑，小小操作员用手指将它剥离后，放在一边。一颗硫的小粉粒儿都没被磁铁吸上来，或者至少不是由于它的吸引力而被吸上来，磁铁对硫没有多大影响；如果在与硫黄分离的铁屑中有零星的硫黄颗粒，那仅仅是因为它们已经粘在了金属颗粒上。不一会儿，通过这种分离方式，他轻轻松松地就把硫黄精和铁屑分开了。

"这真是一个好方法！"朱尔斯叫道，他为他成功分离了这两种物质欢呼雀跃，"就是像这样，看呐！磁铁每次都能吸上铁屑，剩下的就是硫黄。不到十分钟，我就能把纸上的铁屑和硫黄分开啦。"

"先停一停，我亲爱的孩子，"保罗叔叔说，"你的方法很完美，速度又快，效果又好。现在把铁屑和硫黄一起放回去，再把它们重新混合在一起。在这两种物质的分离过程中，你们的磁铁功不可没，但不是每个人都有磁铁。有没有什么办法，即使不用磁铁，也能实现我们想要的分离呢？这是极好的机会，尤其是对我们这个小团体来说，学会如何在手头没有我们所需要的工具的情况下，达到最终想要的结果，是必不可少的学习历程。接下来，让我们把磁铁放一边儿去，找一些其他的方法来分离铁屑和硫黄。想一想，我会提示你们的。这两种物质中哪个更重，硫还是铁？"

"铁。"两位小小化学家异口同声道。

"如果我们把铁扔进水里，会发生什么？"

"它会沉到底部。"

"硫呢？它会怎么样？我是指被磨成粉的硫黄——硫黄精，而不是块状硫黄，因为块状的也会沉入水中。"

"我明白了！"埃米尔急忙回答，生怕再次被他哥哥在这场斗智斗勇的比赛中击败，"我明白了！我要把所有的混合物倒进一杯水里，铁就会沉到水底，但是硫黄——等一下，硫黄——"

"嘘，朱尔斯！"他的叔叔制止了试图插嘴的小男孩，"让你弟弟把话说完。"

"硫黄，"埃米尔重复着，他的脸涨得通红，"会停留在表面上；又或者它会下沉，但不会像铁那么快，因为铁重得多。我们试试才知道。"

"我相信，我的好埃米尔，"他的叔叔赞许地说，"你马上就要和朱尔斯打成平手了。你的想法非常棒，你稍微犹豫了一下才说出来，那只是因为你仍然不太确定硫黄到底会怎么样。我来帮你验证一下。"

于是保罗叔叔拿起一个大杯子，把它装满水，抓了一把混合物扔进去，同时用一根小木棍搅拌起来。在一连串行云流水般的操作后，他停了下来，静静地等待着结果。很快，铁屑由于过重，沉到了杯子底部，而硫黄精仍然继续在水中打着转。紧接着，旋转的液体被倒进另一个玻璃杯里，当水慢慢平静下来时，悬浮起来的硫黄精也渐渐沉在了杯底。就这样，这两种物质被分别收集起来，第一个玻璃杯中是铁，第二个玻璃杯中是硫黄。

"看呐，我年轻的朋友们，"保罗叔叔说，"这和用磁铁的效果差不多，而且这个过程不需要任何人手边必须有什么特别的工具。我再强调一遍，让我们学着在缺少工具的时候仍然能达成预期的结果。你们肯定能感受到，如果用刚才给你们展示的方式把这两种完全混在一起的物质，一小撮一小撮地分开，对我们来说会更轻松简单，虽然这不是我现在的目的。让我们简单总结一下我们刚刚学到的东西。当两种或两种以上的不同物质混在一起，却能够通过一两种简单的方式把它们分开时，它们就是混合物。在你们面前的那堆，就是硫黄和铁的混合物，这个混合物可以用磁铁或水分开，甚至如果我们有足够的时间和耐心，可以一粒一粒地用手把它们分开。这个实验到这里就结束啦，让我们继续做点儿别的吧。"

第3节
发烫的瓶子

说着，他把铁屑和硫黄的混合物放进一个碗里，加了一点儿水，用手指进行搅拌，直到它被揉成黏糊糊的一团。然后他拿出一个透明的玻璃瓶子，这是一个旧的废弃瓶子，曾经可能装过糖浆或药，不过现在它被用来装这一团黏糊糊的东西。最后，为了加热这团糨糊，他把瓶子放在了太阳下。因为这是夏天，保罗叔叔想要的结果很快就有了，高温万岁。

"现在注意力集中，"他提醒他的学生们，"你们会看到一些有趣的现象。"

孩子们目不转睛地盯着，生怕错过他们的第一个化学实验，哪怕一丁点儿。瓶子里会发生什么？他们没有等太久。一刻钟不到，神奇的事就出现了：瓶子里的东西，起初是硫黄的黄色和铁水的灰色混合成的浅绿色，现在它开始逐渐变黑，变成木炭一样的东西，同时，伴随着嘶嘶声，蒸汽从瓶口冒出来，少量的黑色物质像爆炸似的喷射出来。

"朱尔斯，"他的叔叔说，"把瓶子拿在你手里一会儿，不管发生什么事，都不要松开。"

男孩毫不怀疑地靠近，紧紧地抓过瓶子。

"哦，哇！"由于疼痛和惊讶，他大喊，"太烫了，太烫了！"他努力地控制着自己不把这灼热的瓶子扔出去。他迅速地把瓶子放在地上，这速度可要比他拿瓶子的时候快多了。他转向叔叔，像一个不小心碰到烙铁的人一样甩着手指。"太可怕了，叔叔！"他继续道，"这一秒钟都不可能坚持得下来，它太烫了。假如瓶子放在火上烧过，我就能猜到它是烫的；但是这里没有火来加热它，它自己就烫成那样了，这谁能想到呢？"

轮到埃米尔拿这神奇的瓶子。瓶子太烫了，几乎要把任何碰它的人都烧着。他先是小心翼翼地用指尖试探了一下，然后一下子握在手里，又飞速把它放下来，甚至比朱尔斯的速度还快。由于这莫名其妙的灼热，他的脸上写满了深深的震惊和疑惑。

"水倒在铁屑和硫黄的混合物上，"他自言自语，"它被水打湿，水肯定不是火的燃料，然后整个瓶子被放在算不上多热的太阳下晒，很快，不知道为什么，混合物就会变得发烫。我不懂。"

啊，我的小伙计，保罗叔叔的化学实验在结束之前还会给你带来很多其他惊喜！进入化学研究的人都会打开新世界的大门，遇见一个接着一个的奇迹，永无止境。但可别晕头转向了，睁大你的双眼，记住你所看到的，渐渐地，你就能灵光一现，明白这些迷惑的实验操作了。即使现在看来，它更像是魔法而不是真正的科学。

第 4 节

硫黄都去哪了

"以小小的疼痛作为交换，"保罗叔叔继续说，"我们已经知道了，瓶子里的东西很明显温度自动升高了，而且温度上升了不是一点点，而是大幅度上升，甚至给我们带来一种灼烧感。那么刚才发生的一切，我们都可以归因于这股高温的力量。我倒在混合物中的水蒸发了，变成了水蒸气，于是产生了从瓶子里冒出的白色水汽。随着水分的蒸发，还会伴有嘶嘶声、爆裂声，并且炸得固体物质飞溅出来。如果我有更多的铁屑和硫黄——如果我的混合物不止一把，而是整整十千克或者更多——我就能制造出更令人惊叹的现象。但我只能跟你们描述一下这个曾经给旁观者们带来不少欢乐的有趣实验。

"在地上的一个大洞里面放满大量混合的铁屑和硫黄，把水泼上去，接着再盖一堆潮湿的土在上面。不久这个小土丘会开始像火山喷发一样：山底周围的土地会颤抖，堆积如山的混合物会到处裂开，裂缝会喷出蒸汽，伴随着嘶嘶声、爆炸声，甚至冒出火舌来。这被称为人造火山。真正的火山则完全不同，尽管这不是揭示这两者区别的最佳时机，但我必须补充一句，真正的火山喷发可不是因为埋藏在地下的铁屑和硫黄的混合物造成的。当然，你完全可以利用你的闲暇时间，用少量的铁屑和等量的硫黄精建造一个属于你自己的微型火山。潮湿的土坡虽小，但绝对能给你带来足够的乐趣：它至少会裂出点儿缝，喷出些热蒸汽来。"

埃米尔和朱尔斯决定把他们能在锁匠那里收集到的所有铁屑都拿来，再买一些预算内的硫黄精，尽早开始进行他们的人造火山实验。当他们热火朝天地讨论这个计划时，瓶子里的骚动逐渐平息，温度也迅速下降，直到瓶子冷却到足够凉爽，可以直接握在手里时，保罗叔叔拿起它，把里面的东西倒在一张纸上。倒出的东西是一种类似于煤灰的深黑色末。

"现在瞪大你们的小眼睛，"他说，"看看你们能不能找到硫黄；实在不行，试着找出一个硫黄颗粒。"

孩子们在"煤"堆里用别针翻来翻去，仔细地看了又看，但在一番艰难的寻找后，也没能找出哪怕一小粒硫黄。

"现在它能在哪儿呢？"小探索家们提出疑问，"所有这些硫黄变成了什么？它一定是在那里，因为我们明明看到它被放进瓶子里了，毫无疑问，它一定是在那儿。实验过程中没有东西遗失，因为除了点儿蒸汽，没有东西从瓶子里跑出来。它一定在这里，然而我们还是找不到一丁点儿硫黄颗粒。"

"也许，"朱尔斯提议说，"即使它在那里我们也找不出来是因为它变黑了，但是我们可以用火来试试，问题就能迎刃而解了。"

朱尔斯坚信他能解开这个疑团，他走进厨房，拿了一些燃烧的煤块，撒了一撮黑粉上去。他等了一会儿，又向煤块吹气，使它们烧得更旺些。他试了一次又一次，每次都拈一小撮黑粉撒在木炭上，却没有出现蓝色的硫黄火苗，他彻底失望了。

"好吧，我承认，"那困惑的孩子喊道，"我不知道！虽然粉末中确实含有硫，但是它不会燃烧。"

"还有铁，"埃米尔说，"我也看不见。除了'黑色的煤灰'，什么都没有。根本没有像铁一样会闪光的东西。让我们试试磁铁，看看它能不能把铁屑从中分离出来。"

但是磁铁和燃烧的木炭一样，没起什么作用：把磁铁放进黑色粉末里来回移动，再也没有铁屑吸附在两极上，也再没出现一簇簇的"胡须"了。没有东西被吸引上来，甚至任何东西都没有哪怕一丁点儿要粘在一块磁铁上的迹象。

"好吧，这也太奇怪了，"埃米尔说着，仍然把磁铁来来回回放进"煤"堆里，"这里肯定有很多铁的，但它不会粘在磁铁上。如果不是我亲眼看到铁放进去了，我可能会说整个'煤'堆里没有铁屑。"

"我也是，"朱尔斯附和道，"如果我没有看到硫黄和铁屑混在一起，我可能会说那里面一点儿硫黄都没有。尽管这两种物质都被放进去了，但是'煤'堆里似乎一点儿硫都没有；更别提一粒硫黄、一粒铁屑了，即使这东西就是用硫黄和铁屑做出来的。"

保罗叔叔让他的两个侄子发表了自己的见解，让他们相信，这样由于个人观察得出的结论，要比那些从另一个权威的人那里听来的价值要大得多。观察的过程，就是了解的过程。不过当孩子们彻底认为他们无力找到和分离硫黄或铁屑之后，他终于加入进来。

第 **5** 节
化 合 反 应

"好吧，"他说，"你们现在能把这两种物质，一粒一粒地分类吗？"

"没有用，"孩子们回应道，"我们一点儿它俩的踪迹都找不到。"

"用磁铁怎么样？"

"也不合适，它不会吸引任何东西。"

"那么，要不试试水吧。"

"我对它不抱太大希望，"朱尔斯回答说，"因为这堆东西看起来不轻不重。但是，我们仍然可以尝试一下。"

一撮黑色的粉末被扔进水里，不断搅拌，但它很快就沉到玻璃杯的底部，丝毫没有分开的意思。

"那么，也就是说，"保罗叔叔接着说，"用一开始成功过的方法来分类是不可能的了。这还不是全部：我们面前这堆东西的外观和性质已经发生了变化，如果你事先不知道这里面有什么，你就永远不会知道这两种成分的存在。"

"可是，世界上谁能想象出这种黑色的东西是用硫黄和铁制成的呢？"

"就像我说的，这堆东西的外观改变了，"他们的叔叔坦白道，"硫黄是美丽的黄色，铁是一种有光泽的灰白色，而它们结合产生的物质既不是黄色的，也不是灰白色的，更不是有光泽的；相反，它是黑色的。它的性质也同样发生了变化：我们知道硫黄很容易燃烧而且火焰是蓝色的，并伴有令人窒息的气味，但这种黑色物质被撒在木炭上时却没有被点燃；铁屑被磁铁所吸引，而磁铁对这里的黑粉没有影响。因此，我们必须得下个结论，这种粉末既不是硫黄也不是铁，而是某种性质完全不同的第三种物质。我们叫它硫黄和铁的混合物可以吗？当然不行，因为我们没法再把这两种成分分开，硫黄和铁已经被另一种完全不同的成分取代了。因此，我们必须用一个化学中比我们所知的'混合物'（mixture）更贴切的词语来描述它，那就是'化合物'（combination）。混合物保留混合前物质的特性；化合物则会使原本的物质消失，用别的物质取代它们。毕竟混合物总是可以通过一些特定的简单方法来分离出原来的物质，变成化合物之后，就永远不可能再分开了。因此，我们可以说，当两种或两种以上的物质不能像之前一样被分开时，简而言之，当它们自己的特性消失了，被其他特性代替时，它们就化合在一起了。

"同时，我年轻的朋友们，你们还要注意，绝不能用化合前物质的属性来推测新的化合物的性质。在之前没有对这些有趣的东西进行研究的情况下，谁能想到，硫黄，黄色的易燃物，会变成一种黑色不可燃的粉末呢？谁能想到，铁，具有金属光泽且对靠近的磁铁立刻有反应的物质，能够变成一种暗黑的物质成分，而且不会被磁铁所吸引呢？没有前面知识的铺垫，这些事情完全是天方夜谭。化合物，你们以后会不断观察到的，它是物质的根本性的改变，把白色变成黑色、黑色变成白色，把甜的变成苦的、苦的变成甜的，把无害的物质变成致命的毒药、把致命的毒药变成完全无害的东西。当两种或两种以上的物质化合在一起时，可得看好了。

"还有一点需要时刻注意。在化合时，我们的铁屑和硫黄的混合物是自发地进行加热的；准确地说，它变得如此滚烫，我们甚至无法将它拿在手上。朱尔斯会在很长一段时间内无法忘记这个突如其来的高温给他带来的惊喜。关于这一点，我必须告诉你们，温度的上升就是因为铁屑和硫黄在进行化合。每当两种或两种以上的物质开始化合时，会产生热量，有时只是精密仪器才能探测出来的轻微变化；有时，或者说更常见的，是我们难以触摸的灼热；又或者有时，温度急剧上升，以至于肉眼可见闪耀的红光甚至刺眼的白光。总之，无论什么时候化合，或多或少都会散发热量；所以，相应地，每当有发光和发热的迹象时，基本就是化合反应正在进行。"

第6节
生活中的化合反应

"我想问个问题，保罗叔叔，"朱尔斯打断道，"当煤在炉子里燃烧时，不同物质之间是否存在着化合？"

"当然有。"

"那么，其中一种物质一定是煤，不是吗？"

"对，一个是煤。"

"那另一个呢？"

"另一种在空气中，是我们看不见的物质，但它确实存在。我们站在远处或许能观察到它。"

"在壁炉里燃烧并散发热量和火光的木头也是其中一种物质？"

"这是另一种化合反应，木头和空气中其他物质的化合反应。"

"还有我们用来照明的灯和蜡烛？"

"那儿也有化合反应。"

"那么，每次我点燃任何东西，化合反应就开始了？"

"没错，你会使两种不同的物质化合在一起。"

"多有意思啊！化合！"

"不仅仅是有意思，我的孩子，它比你能想象到的更实用，这就是为什么我希望你们不要对它所带来的奇妙的转变一无所知。"

"你能告诉我们所有有关这些奇妙现象的知识吗？"

"如果你们俩都能时刻保持注意力集中的话，我就把我所知道的全部告诉你们。"

"哦，这对我们可没有什么坏处。我们一个字也不会落下，我们能记住所有你说的。我喜欢这样的课堂，这比断句和单词变位有趣得多。你不觉得吗，埃米尔？"

"没错！"他非常肯定，"我希望我能每天上这样的课，上一整天。我可以随时抛弃我的语法，跑去建造一座人造火山。"

"我亲爱的小淘气们，"他们的叔叔告诫他们说，"如果你们想和我搞好关系，不要让你们对化学的热情淹没了你们对语法的重视。化学有它的重要之处，语言也有它发挥作用的地方。两者都不可轻视，尽管这对你们来说有点难，你们还是应该保持好两者的平衡。那么现在让我们重新回到化合反应这个主题上吧。

"正如我所说，它总是伴随着热量的产生，有时还会发光。爆破声，噼啪声，闪现的火光，明晃晃的裂纹，耀眼的火花——总之，火焰绚丽的表演——当两种物质进行化合时，出现这些现象都是很正常的。这两种物质结合在一起，紧密相连时，我们可以说，它们结婚了，光和热就是和我们一起庆祝婚礼的风车和罗马烟火筒。不要嘲笑我的比喻，这比你们想象的要贴切得多。化学中的化合就像婚姻，它把两种物质合二为一。

"现在我得告诉你们，这个物质就是硫黄和铁'婚姻'的产物。我们不能再叫它硫黄，因为它不再是硫黄；我们也不能称它为铁，因为它不再是铁。它也不是'硫黄和铁的混合物'，因为一开始的混合物已经合二为一了。它在化学中的名称是'铁的硫化物'（sulphid of iron），这个名字能让我们同时记住这两种在化学世界里举行了'婚礼'的物质——铁（iron）的写法没有变，而硫（sulphur），则看起来稍微有些变化，变成了硫化物（sulphid）。"

02

一片面包

导读

王凤文

　　亲爱的小伙伴，你是否还沉浸在"人造小火山"成功喷发的惊奇之中？没错，太震撼了，耳听为虚，眼见为实，简简单单的硫黄和铁屑，被埋在潮湿的土堆中就能迸发出巨大的能量，滚烫的小土丘中发出的"噼噼啪啪"的响声，伴随"滋滋"声响冒出的阵阵热气带给我们强烈的感官刺激，是的呢，银白色的铁屑和黄色的硫黄精发生了化合反应，生成了一种新的化合物，全然失去了本来面目，生成了黑乎乎的铁的硫化物，我猜测在极大的满足感过后，你一定也和朱尔斯、埃米尔一样，又有新的疑问产生了吧？

　　这两位小朋友正缠着保罗叔叔要从黑色的物质中找回铁和硫黄呢，能否做到呢？保罗叔叔这次又将带给我们哪些神奇的事情呢？

　　对于面包，大家应该不会陌生吧？每当吃着松软香甜的面包时，你会把面包和黑乎乎的木炭联系起来吗？你想不想亲眼看到面包中的木炭成分啊？面包中除了"木炭"之外，还会有些什么？

　　小伙伴们，实践是检验真理的唯一标准，要想获取真知，就要具备科学探索的精神，掌握科学方法，通过科学实验来完成。当然，小伙伴们，真正的科学家，要善于发现生活中的问题，能提出问题，并尝试去解决问题。看呢，保罗叔叔的问题来了，让我们跟随问题开始今天的化学学习吧。

　　在化合反应的基础上，保罗叔叔利用拉动"斯奈普"糖果纸的小纸条以及对"玩具鱼雷爆炸"的原因分析，让我们知道中学化学中所学的第二种基本反应类型——分解反应。保罗叔叔会借用"结婚"和"离婚"字眼来演绎"化合""分解"。着实，铁和硫经历了轰轰烈烈的过程化合在一起，要想把它们分离开成原来的状态，真的不是一件可以用磁铁或者水就能解决的事情了。物质之间能否发生反应，是化合反应还是分解反应，取决于物质本身的性质。对了，什么是分解反应？从字面理解，就是由一种物质变成两种或两种以上其他物质的反应。

黑乎乎的烤焦了的面包，让我们确信面包的成分中含有"炭"，可是面包的主要制作原料原本是面粉，白白胖胖、营养美味的面包怎么会被火"毁"掉成黑炭呢？面包中的其他成分去哪里了？别担心！保罗叔叔会提醒我们注意观察实验的每一个细节，引导我们正确的思路，我们一定要认真观察、思考。保罗叔叔会通过"建筑房子"的事例帮助我们理解，不论哪一种反应，都要遵循"物质不灭"规律，也就是我们刚刚接触化学就要学到的**"质量守恒定律"**。这是自然界存在的普遍性规律之一，任何事物都不会凭空消失，尽管所有的表象都会消失。在中学化学中，我们将会学习到，**"参加反应的所有物质的质量总和等于生成的所有物质的质量总和"**。这个规律会渗透在我们化学学习的每一个层面。

铁和硫化合生成的铁的硫化物当中仍然含有"铁"和"硫"，面包过度烧烤过程中，除了产生"黑炭"，还会产生气体散失到大气中，实际上是由于面粉中含有"碳、氢、氧"，这些都是化合物中的组成元素。反应过程中，元素不会随着反应的发生而变化或消失，却可以通过各种组合构成世间万物，是不是很神奇呢？实际上，面包的烧烤、木棍的燃烧的过程中，不仅有物质的消耗，也存在着物质的生成，只不过生成的气体扩散到了空气中。所以我们不要被"面包变黑""木棍消失"的表象所迷惑。

通过硫和铁发生化合反应产生高温这一事实，以及木棍的燃烧现象，我们会认识到，这样的化学反应发生的同时，会伴随着大量的能量释放。其实，任何一个化学反应都会伴随着能量的变化，当然，有的反应会放出能量，有的反应会吸收能量，自然界中能量也要遵循守恒定律。

第 1 节
物质分离

孩子们成功造出了一座小小的人造火山，这个潮湿土壤堆起来的小土丘逐渐变得滚烫，噼里啪啦地裂开一道道口子，随着尖锐的嘶嘶声，喷出阵阵蒸汽。孩子们用他们能想到的所有方法，不慌不忙地检查了实验产生的铁的硫化物，发现和他们的叔叔之前制作出来的东西一模一样，所有的一切都令年轻的实验者们大为满足。这时，叔叔加入了他们。

"在你们的人造火山里剩下的黑色粉末中，"他说，"有铁也有硫。当你们亲眼看到这个物质是如何产生的，并亲手做完这个实验，你们就能打消心中疑虑了。然而，没有任何迹象能表明这些黑色粉末中有硫黄和铁，因为它在颜色和外观上与这两种物质完全不同。如果我先把这粉末给你们看，不告诉你们它的成分是什么，你们肯定想不到它含有硫黄或铁；如果我告诉你们它的成分却没让你们亲眼瞧见它的化合过程，你们虽然会相信叔叔的话，但同时你们也一定会为此大吃一惊。你们或许会惊奇'什么？那东西里有硫黄，不是黄色的？也不会燃烧？还有铁？一点儿铁的光泽都没有？磁铁也吸不起来？'简单来说，你们虽然会相信我，相信我说的话，但是除非亲眼所见，你们心里还是没法确信这是真的。

"在你们的眼皮子底下做实验，我让你们'确信'，你们也自己亲自动手操作更加坚定地'确信'。所以我们三人都深信不疑，我们眼前这堆黑色的物质，既有硫黄，也有铁。那么新的问题来了：有没有可能让已经发生化合的铁和硫黄恢复成它们原来的样子呢？化合可以被'撤回'吗？这两种成分可以变回它们一开始的样子吗？答案是肯定的，小朋友们，有这个可能性，但是没有哪个简单的分类过程足以把这两个化合在一起的物质分裂开来。无论你们怎么尝试，都是白费力气，因为一旦它们化合在一起，就没有什么能让它们分开了。假如想要实现分解，就必须求助于化学领域的科学方法；由于你们在这方面的知识还很少，所以我不会采用这些方法。此外，就我们目前的目的而言，硫黄和铁分不分开并不重要。既然黑色粉末中确实包含这两种成分，不可否认，它们就可以通过必要的手段从黑粉末中分解出来，但我目前只想让你们有个印象。"

"毫无疑问，"朱尔斯同意道，"一种由铁和硫黄制成的物质，在经过适当处理后，必须还有铁和硫黄。这一点没有争议。不过，我还是希望看到被化合的铁屑和硫黄精变回铁和硫黄。"

"我再说一遍，我亲爱的孩子，虽然这操作起来并不困难，但它需要用到你们完全不知道的药物，这在你们眼里将会神秘莫测，令人费解。让我们一次只学一点点，学得清楚一点，这才是获得大量且牢固的知识的途径。

"但是，既然我们已经讨论了这个问题，我要告诉你们，化合时完成的事情是世界上最不可轻易'撤回'的事。这些以热和光为标志的化学'婚姻'，把物质结合得如此紧密，以至于如果要切断它们，就必须运用高级科学中的方法了。化合容易，分解难。化合不依靠外界帮助也能发生，而分解这事儿要更加艰巨。我们刚刚看过铁和硫黄在我们不插手的情况下，短时间内化合在了一起；但是，如果现在我们试图把它们分开，我们就会遇到巨大的阻力，只有用最巧妙的方法才能战胜这种阻力。然而，有些情况恰恰相反。有时化合是如此艰难且精密的一个过程，即使我们尽了最大努力也做不到，而分解带来的阻力是如此之小，几乎不需要什么就能轻松完成。有些物质，我们可以轻易地解除它们之间的关系：一次震动、一次碰撞、一次呼吸、一件难以察觉的小事，就足以使它们'分手'。你碰到它们，哪怕你只是稍微动一下，就会在你缩回手之前，"啪"的一声，爆炸了，小颗粒朝你的方向飞过来，就好像它们的联盟从来没存在过。这些本质上就合不来的化学'婚姻'，注定会走向'离婚'。"

"真的有吗？"埃米尔问，"那些物质只是因为被人碰了一下，就'砰'的一声四分五裂了？"

"是的，我的孩子，当然有。其中有一部分你自己也知道。那些用彩色糖纸包裹的新年糖果，你叫它们斯奈普的，它们有没有让你想起来什么？

"哦，是的，每一个糖果上都有一个图形字谜让我们猜，然后有一个小羊皮纸条，当你同时拉动它的两端时，它会发出'砰'的一声。到底是什么发出了小小的爆炸声呀？

"本质上这就是不同成分进行化合反应引起的，两个羊皮纸条形成的小带子一旦被拉开，碰到这些成分，它们就会炸得四下飞散。在这种情况下，你就能明白，分解是多么轻而易举：只需拉动带子的两端，就可以唤醒沉睡的爆炸物，就足以制造出清晰的爆炸声。就像一个纸牌屋一样，一碰就倒。

"玩具鱼雷里面也有类似能引起爆炸的物质，当你把它摔到地上，就会'啪'一声爆炸，枪的雷帽[1]也是同样的原理，扣动扳机，雷帽就会因为击锤[2]落下而被点燃。接着火焰迅速喷出，穿透接触孔，将火药推出枪膛。想象一下这些雷帽的形状，在小铜杯形的雷帽底部，你可以看到一种白色物质沉积在金属上一层薄薄的涂层中。这是一种烈性粉末，由多种成分按照化学科学的原理精心化合而成，只要击锤一震动，

---

1 雷帽：枪支内部结构，用于引燃装药的金属小圆帽，通过击锤撞击造成摩擦燃烧。

2 击锤：枪械中用来点燃发射药的部件，因形似锤子而得名。

它就随时可能分崩离析。对于这些敏感又十分危险的物质来说，只要我们把这些成分聚在一起，一个轻微的震动就足以让它们轻轻松松地分解了，还会伴随一声响亮的爆炸声。"

第 **2** 节

面包和木炭

"好了，让我们研究一些无害的东西吧。你们说，一片面包里有什么？"保罗叔叔接着说。

"我知道，我知道，"埃米尔急忙回答，"有面粉。"他以为他回答完，这个问题就这样结束了。

"没错，"他的叔叔赞同道，"但是面粉里有什么呢？"

面粉里？面粉里除了面粉还能有什么呀？

"如果我告诉你们，面粉里有碳呢？或者说木炭，这俩是一样的。"

"什么？面粉里有木炭？"

"嗯，我的孩子，有木炭，还不止一点。"

"哦，叔叔，你就是开个玩笑吧？我们又不吃木炭。"

"啊，年轻人，你不相信吗？我不是跟你说过，化学的化合反应可以把黑的变成白的，把苦的变成甜的，把不能吃的东西变成营养美味的食物吗？另外，我会让你们见到面包中的木炭的；又或者，我没必要这么做，因为你们已经见过上百次了，现在就回想一下。告诉我：吃早餐时，你们是不是经常在把面包撕碎泡进牛奶之前，先放在火上烤一烤？"

"哎呀，对啊，我把它烤得酥脆金黄，这样会好吃很多。当你把它烤得足够酥脆，掰碎的时候，就有咔哧咔哧的声音，这样放在牛奶里会更加美味。冬天炉子火旺的时候，你就可以把面包烤得恰到好处。"

"但是如果你把面包忘在炉子上怎么办？如果你让它烤得太久怎么办？那它会怎么样？来，现在告诉我，根据你自己的印象，如果你的面包放在热烘烘炉子上一个小时，会怎么样？我绝对不会干涉你对这件'大事'的判断的。"

"这太简单了，它会变成木炭。我见过很多次。"

"那么，告诉我，木炭是从哪里来的？从炉子里来的？"

"哦，不，一定不是！"

"那么，是面包本身的？"

"没错，一定是面包中的木炭。"

"但任何东西中都不会有以前不存在的物质；任何东西都不能再有它已经失去的物质。因此，面包被火烤过一段时间后会产生木炭，如果我们这么说的话，面包本身就必须含有木炭或碳。"

"哦！是这样！我以前从没想过。"

"我的孩子，还有许多其他的事情，你一次又一次地看到过，却不能理解为什么会发生，因为没有人指引你找到正确的思路。我会时不时，在你稍微开动你的小脑筋思考的时候，把这些常见的事情解释清楚，告诉你它们为我们开辟了一条多么重要的真理之路。现在，正是思考让你意识到面包中含有大量的碳。"

"我承认面包中有碳，"朱尔斯同意道，"证据就明明白白地摆在眼前。但是，正如埃米尔所说，我们又不吃木炭，我们吃的是面包；木炭是黑色的，而面包是白色的。"

"如果木炭，或者说碳，是单独存在的，"他的叔叔回答说，"就像你说的那样，它会是黑色的，也没法吃，而且它会永远保持这个状态。但它并不是单独存在于面包中的，而是与其他东西结合或者化合在一起的，这种化合物没有你所说的木炭的特征，正如铁的硫化物没有硫黄和铁的特征一样。由于极度高温，面包的其他特征就会消失，而木炭仍然保持其独有的所有特征，即黑、硬、脆、不能吃，简而言之，是显而易见的'木炭'特征。炉子的高温破坏了化合物，把面包中化合在一起的东西强行割裂开了。这就是为什么一片面包烤得久了，会变成一片'木炭'的奥秘。现在让我们来研究研究雪白的面包中除了碳以外的其他成分。你对它们并不陌生，你见过，而且当高温把它们赶出来的时候，你也闻过它们不怎么美妙的气味。"

"我不太明白你的意思，"朱尔斯说，"除非你指的是面包变成木炭时散发出的难闻的气味。"

"一点儿没错，我就是这个意思。那些气体原本是面包的一部分。你所熟知的木炭和令人讨厌的气体，如果重新化合成最初的样子，就会恰好变成在受高温影响之前的面包片。高温造成了分解，使一些组成元素消失在空气中，脱掉以前的伪装，只留下了黑色的、不可吃的物质，就是你所熟知的木炭。"

"用难闻的气体和木炭就能做出面包，不加点儿别的什么了？这两样单独分开不能吃的东西，合在一起就成为我们的主食？"

"你说得很对，那些本身不会产生营养的物质，如果吃了，会对人体产生很大危害，但是它们进行化合反应，就能被转化成优质的食物。"

"我必须相信你，保罗叔叔，因为你说这事儿是这样的，但是……但是……"

"我年轻的朋友，我懂你的犹豫和你的'但是'。一开始听到这些，人们都很难相信，因为它们与世俗的观念不一致。因此，我不求你们听我空口无凭地侃侃而谈，你们必须相信除了我这个'专家'以外的一些东西。难道我一开始没有通过一个极具说服力的实验，为后来令人震惊的发展铺平道路吗？回想一下我们在药瓶里得到的黑色物质。回想一下，硫黄现在不再是硫黄了，铁现在也不再是铁了。木炭和难闻的气味现在也不再是它们本来的样子，而是会变成面包，难道还有比这件事更让人惊讶的事吗？"

"你说得对，叔叔，我们现在最好相信你的话。"

"有时，当证明一个论断需要用到你难以理解的阐述时，也许有必要相信我的话；但我会尽可能不把任何东西当作信条一样强加给你们，而是选择让你自己去看、去触摸和总结。我希望你们领悟、见证，而不是一直根据我说的话接受一堆'真相'。在高温分解面包的过程中，我向你们展示木炭，并提醒你注意某些特殊的气味或气体。现在，我们可以自然而然地推理出什么？"

"面包里面包含着合二为一的木炭和那些气体，明摆着，毫无疑问。"

"是的，真相要是会开口说话，我们就得好好听着，不要搭理惯性思维中反对的声音。事实告诉我们，面包很可能因为高温的作用被分解成木炭和某些气体。让我们把握事实，相信事实吧！"

"还有一件事让我感到疑惑，"朱尔斯说，"这是迄今为止我最大的疑惑。你说木炭和气体被高温分离后，如果重新进行化合反应，会像以前一样再形成面包。但是，难道火没有烧毁面包吗？"

"孩子，'毁'这个字有不止一个意思。如果你用它表示一片面包在经受了极度高温之后，就不再是面包了，那你说得很对：由此产生的木炭和气体算不上是面包，而仅仅是形成面包的物质。另外，如果你的意思是面包消失了，那你就大错特错了，因为任何力量或任何我们拥有的装置都无法使存在的物质颗粒消失。"

"但我的意思就是——化为乌有，它不存在了。我们谈到火，就会联想到摧毁或消灭一切。"

第 3 节

物 质 不 灭

"好吧，我们只是随便谈谈那些词的字面意义。不过我再次向你保证，整个宇宙中没有任何东西，即使是最细小的一粒沙子，也是永远不可能被消灭的。无论是火还是其他任何媒介，都不能让蜘蛛网上哪怕最细的一根线凭空消失。

"现在，仔细听好，这个问题值得我们好好思考。我们假设一个漂亮的房子建成了，它有宽敞的大厅、华丽的卧室，有厨房、前厅、广场、门、窗……总之，所有一个舒适宜人的住所应有的都具备。在建造它的时候，工人们必须把无数的材料放在适当的位置，例如，切割的石头、砖块、碎石、砂浆、瓷砖、房梁、木板、钢筋、石膏、金属固定装置，等等。这座房子矗立在那里，稳固而挺拔，并且符合最严格的建筑要求。它能被摧毁吗！太容易了。让泥瓦匠拎着他们的铁镐、撬棍和锤子过来，如果有必要的话，他们拆房子的速度甚至要比建房子快得多。很快这座漂亮的宅邸就会变成一堆不成形的废墟、垃圾，一栋房屋就这样被摧毁了。

"但它会消失，化为乌有吗？显然不会。事实上，剩下的不都是用来建房子的一大堆材料吗？——石头、砖头、木头、钢铁。因此，这座房子并没有消失，更重要的是，整体建筑中没有一个小颗粒化为乌有。即使是用来混合水泥的最小的一粒沙子，也肯定还存在于某处。屋子被拆时，风可能吹走了一些泥灰；但是，那细细难辨的灰尘，不管被风吹得多么分散，都不会被毁灭；如果现在不能把它收集起来，我们至少可以在脑海中看到它，朝着这个方向或那个方向散开。因此，整座建筑中，没有一颗灰尘消失。

"然后，轮到火做一个单纯的毁灭者了。它摧毁了由多种材料组合建成的房屋，但它从来不会让这些材料中最小的颗粒、最细微的尘埃彻底消失。我们将一块面包置于它的毁灭性力量之下，面包被烧毁，但绝不是消失了，因为在烈火燃烧之后，剩下的东西和面包本身一样，都是真实的物质。这种残留物是以木炭和某些气体或蒸汽的形式存在的，木炭本身只剩下一小部分，蒸汽蒸发了，无迹可寻，即使是泥灰，也消失在视野中。所以扔掉你那关于'消灭'的愚蠢想法吧，永远别捡回来。"

"但是……"

"朱尔斯又提出另一个'但是'了！你这次有什么疑问，小伙子？"

"如果你在壁炉里烧一根木棍，它最后不会消失吗？或者说最后烧得也没剩下什么了呀？只剩下一堆灰烬。我知道这些灰烬是如何从曾经的木头中产生的，但它们的数量太少，不能代表所有被大火摧毁的东西。那么，大部分的木头，一定是消失了。"

"你的观察体现了你的深思熟虑，我很欣赏这种思维方式，因此，我等不及想要回答你。我刚刚谈到，我们假设中那个房子被拆时，泥沙会被风吹走。很明显，这些墙大部分是用粉状材料建造的，微风就能够将它们卷走，所以相当大的一部分就这样从各个方向被吹走，只留下一堆逐渐消失的废墟。"

"当然，我承认这没问题。"

"如果，现在，一整栋楼的所有砖石全部成为抓都抓不住的灰尘，一扫而空，那剩下什么呢？"

"当然什么也没剩下。"

"但是，这座大楼会因此就不存在了吗？"

"不，不，它变成了四处散落的尘土。"

"我的小朋友，你的木棍也是一样啊：火把它分解成不同的部分，其中一些部分比最细的尘土更难捕捉。我们肉眼看不见，它们在无边无际的大气中四处消散，当我们发现只剩下一把灰烬时，我们倾向于相信其余的部分已经消失了，然而它仍然存在，不可摧毁，漂浮在大气中，清澈透明，就像空气本身一样。"

"那么，一根刚刚在壁炉里烧完的木头，大部分以一种我们看不见的微尘的形态飘散在空气中？"

"是的，我的孩子，我们为了获得无论是光或热而燃烧的所有的燃料也是一样。"

"现在我明白了为什么木头在燃烧时，看起来像是逐渐消失了。就像你说的，这些木头大部分是在我们看不见的情况下被带走的，有点像正在拆除的房子的沙尘被风吹走了。"

"我的孩子们，还要注意的是，用一栋房子被拆掉后留下的材料，如果需要的话，可以在别的地方建造另一栋造型不一样的房子。因此，这堆废墟将再次成为一座完工的建筑。但是，同样我们也可以把这些材料用于制造其他东西，石头作一个用途，砖块作一个用途，木头作另一个用途，这样，我们原本被拆了的房子留下的废墟就会进入各种各样的建筑，它们有各自的外形、用途和特点。

"总的来说，事情就是这样。让我们假设两种、三种或四种物质，每种物质都有独特的性质。它们之间能够以某种方式进行化合反应，组合成一种崭新的东西。这种新的东西与原来的、形成它的任何一种都完全不同。就像我们完工的房子，既不是沙子，也不是石灰、水泥灰和砖头，总之，不是建筑工人使用的任何材料。

"过了一段时间，由于某种原因，这些化合在一起的物质分解了，化学结构被破坏了。留下了废墟，却没有物质损失。大自然将如何处理这些废墟呢？一切皆有可能，也许是为了一个目的而使用一点这种成分，为了另一个目的而使用一点那种成分……直到物质的最后一个微粒被利用，诞生了各种各样的产物，都与原来的物质大不相同。曾经使某物变黑的，现在可能正在形成一种白色的物质；曾经是某种酸的一部分，现在可能使某种东西变甜；曾经帮助构成毒药的，我们很可能在食物中再次发现它，就像以前造水渠的砖块，可以以一种完全不同的应用方式，用于建造烟囱，从水流的通道变成了烟尘和火焰的通道。

"因此，任何事物都不会凭空消失，尽管所有的表象都会消失。因为我们不能精确地进行观察，所以这些表象常常欺骗我们。我们要更细心，才会发现一切事物都是永恒的，不可毁灭的。它进入无限多种组合，一直结合、分离、再结合，它那多样的外形每时每刻都在被摧毁，也每时每刻都在重生，进行一系列无休止的转换，而整个宇宙中没有一个粒子凭空消失或出现。"

03

单质

导　读

王凤文

　　孩子们，前面我们接触了一些物质，如铁、硫黄、碳、铁的硫化物，面包中的淀粉，等等，我知道你也和朱尔斯、埃米尔一样，逐渐对物质产生了兴趣。可是世界上随处可见的物质，可谓形形色色，要想更好地认识它们、应用它们，我们有必要对物质的分类进行学习，让我们先去认识单质吧。

　　我们知道，铁的硫化物是可以通过某些科学方法使之分解为铁和硫的，面包中的面粉也可以通过火烤得到"碳"。可是铁、硫、碳呢？经过大量实验证实，硫黄可以用来制造许多比它本身更复杂的东西，但决不会变成更简单的东西。当我们分解到硫的时候，分解就停止了，我们不可能成功地把硫分解成两种或两种以上的其他物质。这样不能再分解的物质叫单质。

　　但是，孩子们，随着社会的进步，科技的发展，化学学科对于物质的认识也在不断更新，因而，阅读这一章节的时候，在认识单质之前，我们有必要先来了解一下元素。文中，朱尔斯也提到，在古书当中，人们认为大自然中有"四种元素"，即土地、空气、火和水。我们今天要讲的可不是这四种元素了。文章中所提到的"单质，无论是金属的还是非金属的，都可以被称为元素"的说法也是不确切的。

　　那么什么是元素呢？**元素是"具有相同核电荷数即质子数的一类原子的总称"**。这是一种建立在原子结构理论层面来认识的元素概念。现在我们可以理解为，世上万物都是由元素组成的，如铁是由铁元素组成的；硫黄是由硫元素组成的；木炭是由"碳"元素组成的；铁的硫化物是由铁和硫两种元素组成的；水是由氢、氧两种元素组成的；我们前面提到的制面包的原料面粉是由碳、氢、氧三种元素组成的等。那么到底有多少种元素组成了大千世界的各种物质呢？让我们慢慢来了解吧！

其实，元素的数量并不多。科学家经过几百年的不懈努力，寻找并发现的元素到现在也只有100多种，科学家们在发现元素过程中，花费了大量的精力，付出巨大的努力，涌现出了无数聪明智慧的人物，也流传下来了很多有趣的小故事。对这方面感兴趣的小伙伴可以去阅读《趣味元素》一书了解更多。我们在这里首先要了解的就是这100多种元素是怎样组成物质的，从而了解什么是单质。

大家都知道，英语字母表一共才26个字母，却组成了上万个英语单词。已经发现的100多种元素，也能够形成不计其数的组合和搭配，组成世上万物。

其中，有80多种是金属元素，20多种是非金属元素，**由单一金属元素组成的物质就是金属单质，由单一的非金属元素组成的纯净的物质就是非金属单质。** 你可能好奇了，怎么知道一种元素是金属元素还是非金属元素呢？这可不难啊，金属元素的名称的汉字写法都有特征的，金字旁的元素就是金属元素，金属元素在常温下多是固体，比如铝、铁、铜、锌、锡、银、金等，是不是都听说过呢？它们都有着华丽的金属光泽，具有良好的导电导热性能，比如说用于饰品的金和银、可用来制作锅具的铝和铁、用作导线的铝和铜等，在实际生活中发挥巨大作用。金属元素里面只有一种元素很调皮，那就是体温计中银白色液体的组成元素——汞，我们俗称"水银"的物质，有没有发现写法中暴露出汞单质在常温下的状态？它是像水一样的液体。不过它还是和其他金属单质有共性的，那就是有着银白色的金属光泽，在低温状态下同样也能变成固体。

别看非金属元素只有二十几种，却是很有特色的，非金属元素汉字的写法有气字头的，如氢、氧、氮等，组成的单质氢气、氧气、氮气在常温下都为气体；有石字旁的，如碳、硫、磷等元素，组成的单质在常温下都是固体；也有一种比较特殊的元素溴，它组成的单质在常温下的状态是不是猜到了呢？没错，是液体。

第 1 节
物质由单质组成

　　"现在让我们回到一开始我们讨论的黑色粉末，也就是铁的硫化物上。通过一个化学上很常见的流程，就可以分解这种物质，硫黄和铁就可以分离，就是操作起来远没有普通的分类那么简单。面包最主要的成分是碳，所以很容易被火焰分解。那么碳、硫和铁，它们各自含有什么成分呢！让我来告诉你们吧，自从这些物质成为人们感兴趣和研究的对象，科学研究就给出了这个问题的答案。无论对它们做多么复杂、精细、缜密的实验，无论对它们施加多大的外力，碳、硫和铁都只是碳、硫和铁而已。"

　　"但在我看来，"朱尔斯反对道，"硫黄里确实含有不是硫黄的物质。当你点燃哪怕一点点硫黄时，它会燃起蓝色的火焰，并且会产生某种能令你咳个不停的气体。那气体确实是来自硫黄的没错，但它与硫黄有很大不同，因为它引起的咳嗽比百日咳更厉害。然而，即使你把硫黄放在鼻子下面，你也不会咳嗽。"

　　"让我们互相梳理一下对方的意思，孩子。当我说硫除了硫以外，不能给我们带来其他任何东西，我的意思是说，它不能被分解成其他物质，但我绝不是说它不能与其他物质化合产生使我们咳嗽的气体及许多其他物质，特别是你现在很熟悉的黑色粉末——铁的硫化物。我告诉过你，每一种物质，在燃烧时，都与另一种我们看不见的物质进行着化合反应，这种物质就在我们身边的空气中。如果硫黄被蓝色火焰吞噬包裹，这是它与空气中的物质化合的迹象。这种化合反应产生的就是使我们咳个不停的气体。"

"那气体比硫黄还复杂吗？"

"是啊。"

"它一定是由两种物质组成的：硫黄和你告诉我们的空气中的那种物质，而硫黄就只是硫黄本身。"

"完全正确。我重复一下，硫黄，就算进行所有实验，也从来没有被分解过，从来没有被分成不同的物质，而我们药瓶里的黑色粉末可以分解为铁和硫黄，面包可以分解成几种成分，其中有碳。硫黄可以用来制造许多比它本身更复杂的东西，但决不会变成更简单的东西。当我们分解到硫的时候，分解就停止了；我们不可能成功地把硫分解成两种或两种以上的其他物质。因此，我们把硫称为单质，这意味着它不可能进一步简化。水、空气、一块鹅卵石、一块木头、一种植物、一种动物，这些都可以看作是物质，但它们不是单质。你们要把这一点牢牢记在心上。"

第 2 节

什么是单质

"硫是单质，同样的道理，碳和铁也是单质，除非与其他物质结合，否则它们不能生成除碳和铁以外的任何东西。但这不是一个简单过程，而是一个复杂的过程。化学家仔细研究了自然界中所有已知的物质，无论是在地球表面的，还是地下的，无论是在海洋深处的，还是在我们周围或头顶的空气中的，无论是来自动物、植物还是矿物王国的；他们已经用尽毕生所学耐心地检测、研究并分析了所有的物质，这项艰巨任务的成果告诉我们，大约有90种元素（本书写于20世纪初期。现在已被发现的元素有118种），其中包括我们刚才一直在讨论的铁、硫和碳。"

"你会教我们所有这些单质吗？"埃米尔问。

"不会，远远不到'所有'，因为很大的一部分我们现在学没有什么意义，但你可能会听说其中一些很重要的单质。此外，除了我们刚刚学过的三种单质——铁、硫和碳之外，你们已经知道了一些其他的单质。"

"我知道其他单质？"男孩惊讶道，"我竟然不知道我这么聪明！"

"你了解碳，却没想过它会顽强抵抗对它进行分解的一切尝试。你那聪明的小脑袋里装的东西比你想的要多得多。我的职责是把你那些乱糟糟的想法变得有条理。但我要尽量避免直接把知识教给你，宁可让你回想起你已经知道的东西。不过现在，我还是得告诉你，所有的金属都是单质。"

"我明白了。那么铜、铅、锡、银、金还有其他我一时想不起来的金属和铁一样，都是单质。"

"一个专业的化学家都不一定能做到你这么棒。有太多的物质，分解拿它们根本没办法，因为它们是单质。但埃米尔遗漏了一种常用的金属。想想看！它的首字母是'z'。"

"是'z'……等等，是锌（zinc），它和我们的洒水壶是一个材质。"

"对啦。不过，这些金属并不是全部，还有许多其他金属，其中有一些非常奇特的金属，但它们并不常用。只要我们一有机会接触，我就会向你们介绍它们。不过，现在可能会提到一个。这种金属像熔化的锡一样流动，但温度比熔化的锡要低。它的颜色是银白色的，它在温度计丝线一样的圆柱中上下移动，告诉我们空气的温度。"

"哦，是汞，也叫水银！"

"完全正确。它的俗名水银可能会让你误以为它不是金属，并且除了泛着银白色光泽的外表，它没有金属的其他特性。但它是一种与银、铅、铜不太一样的独特金属。'水'这个字表示水银会到处跑，流动起来形成一个个小球，总是躲避试图抓住它的手指。"

"那么，水银和铁、铜、铅、金一样是金属吗？"

"它恰恰就是一种金属，但与其他金属不同的是，即使在冬天，只要我们的气候稍稍有点温暖，就足够让它保持液体状态，而熔化铅则需要木炭燃烧的温度，熔化铜，尤其是铁，则需要最热的炉子。但如果冷却到足够的程度，它就会变硬，看起来像一块银币。"

"那它可以用来制硬币喽？"

"也不是不可以，但这将是一种非常古怪的硬币，放进口袋里没几分钟，你就会发现它熔化了，流得到处都是。

"金属的颜色差别不大：银和汞是白色的，锡的颜色要暗一点，铅的颜色更暗，而金是黄色的，铜是红色的，其他的，比如具有代表性的铁和锌，是灰白色的。至少在清洗过后，它们都闪闪发光。换句话说，它们都有金属的光泽。但是，你知道有一句谚语，'发光的不都是金子'。同样，有光泽的不都是金属。你能在花园里毫不费力找到一些昆虫，比如甲虫，它们肥厚的前翅有着抛光般的金属光泽，而这实际上不过是它的外壳。某些石头，如果从其具有迷惑性的光泽判断，它们可能会被误认为是金子或银子，但它们并没有包含这两种金属的任何微粒。光彩夺目的黄色塑料片，书写后有蓝砂石光泽的晾干的墨水，除了光泽耀眼外，与黄金毫无共同之处，甚至连金属都不是。因此，所有的金属，毫无例外，都有一种特殊的光泽，叫作金属光泽；但许多其他非金属材质的东西也会有同样闪耀的光泽。

"其他单质，例如硫和碳，都没有金属光泽；甚至也有一些非常重要的单质是无色的，和空气一样肉眼不可见。这些不是金属的单质被称为非金属。碳就是一种非金属，硫也是。非金属单质虽然数量不多，大概有十几种，但它们至关重要。有人或许会说，哎呀，这跟做人是一样的道理：话最多的人并不是最有本事的人。事实上，非金属单质对我们周围的环境影响很大，并且它们在自然界的运转中发挥的作用不亚于砖石、水泥在建房子上发挥的作用，尽管如此，许多人甚至连它们的名字都不知道，只有至少读过一些化学书的人才知道它们的存在。如果不是那些比我们更博学的人把这些知识告诉我们，我们就算走到生命的尽头，也将对此一无所知。在这些重要的物质中，有一个物质，如果没有它，我们很快就会死去，你们很可能对它的名字并不耳熟，确切地说，你们可能连听都没听过。它就是氧气。"

"哦，多么有趣的名字啊！"埃米尔叫道，"我以前从来没听过。"

"那氢气、氮气呢？这两个你们听过吗？"

"也没听过。"

"我猜也是这样。这两个名字属于两种有益且实用的非金属，它们默默无闻地工作，就像一个慷慨的慈善家一样，只捐赠，不留名。这三者——氧、氢和氮都不太可能引人注目，因为虽然它们能发挥很重要的作用，但是它们和空气一样看不见，摸不着。它们也常常隐藏在化合物中，只有高端科学技术才能探查到，所以，这些在自然界永不落幕的戏剧舞台上扮演着主角的物质，我们对它们一直都一无所知，也是情有可原的。"

"也就是说，氢气和氮气也很重要喽？"

"没错，孩子，它们特别特别重要。"

"比金子还重要？"

"亲爱的埃米尔，在重要性这个问题上，你太过于较真了。毫无疑问，黄金对人类来说是一种非常有用的金属，它是财富的象征，是劳动积蓄的标志。人们把金子铸

03 单质 ｜ 045

成货币，用来做买卖、进行商业贸易。我承认在这方面金子无可替代，但如果黄金从地球上完全消失，会发生什么呢？没什么大不了的。可能会给银行带来不便，商业会有一段时间不景气，但仅此而已。世界很快就会像以前一样继续运转。另外，假设你刚刚学到的三种非金属中的一种，比如说氧气消失了，地球上的所有生物，从最庞大的猛兽到最细小的蠕虫，都会立刻死亡；地球上所有的植物，从森林中的参天大树到最低矮的苔藓，都会枯萎。从此以后，没有生命存活，这个我们曾经居住的地球将变成一个灰暗的孤星，人、动物和植物将不复存在。如你所见，这场灾难，要比银行家和商人的烦恼严重得多。

"总的来看，黄金只起着微不足道的作用，几乎可以忽略不计。如果没有黄金，对自然秩序也没有影响。相反，氧气、氢气和氮气在这个世界上发挥着非常重要的作用，如果这三种物质，缺少其中的任何一种，一切都将变得一团糟，生命也不可能继续存活。除了这三种非金属，还得算上碳，因为它的重要性仅次于前三者。因此，无论是蔬菜还是动物，所有生命都离不开这四种物质。如果你想，你可以把它们和大家侃侃而谈的、熟知的、追求的、甚至令许多人疲于奔命的黄金进行比较。最能引起议论和最有用是两码事，我说的难道不对吗？相信我，我的小朋友们，从某些角度来看，黄金不过是个微不足道的东西。"

"你想告诉我们，世界上没有氧气、氢气和氮气是不行的，对吗？"朱尔斯问。

"当然。我要从它们开始讲起，荣誉给予应予之人。因为介绍它们是什么以及它们的作用，要比介绍其他所有的非金属单质都费时间。在你们今后需要了解的非金属单质的清单中，你们至少要知道它们的名字，为了使这个清单更完整，我再介绍一个。你可以在火柴尖端看到这个物质，它覆盖在一层硫黄上，轻轻一擦火柴，就能被点燃。在黑暗的室内，把它放在手指间摩擦，它会发出柔和的光芒。"

"一定是磷。"

"是的，磷也是非金属单质。让我们总结一下，世界上大约有60种单质[1]，分为金属单质和非金属单质。金属单质有一种特殊的光泽，也就是金属光泽。金属单质中，你们已经知道了铁、铜、铅、锡、锌、汞、银和金。其他金属单质也值得我们注意，如果以后有机会，我会介绍它们。金属单质总共大约有50种，而非金属的数量要少得多，总共只有十几种，它们也没有所谓的金属光泽。非金属单质中最重要的是氧、氢、氮、碳、硫和磷。前三个，就像空气一样，肉眼不可见。"

第 **3** 节

元 素

"单质，无论是金属的还是非金属的，都可以被称为元素。这就意味着，它们不可以被分解，或者它们是组成大自然最主要的物质。"

"但是，保罗叔叔，"朱尔斯插话，"我曾在书中看过，大自然中只有四种元素——土地、空气、火和水，不是六十种啊。"

"那本书说的是很久以前错误的观念，如今我们已经习惯了这种观念，就算科学进步，也很难改变长久的习惯。事实上，以前人们相信自然界的所有东西都可以追溯到土壤、空气、火和水，这四种不可分解的物质，所有东西都是由这四种元素构成的。但是，经过仔细研究后，我们发现，前人观念里的四种'元素'，没有哪个是真

---

1 截至目前，世界上已发现100多种单质，其中金属单质90种，其余为非金属单质。

正的单质。

"首先，火或者说热量根本就不是一个实实在在的物体，所以它也不在我们的单质清单里，单质即使肉眼不可见，也是一种物质，而所有的物质都是可以称重测量的。我们可以说一立方英尺的氧气、一磅[1]重的硫黄，但是，我们要是说一立方英尺热量或者一磅温度，就会很可笑。一样的道理，你们也可以试试看测量小提琴琴弦拉出的音符重多少磅，占多少立方英尺。"

"一磅升F调或一夸脱[2]降E调，听起来确实很搞笑。"朱尔斯同意道，怪异的词组令他笑了出来。

"你自然会笑，因为一个音符既不可能放在天平上称重，也不可能用夸脱和蒲式耳[3]来表示体积。那么，为什么不可能呢？因为声音不是物质，而是从发声物体传向我们耳朵的连续不断运动的声波。一样的道理，热量也是一种特殊形式的运动。不过很抱歉，我现在只能简单谈谈这个话题，因为解释起来需要花很长时间，长到我们会忘记我们还在学化学。简而言之，温度不能被归类为元素，因为它不是物质。

"不过，空气就是另外一回事了。它可以用夸脱来表示体积，用磅来表示重量。空气被称重、被测量？你们可能会觉得很新鲜，但这完全没毛病。如果我们刚刚有时间学学物理的话，就能学到很多相关的知识。空气是物质，这是从前的理论，可惜这里的物质并不是指单质。空气的成分不是只有一种，它是几种截然不同的东西构成的。在我做实验证明给你们看之前，我先告诉你们结论，空气包含氧气和氮气。

---

1 磅：质量单位，1磅=0.453 6千克。

2 夸脱：容量单位，1夸脱≈1升。

3 蒲式耳：容量单位，1蒲式耳=32夸脱。

　　"和空气一样，水也不是单质或元素。等时机合适，我给你们看，水就是氧和氢的化合物。

　　"至于土壤，这个词是什么意思？显然它是矿物的混合体——沙子、黏土、砾石、鹅卵石、岩石、石头，组成了地球的固体部分。因此，它不是一个元素，或者一个简单的物质，它包含了从元素周期表第一个到最后一个的所有元素。所有的金属和各种非金属都可以从土壤中获取。事实上，所有单质都可以从'这个来源'中获得，只要我们能够分解包含在其中的各种复杂的、结合极为紧密的化合物。那么，我们可以说这四个通常在从前的概念里被称为元素的东西，它们中没有任何一个能经得起严苛的检测，也没有一个会被证明是如今我们理解中的单质或元素。"

04

化合物

导读

王凤文

埃米尔曾半开玩笑道："当我们就着黄油吃一片面包的时候，实际上我们是在啃一节木桩一样的东西。"他说得有没有道理呢？

我们的血液为什么是红色的？牛奶为啥是白色的？

我们的身体中有金属？难道我们每天都需要吃铁吗？

动物的蹄、脚、皮毛及我们穿的衣物的成分都是什么？

柴米油盐酱醋茶又都是什么东西？

具有美丽、耀眼的金色外表的"愚人金"的组成元素竟然和前面讲过的铁及硫化合的黑色产物一样？

烤焦了的面包会变黑，我们说里面含有碳，按着这个思路，你能说出多少含碳的物质呢？

…………

今天保罗叔叔会引领我们来解决你的各种问题！

是的，你没看错，面包、牛奶、脂肪、油、水果、花朵、亚麻、棉、纸以及许多其他东西，都含有碳元素，无论它们存在于一朵花、一块牛油、一张纸还是一根木头中，这些元素都永远不会改变它们的特质。无论是金属元素还是非金属元素，它们总是不变的。我们的身体也是含有碳元素的。

现在已经被发现了的元素有一百多种，每种元素都形成单质（一种元素不一定只形成一种单质），也就是一百多种。可是自然界的土壤、空气、动物、植物、矿物、食品、各种生活用品等，没有哪一种物质不是由元素组成的。

在未来的化学课堂上，我们将会学到，**"由不同种元素组成的纯净物叫化合物"**，而**"单质则是由同一种元素组成的纯净物"**。看出来了吧，化合物与单质的共同点都是纯净物，切记化合物可不是元素的堆积，与混合物可是一点都不搭哦，比如说你把铁粉和硫粉掺和到一起，得到的可不是化合物。**单质和化合物的根本区别就在于物质的组成元素种数的不同**。比如铁、铜、锌、银、金、碳、硫、磷、氢气、氧气都是由一种元素组成的单质，而水、食盐、淀粉、生石灰、苏打等都是由两种或两种以上元素组成的化合物。**由两种元素组成的化合物叫二元化合物，由三种元素组成的化合物叫三元化合物，依此类推，由四种或多种元素形成的化合物可以叫四元化合物、五元化合物……也可以叫多元化合物**。是不是不难理解呢？

在所发现的一百多种元素中，实际上可以组成的化合物种类远多于单质。尤其是碳元素，它可是形成化合物种类最多的元素呢，甚至有机化合物的定义就被说成"含碳元素的化合物"。书中提到"无处不在的碳元素"虽然有些夸张，但也由此可见其在物质世界中普遍存在。

保罗叔叔给我们展示的金光闪闪的物品，只不过是一种并不值钱的石头而已，它里面的成分真的和黑乎乎的铁的硫化物的成分一样，与身价不凡的黄金可是不能相提并论的哦，一个是化合物，一个是单质啊。亲爱的孩子们，如果我们学到足够多的化学知识，就不会被"愚人金"所愚。

化合物是由某些元素组合而成的，这些元素根据其数量以及它们的组合方式，又决定了化合物的性质。形形色色的物质中的碳元素会以怎样的方式暴露出来？这些物质当中一定还存在着其他元素，这些元素怎么组合竟然形成了世间万物？更多的物质世界等待你去探索。

至于如何去理解，去想象不同种元素形成的化合物种数，那就参与到保罗叔叔和两位小伙伴的"ba"与"bba"讨论中去吧！

第1节
无处不在的碳元素

"人们可以随意用手工做出来的建材——石头、砖头、砂浆、水泥来建造一栋房子，或者建墓穴、桥梁、城墙、水库、棚屋、马车房、工厂、地窖、露台、茅舍、城堡或宫殿。尽管每一个建筑使用的原材料相似，但在形状、用途和其他特点上，它们会有所不同。同样的道理，大自然用她所拥有的60种元素[1]，亲手塑造了动物、植物以及矿物王国中的一切。作为一个成就卓越的工匠，她只需要少部分材料，甚至不是所有元素都立刻使用，就能获得无限多样的结果。这些元素或单质以数不胜数的方式结合在一起，形成了地球表面和内部的一切。我们还从来没见过有哪一个东西，不能分解成一定数量的金属或非金属或两者都有的情况。"

"那么，每一个东西都一样，是由单质构成的吗？"孩子们问道。

"已经没有任何一样东西是单质了。回想一下，你们经常能看到这个元素——碳的多重伪装之一或之二。我已经向你们展示过了，它是面包的一部分。你们知道的，木头里也含有碳，从明火烧焦的柴火中就能看出来。现在，面包中的碳和树木枝干中的碳完全是同一种，与大自然不断变化的化合物中的碳也一样。面包中的碳元素可能会重新出现在橡树柴火中，而在橡树柴火中的碳元素可能会再次出现在面包中。"

"所以，"埃米尔半开玩笑道，"当我们就着黄油吃一片面包的时候，实际上我

---

1 截至2019年，共有118种元素被发现，其中94种存在于地球上。

们是在啃一节木桩一样的东西。"

"这谁知道呢，小伙子，"他的叔叔接着说道，"你这辈子要啃多少木桩啊！不过你很快就能知道你开玩笑说的话出乎你意料地接近真相。"

"保罗叔叔，我不想再说了！你说的单质的知识对我来说太多了。"

"太多了？完全不多。只是现在你可能觉得新知识的刺眼光芒让你有点儿头晕目眩，就像一束晃眼的阳光似的。我们继续讲，渐渐地你就会豁然开朗了。橡树柴火里的碳元素为什么不能跑去一只梨、一个苹果或者一颗栗子里呢？它们就不包含碳吗？"

"是啊，是包含的。"朱尔斯回答说。

"当你把栗子放在煤上烤太久的话，它们就会变成木炭，并且如果把苹果或者梨子放在烤箱里烘焙却忘了取出来，你会发现它们也变成了一坨木炭。

"同样，烤焦的栗子、苹果或者梨子和柴火、面包一样，它们都含有同一个物质。所以改变原本食用的目的，吃的东西变成用来烧火的枯枝木棍是完全有可能的！现在你们有没有开始稍微理解这件事了呢？"

"我不仅仅是稍微理解了，"埃米尔回应道，"我已经明白了。"

"很快，你还会懂得更多。假设我们把橄榄油放在油灯里，而不是用来做沙拉或者用来炸鱼，它会燃烧，发出火光。现在，我们把一片窗玻璃或者一个盘子放在这个火焰上烤，玻璃或盘子上会立刻覆上一层黑色灰尘。"

"我知道，那是油烟。我想看日全食中的太阳的时候，会用它把我的眼镜弄黑。"

"那么油烟是什么？"

"它看起来非常像炭灰。"

"它确实就是木炭，或者说碳。那这个碳又是哪里来的呢？你知道吗？"

"除非它是从油灯的油里跑出来的，否则我就不知道了。"

"显而易见，它确实是从油里跑出来的，因为油被火焰的高温分解了。也就是说，油里面有碳。这里的碳和别处的完全一样，这一点就不需要再说了。除了油灯，用动物油脂做的蜡烛点燃之后也会产生油烟，也有碳的存在。它也存在于燃烧时伴随着浓浓黑烟的树脂中，还存在于——如果我想列一个完整的清单，那将永远也列不完。最后，我还想提一下，你们经常在餐桌上看到的羊排，如果厨子大意了，烤架上的羊排就会变成什么？"

"没错，是这样啊！"埃米尔叫道，"我怎么没想到呢。如果烤得太久了，羊排就会变成木炭。"

"这样，我们可以从中推断出什么？"保罗叔叔问道。

"我们可以推断出，肉里面含有碳。碳元素无处不在！"

"无处不在？哦，不。那倒不至于。不过碳元素确实经常出现。特别是在牲畜、蔬菜类产品中，你们会发现它的踪迹。所有被火焰分解的物质，其灰烬中都会留有碳元素。因此你们就可以轻而易举地列出含有碳的物质的清单，想列多长列多长。"

"纸，尽管它是白色的，但是如果你把它点燃，它就会变黑，所以纸里面肯定也存在碳。但是，告诉我，纸是不是植物做的？"

"是的，我的孩子，纸由废旧布料做成，来自其中的植物成分，而这些废旧布料则包括布的边角料、亚麻织物或棉织物。"

"牛奶，"朱尔斯问道，"它比纸还要白，它也含有碳吗？我看到过火焰温度过高时，炖锅边缘的泡沫就变黑了。"

"没错，我可以向你保证，牛奶也含有碳。但现在就这样吧，我们不用再举更多的例子去说明在大自然母亲的手中，碳可以用来做什么了。现在，可不可以请埃米尔把前几天你熟记于心的那个寓言背一遍？"

"哪一个？"

"关于雕塑家和木星雕像的那个。"

"哦，对，我知道了。"

"一块完美无缺的大理石，

令雕塑家的灵魂，欢呼雀跃。

他买下它。'现在雕刻什么好呢，

一尊神像，一张桌子还是一个水池？

最好是一尊神像，威严可怖，

他高举的手中，紧握雷电。

他一点头，人类就颤抖，

他的名字令每一寸土地敬畏。'"

保罗叔叔在这里打断了他的背诵："够了，我的孩子，你的记忆力真不错。通过这则寓言，伟大的**拉·封丹**告诉我们什么？他向我们讲述了一个雕塑家，看着一块他刚刚买下的完美的大理石，问自己，他该怎么处理。他的凿子可以随意将它雕刻成豪华宫殿里的浴池、贵族花园的喷泉池，或者雕刻成一块普通的石板、普通的写字台或壁炉台。但他决定雕刻一尊神像。就这样这块原本可以成为用来洗脸洗手的水池的大理石，将变成所有人类跪拜的雷神**朱庇特**。同样一块材料，凿子没有将它做成平平无奇的家具，而是将它雕成高贵的雕像。大自然也是一样，她可以用她拥有的化学物质制作任何她想做的东西。比如，手里有一点碳元素。'我该用它制作什么呢？'她问道，'是做一朵花、萝卜、肉，还是动物的毛发！应该做一朵花，更重要的是，这朵花因其鲜艳的色彩和芬芳的香气，将成为花园的花中皇后。'这朵美丽的玫瑰是由碳构成的，而碳也

拉·封丹：Jean de la Fontaine，法国寓言诗人，其作品经后人整理为《拉·封丹寓言》。

朱庇特：Jove the Thunderer，罗马神话中的众神之首，对应希腊神话中的宙斯。

可以成为绵羊的脂肪或驴蹄的角质。"

"可是，除了能够制作许多东西的碳元素，玫瑰中应该还有别的成分吧，不是吗？"埃米尔问。

"当然了。不然，只有碳，玫瑰就不会如此美丽、芳香。玫瑰中的碳元素和其他单质化合在一起。之前我们提到的含有碳元素的东西也是一样。"

"那么，"朱尔斯总结了他叔叔说的话，"面包、牛奶、脂肪、油、水果、花朵、亚麻、棉、纸以及许多其他东西，都含有碳和其他元素，无论它们存在于一朵花、一块牛油、一张纸还是一根木头中，这些元素都永远不会改变它们的特质。无论是金属还是非金属，它们总是不变的。我们的身体也是由这些东西构成的吗？"

第 2 节
身 体 的 组 成 元 素

"从所含的物质来看，人类和其他生物没有区别。人类身体的构成要素中同样有金属和非金属。"

"什么！"埃米尔大喊，他对人类的化学组成十分惊讶，"我们身体里有金属？我们的身体难道是矿吗？如果我们和集市上的杂耍演员一样吞了剑，我还能勉强相信，但我们根本没这个本事。"

"我同意。尽管如此，我们体内的铁和你所说的杂耍者吞下的金属完全一样。而且铁对我们来说不可或缺，没有它，我们很难好好活着；或者说，我们会发现根本无法活着。我再加上一点，正是铁使我们的血液呈现出红色的。"

"我知道我们的血液是红色的；但是，尽管如此，我知道没有人能吃金属，甚至连那个用小聪明愚弄我们的杂耍演员也不行。那么，这种颜色是从哪里来的呢？"

"就像碳元素、硫元素和身体所需要的任何其他元素一样，它来自我们的食物，食物中这儿有一点，那儿有一点，而我们却不知道。不过你敢肯定我们从不吃铁，从不吃没有任何伪装的真正的铁吗？在你这个年纪，当个子蹿得很快，但不算太强壮的时候，医生经常开药，给我们吃一种非常细的粉末状的铁，或者让我们把粉末混在水中喝一段时间，水里甚至已经有了微微生锈的旧铁粉。这和吞剑不完全一样，但其实还是在吃铁。"

"我现在已经开始相信像你说的那样，我们能吃金属了。"埃米尔赞成道。

"别那么快下结论！别让我们把人体当成像你刚才说的矿似的。我现在说的只是铁，还可能会补充三到四种其他的你同样不了解的金属。有些金属我们都非常熟悉，如铅、铜、锌、金和银，它们都不会出现在人体、动物或植物中。某些金属，如果进入人体，会危及生命，因为它们是有毒的。我接着说铁，并且补充一点，只需要一点点铁就能够赋予血液颜色和其他特性——事实上，铁的含量如此之少，以至于一只牛那么大的动物的身体里面的铁，都不够用来做一枚钉子。我再加一句，制作这枚钉子要花一大笔钱，开采这个动物'矿'，必须历尽千辛万苦。我只是想让你们明白，如果有必要的话，我们能做到。"

第 3 节
化 合 物

    "现在，你们应该开始认识到，单质以各种各样的方式化合，产生了大量具有多种不同性质的其他各种物质。之所以说这些物质是化合物，是因为它们每一个都是由大量元素化合形成的。水、面粉、木头、纸、油、脂肪、松脂、动物的肉和角、玫瑰的精华，总之，很多东西都是化合物，这个清单永远也没有尽头。水是氧元素和氢元素的化合物，我们应该尽早熟悉这两种非金属。我刚才说到的其他东西所包含的元素中都有碳元素。

    "化合物的数量非常庞大，我们几乎可以说它是无限大的。无论如何，化合物数不胜数已经人尽皆知。所有化合物都是两种或两种以上的单质的结合，然而，这些单质的数量就没有那么多了，总共只有60多种。此外，许多单质并不是很重要，就算它们全部消失，也不会对世界丰富的物质总量产生明显的影响。比如黄金，也是这些不起眼的元素中的一员。按照这个基本规律，我们可以看到，最多只需要十几种单质物质就能构成绝大多数自然产物。"

    "但是我觉得还有一个难题，"朱尔斯反驳，"听完刚才你说的之后，这个难题一直困扰着我。我之前就不明白这么多不同的东西，多到数不清，竟然都来自60种元素。现在我更不懂了，其中大部分怎么会仅仅由十几种元素构成。"

    "我想到过你们会提出这样的反对意见，正想说却被你抢先了；不过说实话，我很高兴，因为这证明了你们在反思。我已经向你提出了一个难题，现在我将用一张表来帮助你解决它。我们的字母表有26个字母。这些字母可以组成多少个单词？"

"这……我……我不知道。我从来没数过，即使是很小的一本词典，也有很多很多单词，超过一万个。"

"我们就算大约有一万个单词，没必要那么精确。你们有没有注意到，我们只讲我们自己的语言，但同样的字母可以用来书写世界上所有过去的、现在的或将来可能讲的语言。除去了一些特殊发音的语言，忽略不计，用我们的26个字母可以书写拉丁语、法语、英语、意大利语、西班牙语、德语、丹麦语、瑞典语和许多其他语言。同样的字母也可以用在希腊语、汉语、印度斯坦语、阿拉伯语和所有其他文字形式与我们不同的语言中。所有语言，即使是最低级的黑人方言，也能在某种程度上用我们的字母来表示。在这么多语言和方言中，一定有非常多的单词！"

"我们数的时候，"朱尔斯说，"应该以百万，而不是以万为单位。"

"现在，想象一下，孩子，这些字母代表我们的单质，而单词代表化合物。这种比较并不牵强，因为正如每一个有自己的价值和特定含义的单词都是由两个、三个、四个或更多的字母组合而成的，并且是按这样那样的顺序排列的，化合物也是一样。化合物是由某些元素组合而成的，这些元素根据其性质、其数量以及它们的组合方式，决定了化合物的性质。"

"那么，单质，"朱尔斯说，"是物质的元素，就像字母是单词的元素一样。"

"是的，我的孩子。"

"那么，化合物的数量一定与世界上所有语言中的单词数量一样庞大。不过，我应该说，字母表会组合出比化合物数量更多的单词。因为它有26个字母，而你刚刚告诉我们大多数化合物最多由十几种元素组成。26个字母的组合应该比十几个元素的组合要多。"

"请注意，即使字母的数量大大减少，字母表也仍然能代表所有不同的发音。我问你们，‘k’‘q’和浊辅音‘c’的发音有什么区别？没有。只有一个字母是必要的，其他都是多余的。同样地，清辅音‘c’和发嘶嘶声的‘s’是一样的音，‘x’的发音就是简单的‘ks’的发音，作为元音的‘y’和‘i’的发音也没有区别。除去重复的字符，如你所见，字母表虽然减少很多字母，但是仍然足够丰富，可以给无数单词提供元素。但我承认，即便如此，剩下的字母也要比构成绝大多数化合物的单质多。然而，在组合上，元素比字母表中的字母具有更大的优势。

"要造一个词，我们通常把两个、三个、四个、五个或六个甚至更多的字母组合起来。比如，那个冗长的单词，‘intercommunicability’（相互感染性），一个人必须深吸一口气才能一下子都念出来。这个单词有20个字母，尽管确实有些字母是重复的，不重复的字母只有13个，我们还是可以说这个单词的字母几乎和整个字母表中的字母一样多。而化合物不属于堆积元素，它给自己制定了一个永远不会违反的铁律——复杂的混合物不关它的事。为了形成化合物，通常只有两种单质组合在一起，有时是三种，偶尔是四种。想象一种语言只有两个、三个或最多四个字母拼成的单词，你就会对化学元素结合产生的化合物有概念了。铁的硫化物是两种元素的化合物，如果你愿意继续类比的话，也可以把它当成一个有两个字母的单词。水也是一个有两种元素的化合物。油有三种元素，动物肉有四种元素。两种元素的化合物称为‘二元化合物’（binary compounds），三种元素的化合物称为‘三元化合物’（ternary compounds），四种的化合物则称为‘四元化合物’（quaternary compounds）。这些术语取自拉丁语中的‘二’‘三’和‘四’。

"现在，如果化合物中通常只有两三种元素结合在一起，最多四种元素，又怎么会有几乎无限多种的化合物呢？为了更好地解释这一点，我们以‘rain’（雨）这个单词为例。把首字母换成另一个字母，形成另一个单词，然后再换一个字母，依此类推，然后我们就得到下面这些常见的单词：‘gain’（获得）、‘lain’（躺卧）、

'vain'（虚荣）、'wain'（哀嚎）、'pain'（痛苦）等，这些是我们语言中的单词。同样地，'pin'（别针）也可以变成'tin'（锡）、'din'（喧闹）和'sin'（罪恶）。只要简单地改变一个字母，其余的字母保持不变，我们就有了一个完全不同意义的单词。化学成分也是如此，让一种元素被另一种元素所取代，其余的保持不变，然后，我们马上就有了具有新的性质、与一开始截然不同的物质。

　　"但是，除此之外，还有另一个变化方式，能够使化合物的种类更加丰富。正如在一个单词中，同一个字母可以重复几次（请注意，在刚才作为例子引用的长单词中，字母'i'出现了四次），因此元素也一样，在许多物质中，在化学组合中重复出现。它会出现两次、三次、四次、五次，甚至更多次，每次都产生一种具有自己独特性质的化合物。我们可能没法在字典里找到符合这一原则的单词，因为在我们的语言中，不可能在一个简短的单词中一遍又一遍地重复同一个字母。但是让我们想象一下，有这样一系列的单词，例如'ba''bba''bbba''bbbba'等，这些单词中的每一个，虽然只包含字母'b'和'a'，但是其中一个是重复的，所以其含义完全互不相同。这样一来，我们就可以很好地理解化合物中的情况了。"

第 4 节

化 合 物 的 组 合——ba 与 bba

　　"如果是这样的话，"朱尔斯说，"我确实能理解为什么化合物的数量一定很大了——它一定很大，即使只有十几种单质起主要作用。因为一种元素改变了，另一种元素重复出现，必然会产生大量各种各样不同的化合物群体。"

"埃米尔，你是怎么想的？"叔叔问道。

"我非常赞同朱尔斯的观点，这里的种类变化比我想象的要多得多。但如果我能理解'bba'和'ba'的区别到底在哪儿，我会更清楚。"

"你想要我举一个例子给你看？当化合物中的一种元素加倍时，它的性质会完全改变的例子？"

"哦，叔叔，这正是我想看的，朱尔斯一定也想看，我保证。"

"满足你们的小要求对我来说易如反掌，我的孩子们。"

说着，保罗叔叔从他的一个抽屉里拿出了某样东西，放在他的两个听众面前。它是一个相当重的物体，有着美丽、耀眼的金色外表，当它暴露在阳光下时，会闪闪发光。从它的光辉来看，它可能是一种金属。

"那不会是金子吧！"埃米尔看到那块光彩夺目的石头，震惊地叫道，"一块像你两只拳头那么大的金子！"

"这是'愚人金'，孩子，"他的叔叔回答说，"矿工们都这么叫它，是因为它欺骗了无知的人。无知的人把它当作贵重的东西，但实际上它一文不值。你可以在山上的岩石中找到很多很多这种石头，但把它们捡起来并不能给你带来一分钱好处。这种物质在更学术化的语言中，也被称为黄铁矿，取自希腊语中的'火'一词，因为当我们用一片钢板，例如刀背，击打它时，会迸出火花，这些火花要比打火石和冶炼钢铁产生的火花更加夺目。"

在这里，作为一个例证，保罗叔叔用一把小刀敲击这块看起来像金子的石头，使它发出灿烂的火花。接着他说："黄铁矿或者说'愚人金'，除了它的光泽和黄色的外表像金子外，本质上与真金毫无关联。它不是单质，而是由两种你们熟悉的元素组成的化合物。你们根本想象不到，它们会以化合物的形式伪装自己。一个是铁，另一个是硫。"

"那些被人们当作金子的闪闪发光的黄色物体，实际上是铁和硫黄的化合物，是和人造火山里丑陋的黑色粉末一样的东西？"埃米尔难以置信地感叹。

"就是铁和硫黄，没有其他成分了。"

"那黄铁矿和黑色粉末怎么会不一样呢！"

"因为硫在'愚人金'中重复出现了，这就是区别所在。"

"就像单词'bba'，而不是'ba'？"

"完全正确。为了表现硫的这种重复性，人们在化学上把黄铁矿叫作铁的二硫化物（bisulphid of iron）[1]，如你们所见，这个术语中有两个硫。"

"那就跟'两硫一铁'一样，人造火山中的黑火药是铁的一硫化物，而'愚人金'是铁的二硫化物。"

"正是。这样理解再好不过了。"

"保罗叔叔，谢谢你向我们展示这块华丽的石头。它让我记住了，在化学中，'ba'和'bba'是完全不同的存在。"

---

1 前缀"bi-"表示"二""两倍""双""两次"。

05

呼吸实验

导 读

王凤文

前面，保罗叔叔展示的黄铁矿石，因其闪闪发光的外表，让孩子们念念不忘。为此，保罗叔叔还带两位小伙伴亲自去山中寻到了多种类似的矿石，满载而归的喜悦、把玩研究的过程、学习认识晶体知识的快乐，带给小读者的是同样的收获和满足。

然而，保罗叔叔说要学一些真正的化学——实验，告诉我们"化学是一门以实验为基础的学科，在实验这条路上，化学永远不会有尽头"。要我们自己去看、去触摸、去品尝、去处理、去嗅、去观察，就和之前我们做的"人造小火山"一样，这可是太让人着迷的事情了！

天空为啥是蓝色的？

空瓶子里面没有东西吗？

还有比空气轻的气体吗？

馒头为什么会有蜂窝状孔隙？

"收集空气""气压实验""转移气体"听起来一定很好玩的吧？空气摸不着、看不见，一定是很狡猾、难以捉摸的气体吧？孩子们都迫不及待了，怎么去设计、去操作呢？要想能操控气体，让气体听话，必须初步了解气体的习性，孩子们，我们要想深入研究气体的本性和特征，是不是得首先抓住一些气体并把它们"关闭起来"？那就先收集气体吧！

小伙伴们，"气体收集"可是中学化学常见实验之一，通常有**"排水法"**和**"排空气法"两种收集方法**，要想用排水法收集气体，气体必须得是不溶于水的气体，比如说空气，在水中溶解的很少，就可以用排水法收集，保罗叔叔会引导我们亲自动手实验，收集我们呼出的气体。通过导管将我们呼出的气体导入倒扣在水槽中的瓶子里，会看到什么现象呢？随着我们的深度呼气，瓶中液面竟然逐渐下降，气体被封闭在瓶中，看似很简单，但一定很过瘾啊！至于排空气法，可得考虑你想收集的气体的"密度"与空气的密度相对大小，可以用**"向上排空气法"**和**"向下排空气法"**，有些小深奥吗？那就留到以后吧！

还有更奇妙的"气压实验"，没有瓶塞儿的瓶中充满水，只需一小块纸片就能使水不外流，听着很玄妙吧？你也可以做到。"气压""大气压"，看似很"轻"的空气产生的压强却能支撑10米高（通常比三层楼还要高）的水柱！简直不要太神奇！**气体压强原理**在化学课程学习中可是要经常用到的，气体制备实验中的气密性检查、气体收集、气体堵塞报警装置，还有研究气体体积、密度时，都要考虑气压因素，怎么样？那就先把今天的实验做好吧！

气体搬家？你没有听错，并且按着你的意愿让看不见摸不着的气体从一个瓶子到另一个瓶中，你想转移多少就能转移多少，还得保证不放跑一丁点儿的空气。要是水或者是细沙，想都不用想，简直太容易了，我们可以倾倒，如果接收物质的容器口径较小，借用漏斗辅助就可以了！可是对于气体，该怎么做到呢？我们依然可以想出类似的倾倒方法，想到漏斗之类的字眼，只不过我们得换一个角度，调整一下思维，相信没有什么事情是可以难倒你的！

这里不得不说，透明的玻璃仪器在很多的实验中显示出优于锡制器皿的特点，透明、便于观察实验现象，还有玻璃能耐受酸碱腐蚀，所以现在的实验室里各种各样的实验仪器将满足你各种实验的需要。不过缺点也是有的，玻璃属于易碎物品，你一定要轻拿轻放哦！

只有亲自动手，才能获得真知。实验，没有什么比实验更能满足我们探究的欲望，没有什么比实验更能激发我们的兴趣和潜能，面对实验，我们有充分的准备，不怕失败，大胆尝试吧！

第 **1** 节
收集空气的实验

男孩们常常互相讨论'愚人金',其闪闪发光的外表给他们留下了深刻印象,尽管'愚人金'外表富丽堂皇,但是它只是由硫黄和铁制成的,和人造火山中的黑色粉末成分相同,只不过硫的含量是原来的两倍。叔叔留给他们的那块华丽的石头,孩子们喜欢在黑暗的地方用钢铁敲击它,使它产生明亮的火花。此外,在保罗叔叔的带领下,他们决定去附近的一些山中寻找更多像这样的石头。他们的探索非常成功,以至于朱尔斯的橱柜里装满了大小不同、亮度不一的黄铁矿。有一些是金黄色的,切出很多面,就好像一个宝石匠突发奇想将它打磨了一般,而其他的则是不成形的,更像是铁灰色的。保罗叔叔告诉他们,前者是晶体。大多数物质在有利的条件下可以形成规律的形状和按照几何定律排列的光滑表面。这样的物质就是所谓的结晶。

"如果有机会,我们稍后会回到这个问题,"他说,"但今天还有别的东西需要我们关注。到现在为止我们只是一起讨论,一起交谈,用各种四处收集的事实来支持我们的论断。你们的小脑袋瓜必须做好准备,必须适应某些概念和表达。不过,既然现在你们已经准备好了,我们就要学一点真正的化学,也就是说,我们要做一些实验。自己去看、去触摸、去品尝、去处理、去嗅,在课余时间去观察,这是唯一能学得快、学得好的方法。那么,我们接下来将进行我们的实验。"

"我们会做很多实验吗?"孩子急切地问道。

"你们要多少就有多少,我的孩子们。在实验这条路上,化学永远不会有尽头。"

"哦，那真是太好了！我们永远不会厌倦实验。我们能和制作人造火山时一样，不断重复实验吗？那一定会收获双倍的快乐。"

"如果实验不危险，你们就完全可以自己做实验。有危险时，我会事先告诉你们需要采取什么预防措施。我想让朱尔斯来带头，因为我知道他有多谨慎细致，多心灵手巧。"

听到表扬，那稍年长些的男孩白皙的脸颊泛起一丝红晕。

"现在，我们先从什么开始呢？"保罗叔叔说，"应该从一种起重要作用的物质——空气开始。如果你们还不知道的话，我先告诉你们，空气在地球周围形成一个被称为大气的外壳，最薄的地方厚度约为15里格[1]。它是一种极其不易察觉的物质，既无形又无色，以至于一开始人们听到它很重要时会感到惊讶。'什么！'我们惊呼，'空气很重要？空气有重量？'是的，我的孩子们，空气是非常重要的，是可以称量的。物理学中，只要用精巧的仪器就可以称量空气，并且仪器会告诉我们，这种看不见的物质每升重多少克。当然，与铅的重量相比，这不算什么；但与我们接下来将要学习的其他物质相比，它就很重。"

"有比空气更轻的东西吗？"朱尔斯惊讶地问，"人们会说'像空气一样轻'，就好像没有别的比空气更轻的东西了。"

"让他们说吧，但可以保证的是，存在其他物质在重量方面相较于空气，就像木头之于铅。空气是无色的，因此是看不见的。然而，正确的理解是：当我说'无色'和'看不见'时，我是在说少量空气；如果是大量的大气，这种说法就不对了。水会帮助我们理解这一点。在酒杯里或瓶子里，水没有颜色；在有深度的主体中，比如在

---

1 里格：一种古老的长度单位，用来测量陆地和海洋。用于测量海洋时，1里格≈5.6千米；用于测量陆地时，1里格≈4.8千米。

湖里或大海里，水会根据深度不同显出深浅程度不一的蓝色。空气也是一样，它是淡淡的蓝色，但太淡，要变得容易察觉，空气要有一定的厚度。这就解释了为什么天空是蓝色的：大气层（就像我刚才说的，大约15里格）的厚度使它显现出真实的颜色，如果只有一层薄薄的，那么肉眼几乎看不出它有什么颜色。

"看不见的，不易察觉的，无形的，无法捕捉，空气似乎给任何想仔细研究它的人带来了无法克服的困难。如果我们想用实验来揭示它的本质和特性，我们就必须获取一定量的空气，把它与大气其他部分分离开来，把它关在某种容器里，让它朝这个方向流动，或者按照我们选择的方向流动，把它从一个地方运到另一个地方，使它暴露在这样或那样的条件下，简而言之，让它像一块石头或一块鹅卵石一样服从我们的控制，我们必须这么做。但是，我们怎么才能看到看不见的东西，怎么才能抓住难以触碰的东西，怎么才能处理无形的东西呢？看吧，这困难可不小。"

"在我看来，这难度太大了，"朱尔斯答道，"我压根不会去想要怎样克服它。但是我对你非常有信心，叔叔，我确信我们可以用某种方法解决它。"

"我们一定能解决它，不然，我们从一开始就被难倒。这将会很糟糕，因为空气不会是唯一打倒我们的东西。还有许多物质和空气一样看不见，一样狡猾，一样无形的，一样有着不可估量的重要性。如果我们不能克服当前的困难，那么对我们来说它们永远是未知的；而我们这个时代的伟大科学——化学——工业奇迹之母，我们如果想要在不断前进的将来继续探索的话，就必须掌握处理无形物质的工艺。所有和空气一样，具有狡猾、难以捉摸特质的物质，被统称为气体。而空气本身就是一种气体。"

"有一种人们用来照明用的燃气，"埃米尔说，"我还以为只有它叫作气体。"

"在我们的城市里，吊灯里燃烧的是天燃气，但不是唯一的气体。还有很多气体，它们各具特色。因此，气体这个词是一个统称，我们用它来表示所有与空气一样稀薄的物质。至于为什么我们通常只用它代表照明气体呢？这是因为除了空气以外，比起其他任何一种气体，我们最了解它。在日常生活用语中，一个统称就是因此被一种特定的物质给霸占了。

"但是回到我们的问题，我们如何操纵空气，如何让任意一种气体被观察到呢？我会向你们展示。假设我们想要收集来自肺部的空气，——简而言之，就是我们的呼吸。我把一个玻璃杯浸到一盆水中，将它装满，然后将它在盆中倒放，接着把它提起来。只要杯口完全浸没在水中，杯子里的水就不会流出来，但它是悬浮在盆内水平面之上的。我从你们的脸上看出来，这样拎起水并使它静止保持在周围水平面以上，着实令人惊讶。我们一会儿再回到这个问题上，解释一下原因；但现在让我们继续我们的实验。这个盛满水的玻璃杯，被一只手拎着，杯口浸在水里。现在我用玻璃管，或者，如果有必要，用芦苇秆或大吸管往玻璃杯里面吹气，我肺里的空气使水产生泡泡。由于气体非常轻盈，它正以大圆气泡的形式穿过玻璃杯向上流动，直到抵达倒立玻璃杯的底部。当呼吸，或者换个更好的说法，呼出的空气在玻璃的上部聚集起来，随后被空气取代的水逐渐下降并重新进入盆中。搞定了，我已经收集到了我的呼吸，有了玻璃杯里的气体，我们就可以做我们想要做的任何实验了。"

"这竟然这么容易！"埃米尔喊道，刚才所看到的令他大吃一惊。

"几乎总会这样，孩

收集从嘴里吹出的气体

子，当我们知道该怎么办的时候，就会很容易，当我们不知道的时候，就会非常困难。"

"现在，这个玻璃杯里装着从我们嘴里吹蜡烛时呼出来的东西，我的意思是说，它装满了呼吸。收集像这样看不见、摸不着的东西真奇妙。当我鼓起腮帮子，呼出气来，我什么也看不见；但是我刚才看见你的气从水里升起来了，让水冒泡了。"

"水中的动静在你看来，就好像你看见了本质上不可见的东西。"

"现在水再一次恢复平静，我什么也看不见，不过我敢肯定，玻璃杯那块看上去空着的地方确实有东西在里面；因为我看见有东西来取代了水的位置，水在玻璃杯里慢慢往下沉。无论如何，在我看来，那杯子里充满了保罗叔叔的呼吸，这倒是很有趣。我可以试试用我的呼吸填满它吗？"

"当然可以，但首先你必须把杯子里的东西倒出来。"

"把它倒出来？但是我该怎么做呢？"

"这样做就可以。"说着，保罗叔叔拿起杯子，把杯子一歪，让杯口的一部分浮出水面，于是，随着一阵水泡声，有东西逃出来了。

"它不见了，"埃米尔喊道，"它在空气中消失了，谁想要抓住它就去追吧。"

杯子再一次被灌满了水，埃米尔像他叔叔一样拿起吸管吹着，控制着面部的肌肉，以便看着泡泡一个个升起。他很高兴这是如此简单，曾经他觉得会一直看不见、不可控制的气体正安稳地被关在玻璃杯里。

"很快就完成了，"当杯子充满气体时，他说，"我可以像填满这个玻璃杯一样填满一个大瓶子。我可以吗，保罗叔叔？"

"你可以的，我的孩子。如果你喜欢这个把你的呼吸装进瓶子里的实验，那么我会很高兴。"

桌上放着一个大大的，瓶口宽宽的透明玻璃瓶，保罗叔叔把它放在那儿，以备接下来的实验使用。埃米尔拿起玻璃瓶，把它浸没入盆里，但很快发现后者的深度不够，无法将瓶子浸入水中装满水，也不能像刚才用杯子做的那样被举起来，瓶口没入水平面。"看，"他几番徒劳的尝试后说道，"用玻璃瓶的方式是行不通的。我该怎么办？"

"既然困难不会屈服于我们的正面进攻，那么我们就从侧面包抄。看着我。"

保罗叔叔随即把瓶子放在桌上，倒满水。然后，他将左手的手掌当作塞子堵住瓶口，用另一只手拿着瓶子，把它翻了个底朝天，一头扎进碗里。接着他把左手拿开，瓶颈没入水中，瓶中的液体悬浮在水平面之上，而且没有漏掉一滴水。"保罗叔叔，你总能找到方法。"埃米尔说，这种轻松的克服困难的方法让他很高兴。

"我的孩子，我们必须施展一点小智慧；因为要是不施巧计，光靠我们这个小村子里提供的可怜的设备，又能做成什么呢？技巧一定会弥补我们设备的缺陷。"

埃米尔开始吹气，几分钟后瓶子里就塞满了他呼出的气体。后来，朱尔斯也做了一遍，以便使自己习惯于控制气体，他们的叔叔随后继续说道："为什么玻璃杯和瓶子里的水都得保持在盆内水平面以上呢？这就是我们现在必须弄清楚的，尽管不是弄清楚全部细节，因为这样会使我们跳出化学的范畴，进入物理学领域。我现在想说的只有一个简简单单的解释，这就足以向你们说明令你们意外的现象的成因。

"我告诉过你们，空气可以和其他物质一样被称量；而且，正如我所说的，1升空气的质量是1克又3分克。这很微不足道，但大气层至少厚达15里格，想象一下，要有多少1升的空气块一个接一个地累加起来，才能达到这么厚。这必然是个巨大的数字。因此，由于大气有重量，它的所有力量都会压在浸入其中的物体上，它会从上面，从下面，从右面，从左面，从四面八方来挤压它们。例如，它压在我们盆里的水上，压力通过液体传送到瓶口，使后者的水悬浮在瓶外的水平面之上。"

第 2 节
气压实验

"一个鲜明的实验会使你们相信大气有推力。在一个装满水的瓶子的瓶口上，我们放了一张湿纸，用一只手保持它的位置不变，另一只手将瓶子翻转过来。然后，拿着纸的手就可以松开，而倒过来的瓶子里不会漏出一滴水。正是大气向上、向下、向各个方向推动，才使得水不漏出来。纸张的作用是，隔绝空气，并保持瓶口液面的完整性，否则空气会立刻进入瓶子，并将水挤出来。"

"我们可以试试这个奇妙的实验吗？"孩子们怀着热切的好奇心，跃跃欲试。

"你们说：我们可以试试吗？你们觉得如果我们不能试一试的话，我还有必要告诉你们该怎么做吗？去做吧！这是瓶子，还有这是纸和水，其他东西就不需要了。"

瓶子里装满了直到瓶口的水，瓶口还放了一张湿纸。保罗叔叔用右手托住瓶底把瓶子举起来，同时左手的手指放在纸上。接着，他小心翼翼地把瓶子翻过来，放开了纸，就大功告成了。虽然瓶口朝下，但一滴水也没有从瓶子里漏出来。埃米尔无比的激动，无法抑制自己的情绪。

"太好了，"他大喊，"一滴也没有从瓶子里漏出来，而且瓶子也被翻了个底朝天。如果瓶口塞上了软木塞，这件事看起来就很正常，但是纸没有塞住瓶子，如果你在上面吹气，它就会掉下来。这样下去，水又会在瓶子里待多久？"

"想要多久有多久，只要你有这个耐心拿着瓶子，就像我现在拿着它一样。"

"可要是水一直试图溜出去呢？它向下压，如果可以的话，它会坠落的。"

　　"是的，它不断往下压，而且试图下坠，但是大
气更大的压力遏制住了它。"

　　"如果我们把这张纸拿走了呢？"

　　"那么水很快就会流出来，就像我们经常看到从
倾斜的瓶子里流出来的水一样，或者更确切地说，是
从一个倒过来的瓶子里流出来的水。这张纸贴合在瓶
口，这样水和空气就会垂直着互相推对方。没有它，
水会从空气中滑落，空气会从水里滑过，在这种相互
逃避的过程中，瓶子会迅速清空。把两根铁棒连在一
起，头对头，施加压力，会有相互的阻力。当我们把

不按住瓶口，水也不会流下来

这张纸放在空气和水之间时，就会发生这种情况。但是，如果把铁棒做成两捆非常细
的针，头对头地相互挤压，这些铁棒就会像没有纸把它们分开时的空气和水一样，互
相穿插。

　　"回到埃米尔用来装他呼出气体的瓶子。只要瓶口浸在碗里，里面的水就不会流
出来，而是在空气的推动下保持在四周的水平线之上。现在，如果我们用一个很高的
容器来代替这个瓶子，比如一根管子，把它的上端封闭，会发生什么呢？这根管子，
不管它有多长，从水里提出来时，除了它的下半部分，上半部分还能保持装满水吗？
不，如果管子升高到水面以上10米，它确实会保持装满水的状态；但是如果它伸出到
这个高度以上，超过10米的那部分管子将是空的。大气的压力只能支撑10米高的水
柱，这是极限。如你们所见，我们的容器在这个限度之内。不管我们的瓶子有多大或
多高，它们都不会因为高度，而让大气压无法支撑住一满瓶的水。"

第 **3** 节

转移气体实验

　　"最后，假设我们想要把一定数量的气体从一个器皿转移到另一器皿，或者按照他们说的运输气体。而这气体还是我们的呼吸，它完全符合让我们演示看得见的目的。我用刚才所演示的方式，用一根管子吹气，装满一个玻璃杯；现在我提议把这杯气体转移到另一个容器中，或者我可能只想转移一半。我把第二个水杯装满水倒放进碗里，只把杯沿浸没进去。第一个玻璃杯，只要继续把它的杯口浸没在水里，在另一个玻璃杯下面倾斜，然后它所含的空气就会以气泡的形式逸出，并按我想要的，全部或部分地进入第二个玻璃杯。

转移气体的简单装置

"要倾倒液体，比如把葡萄酒从一个瓶子倒入另一个瓶子，你们知道，这种情况下我们会用一个漏斗。同样的器皿通常对转移气体也非常有用，但化学家的漏斗，很可能接触到各种腐蚀性液体，所以是玻璃做成的，玻璃是一种非常耐腐蚀的物质。仅仅只是运输气体的话，在我们的基础装置上加一个小小的锡漏斗就足够了；但如果我们有一个玻璃漏斗会更好，更适合化学实践。此外，玻璃比起锡有一个不可估量的优势：玻璃是透明的，因此可以让我们看到它里面发生的一切。但是，在没有比普通的锡制漏斗更好的选择时，我们并不一定要停止我们的实验。

"把任何类型容器中的气体输送到一个细颈的瓶子，比如普通的瓶子中，漏斗是必不可少的。当然，运送过程是在水下进行的。瓶子里装满水，瓶口浸在水中，一只手在水下将漏斗插入瓶中。这样一来，装有气体的广口瓶或其他任何瓶子都会被带到漏斗下面，然后一点一点地倾斜它，直到气泡进入漏斗的斗口，然后从那里进入另一个瓶中。

"今天就这样，我的孩子们。现在你们可以随意地重复这些实验了，在一个玻璃杯里收集你们的呼吸，将它注入另一个杯子或者倒过来的瓶子中，开始动手操作吧。我很快就会需要你们的帮助了。"

06

空气实验（一）

导 读

王凤文

空气实验之一——蜡烛燃烧，一个看似太平常的现象，难道还有什么奥秘不成？看看保罗叔叔今天究竟要给孩子们带来什么样的知识和体验。

别急，孩子们，前面一章我们曾经研究过空气，你还记得吗？空气是看不见的，不易察觉的，无形的。不管你是否相信，我们的周围都充满了空气，身体内、鼻孔中、耳朵里、裤管衣袖内、棉被中、笔杆内、瓶子器皿中、江河湖海中，空气简直无孔不入，我们所说的"空"瓶子其实并不空啊，最起码里面是充满空气的，你的瓶子无论是正放还是倒放，也无论是大还是小，空气都能轻易充满你的容器。

今天保罗叔叔仍然用简单的随手可得的道具，要为我们展示空气是多么神奇的物质，空气有多么重要的作用。这个实验将在中学化学的课堂上接触到，先给大家剧透一下吧。

哦，果然，保罗叔叔的蜡烛燃烧可不像我们过生日一样，唱起生日快乐歌，把蜡烛插在蛋糕上面点燃，更没有我们一起吹灭蜡烛闭眼许愿的过程，可是蜡烛却慢慢自行熄灭了！这到底是怎么一回事呢？难道是神助的力量吗？一定不是，保罗叔叔会用科学实验，用事实说话，看——

保罗叔叔不知从哪里找到一个深盘子，用蜡油把一根蜡烛固定在盘子中央，点燃蜡烛，把一个大号的透明玻璃材质的广口瓶罩在上面，然后在盘子中倒入清水，使之浸没并高出瓶口。孩子们，请你看着蜡烛燃烧的火光，瞪大你的双眼去观察。

看到了什么？盘子、广口瓶、燃着的蜡烛、加进去的水，还有什么？

随着蜡烛燃烧越来越短，点燃的蜡烛是疲惫了吗？火光越来越微弱，最后竟然熄灭了，是瓶子中有风吗？还是有人吹灭？似乎都没有啊！

你观察到了吗？盘子中的水好像倒吸进瓶子中去了一些呢，这是为什么？保罗叔叔在实验之前要加入一些水，有什么用意？……

我相信太多的问题一定从你的小脑瓜中跳出来了吧？你也一定想到了，是瓶子中的空气。没错，水之所以进入瓶中，是因为瓶中空气变少了。如果不加水，外面的空气会不断补充进去，所以，保罗叔叔采用了封闭的空气做了蜡烛燃烧实验，可是这个实验究竟能说明什么呢？

空气变少了，蜡烛熄灭了，是不是说明蜡烛燃烧离不开空气？可是瓶中空气明明还有好多剩余啊！这又是为什么呢？

接下来保罗叔叔又设计了怎样的实验内容，让朱尔斯和埃米尔两位"不信大师"由怀疑、担心到心服口服地接受事实的呢？是什么让两位小伙伴迫不及待地自己尝试却屡试屡败？智慧的保罗叔叔设计了怎样的对比实验让他们屡试不爽，以至于最后欣然接受？

本章内容将为我们后续学习奠定基础，文中对空气成分只是讲到由氧气和氮气两种单质组成，实际在中学化学中我们将会学到氧气和氮气只是空气中的主要成分，空气中还含有少量稀有气体、二氧化碳和水蒸气等物质，空气是一种常见的混合物。其中氧气、氮气都是无色无味的气体。氮气是一种性质稳定的物质，不燃烧也不支持燃烧；而氧气则是一种较为活泼的气体，本身不燃烧却能支持燃烧，我们生活中接触的物质的燃烧几乎都离不开氧气。

我们对物质世界的认识会不断更新，保罗叔叔能通过简单朴素的实验，让我们在轻松愉快中学习到很多知识和科学探究的方法，我们的两位小伙伴朱尔斯和埃米尔科学严谨的求知态度、探索精神都值得我们学习。让我们跟随保罗叔叔的科学探索小分队一起走进化学实验室，开启我们今天的化学之旅吧！

第1节
蜡烛燃烧实验

保罗叔叔拿出一个深盘子，用几滴熔化的蜡将一支蜡烛固定在中央。然后他点燃了蜡烛，用一个透明玻璃材质的大广口瓶盖住了它。之后，他把水倒进盘子里，直到倒满。

蜡烛燃烧后，玻璃瓶里还有什么

与此同时，孩子们目不转睛地看着，窃窃私语，好奇他们的叔叔要对这个被点燃的，立在盘子中央四周环水，又用玻璃罩住的蜡烛做什么。他准备做什么有趣的实验？他们的疑惑并没有持续太久，很快，一切都准备好了，保罗叔叔就这样开始了：

"瓶子里有什么？"

"一支点燃的蜡烛。"埃米尔急忙回答。

"还有别的吗？"

"没有，没别的了。除了蜡烛，我什么也没看见。"

"你落了某些我们看不见的东西，你必须用心灵的眼睛观察，而不是用身体上的眼睛。"

埃米尔用指尖轻挠耳后，使劲眨了眨眼睛，这是他感到困惑时的习惯性动作。他在想，他叔叔提到的看不见的东西可能是什么。朱尔斯上前帮了他一把。

"是空气，"年长些的男孩说，"蜡烛燃烧的瓶子里有空气。"

"但是保罗叔叔没有在里面放任何空气。"埃米尔回答。

"空气需要放吗，小糊涂？"叔叔问道，"没有我们的帮助，瓶子里就没有满满当当的空气了吗？我们使用的所有容器，我们所有的烧瓶、罐子、瓶子、玻璃杯、任何类型的容器，都充满了这种气体，都浸在大气中，空气海洋的最深处，就像如果把它们开着口就投入液体中，它们就会充满水一样。如果里面没有放任何其他东西，每一个瓶子，无论是正面朝上还是反面朝上，都充满了空气，空气会自行进入，通常我们不需要刻意关注它。当我们喝完一瓶酒最后一滴时，我们说酒瓶是空的。如果我们措辞更严谨一点，我们真的应该说它是空的吗？当然不是，因为所谓的空酒瓶其实和以前一样满，满到顶部；只不过满满当当的空气取代了葡萄酒而已。所有容器，我们倒空它们的时候也都是这样，若先前是满的，后来虽然容纳的东西变了，但它们还是满的。没有什么是绝对空的，只要空气可以自由地出入，就没有什么东西是空的。诚然，从字面意义上讲，我们可以清空一个容器；正如有学问的人所说，我们可以制造一个真空的空间；但这是一个精密复杂的操作，需要相应的设备才能成功。"

"你是说，抽气泵？"朱尔斯问。

"是的，我的孩子，一个空气泵，一种特殊的泵，它能把一个密封容器中的空气吸出来，并将其排放到外部大气中。不过我们这儿没有用过这种东西。我的瓶子里充满了和我们周围的空气完全一样的气体。因此蜡烛在瓶子里被空气包裹着燃烧。现在，问题来了，我为什么要把盘子装满水呢？那是因为：瓶子里的空气是我想通过某些实验和你们一起研究的物质，尤其是这个用点燃的蜡烛做的实验。因此，我们必须将这些空气从大气中分离出来，将其隔离在一个封闭的容器中，否则我们的实验就无法进行；另外，我们可能没法知道我们一直在实验的是大气的哪个部分。单靠瓶子是不能完全实现隔离的，因为在它和盘子的底部之间有缝隙，空气很容易溜进去，与瓶子里已经存在的空气混在一起。所以我们必须建立一个屏障，以将内部空气与外部空气隔开，这个屏障就是盘子里的水床。这样，我们就得到了完美的隔离状态；你也会看到水的第二个用途，它是瓶内情况变化的标志。但是我不能泄露太多，不然会分散你的注意力。现在仔细观察瓶子里的情况。"

第 2 节

空气去哪了

看呐，起初蜡烛的火焰是饱满明亮的像是在露天而不是在瓶子里燃烧似的，几分钟后，它开始变得越来越暗，越来越短，越来越细，看上去又暗又黑。很快它就缩小到了一个点，最后彻底没有了。火焰完全熄灭了。

"看！"埃米尔叫道，"蜡烛没人吹就熄灭了。"

"稍等，埃米尔，我们马上就能好好说说蜡烛的事。只是现在你要睁大眼睛，看看我之前说的作为标志的水的变化。"

埃米尔和朱尔斯聚精会神地注视着盘子里的水，水渐渐地从瓶口上升，超越瓶口，然后再往上漫延，这样，瓶子里相当一部分，即便一开始都是空气，现在也已经被从盘子里溜进来的水占据了。水面上升得很慢，当它最终停下不动的时候，保罗叔叔打破了沉寂。

"现在，"他说，"你们可以随意提问。"

"我只想问一件事，"埃米尔说，"当蜡烛在燃烧而你想让它熄灭时，你必须吹灭它。但在这里没有人吹了蜡烛，就算我们想吹，也不可能实现，因为蜡烛上面罩着瓶子。毫无疑问，一口气都没吹，一丝风都没刮。在瓶子里，一点空气也吹不到。火焰完全是静止的，它笔直而平静地站着；然而，我不明白到底为什么，它变得暗淡，缩小到只有一点，最后甚至完全熄灭了。"

"我也想问个问题，"哥哥插嘴道，"起初瓶子里充满了空气；现在，除了剩下的空气外，还有几指深的从盘子里来的水。当火焰渐渐熄灭时，我看到水面在一点一点地上升。所以一开始瓶子里的某些东西被拿走了，因为水上升并取代了它原来的位置。但那东西是怎么消失的？又去了哪里？如果你什么都不说，只告诉我们从来没有什么东西消失，那么我可以说，蜡烛燃烧的时候，空气的一部分正在消失。"

"朱尔斯的观点我们要引起重视，因为它可以为我们解答埃米尔的问题。很明显，瓶子里的一部分气体已经消失了；瓶子里的水面上涨，超过原本盘子里的水平面，从而填补了这个空缺，这似乎在某种程度上已经确确凿凿地证明了这一点。我重复一遍，据我们所见，有些东西已经消失了。但我们决不能立刻就推断它消失了，让我们再进一步调查，到时候就能发现到底是某样什么东西看上去变少了。

"我已经告诉过你们，总的来说，光和热几乎总是不同性质的物质相互结合，进行化合反应的明确标志。"

"我记得，"朱尔斯说，"你称之为庆祝化学婚礼的焰火。这样的婚礼能在瓶子里举行吗？"

"可以。火焰是炽热的、发光的，正是化合反应导致了这种光和热的产生。是什么物质在进行化合反应呢？其中之一肯定是蜡烛油，因为它被炙热的灯芯熔化了；另一个只能是空气，因为瓶子里没有别的东西了。某种不同于蜡烛油和空气的东西在化合反应的过程中诞生了，它既没有空气也没有蜡烛的属性。这样形成的化合物是一种像空气一样看不见的物质，因为它和空气都是气体，所以我们看不见它。"

"可是，如果这种气体是空气和蜡烛油结合而成的，"朱尔斯提出反对意见，

"它占了原本空气的位置，那瓶子里应该和之前一样充满气体啊。我无法理解，为什么水面会上升呢？"

"等等，我们这就来解决这个问题。我们现在说的这个化合物就像糖和盐一样，易溶于水。一旦溶解，糖和盐就会消失，看不见了，我们唯一能证明它们存在的证据就是水的甜味或咸味。同样地，火焰制造的东西消失了：它进入水中并与之结合。你们对跟这差不多的气泡水一定不陌生。不需要我提醒吧？啤酒、苹果酒、起泡酒、苏打水、果汁，把它们打开倒在杯子里时，软木塞几乎是弹出来的，而且还会起泡沫。所有这些饮料都含有大量的气体，事实上，由于气太多了，以至于可能留不住逃跑的气体，所以，拔出软木塞的时候，会有泡沫浮在饮料上。神奇的是，使得这些饮料起泡沫的气体和蜡烛制造的气体恰恰是同一种。总有一天我会再次谈及这个有趣的话题。但是，这里我就只顺便提一下，没时间细细给你们讲了。

"由于蜡烛油和空气所产生的化合物从我们的视线中消失，溶解在了水中，因此必定留下了一个空位；然后在大气压的影响下，盘子里的水上升到瓶子里去填上了空位，它上涨的高度就代表了消失的空气量。"

"它没涨多少，"埃米尔说，"看！就超过瓶颈一点点。"

"如果上涨的水占瓶子总容量的十分之一，我们可以说，这代表这蜡烛只燃烧了瓶子里一小部分，也就是十分之一量的空气。"

"但是既然瓶子里还剩那么多空气，蜡烛为什么不把它也烧光呢？我不知道这两部分空气有什么区别。剩下的那部分仍然是透明的，看不见的，没有一点烟雾。"

第 3 节

蜡 烛 为 什 么 会 熄 灭

　　"你问的就是我们接下来要讨论的问题，孩子，为什么没人吹蜡烛，蜡烛也灭了呢？蜡烛的火焰是蜡烛与空气中的某些成分进行化合反应产生的，所以空气和蜡烛对支持火焰的燃烧来说同样重要。如果两者缺少一个，火焰就会熄灭。蜡烛的必要性，显而易见，因为没有燃料，就没有火焰。但是空气的话，不太确定，但你刚才所目睹的一切应该能给你提供点儿思路。如果蜡烛自己熄灭了，肯定有什么东西不够用了。"

　　"我承认，没错，那一定是问题的关键。因为没有人吹蜡烛，也没有一点儿风，所以一定还缺什么。是什么呢？"

　　"缺少的一定是气体，因为瓶子里一开始除了空气，没有别的东西。空气对维持火焰燃烧来说必不可少。"

　　"但是瓶子里还剩很多空气，几乎整瓶都是。"

　　"我不否认，但请听我说几句。有没有可能，空气不是由一种物质构成的，而是由两种同样无色无形、不易察觉又彻底混合在一起的不同物质构成的？有没有可能，其中一种气态物质可以使火焰继续燃烧，而另一种不能，并且与第二种物质相比，第一种只占大气的一小部分？如果是这样，当瓶子里的第一种物质被用光的时候，蜡烛就会自行熄灭，正如我们所说的，蜡烛油已经找不到助燃所需的伙伴了。这时瓶子里就只剩下无色、无形，对火焰燃烧毫无帮助的另一种气体了。"

"一切都如此明了，叔叔，"朱尔斯说，"现在我完全明白了。当不再有这种气态物质助燃时，蜡烛就熄灭了。跟少许熔化的蜡油进行化合反应，这种物质就变成了别的东西，它变成一种溶解消失在水中的气体，而此时盘子里上升的水就取代了它原本的位置。现在瓶子里只装着那种对火焰毫无用处的气体，这就是蜡烛停止燃烧的原因。"

"是的，就是这样，稍微修正一下。蜡烛火焰绝不是一种烈火，它的强度不足以耗尽燃烧所需的全部气体；仍有一些气体剩下，但量太少，不能支持蜡烛一直燃烧。空气变得稀薄了，但不是它所有包含的气体都被耗尽了。改天我们再想办法去除最后一点这种助燃的气体。目前我们只要知道部分结论就可以了。瓶子里的东西再也不能让蜡烛继续燃烧了，重新在瓶子里放一只点燃的蜡烛也会立即熄灭。"

"蜡烛放进那个瓶子里会熄灭吗？"埃米尔问道，他仍然有些怀疑。

"当然会，而且几乎灭得和你把它投入水中一样快。你怎么能指望它会继续燃烧呢？如果里面的那个蜡烛不能燃烧，凭什么换个蜡烛会比它强呢？它们材质都是一样的呀。"

"尽管如此，我还是想试试看。"

"完全可以满足你这个好奇心。"

第 4 节

验证蜡烛的燃烧实验

保罗叔叔拿出一根短短的蜡烛头，用铁丝绕几圈，把它固定在铁丝底部。然后，他用一只手把瓶子拎起一点，另一只手的手掌伸到水面下盖住瓶口。之后，他把瓶子瓶口朝上正放在桌子上，不让里面的液体和气体跑掉，然后收回了盖住瓶口的手。

"如果你把瓶口敞着，"埃米尔嘟囔，"瓶子里的气体会跑出来的。"

"不会有事的，"叔叔安慰他说，"里面无形的气体和空气一样重，是逃不掉的。不过，为了保险起见，我们可以给它加一个塞子。"

那是一块碎玻璃窗上的一小块玻璃，保罗叔叔把它盖在瓶口上。

"现在，"他说，"让我们继续做实验吧。"

系在铁丝上的蜡烛点着了，直到火焰变得明亮而饱满，保罗叔叔才把那块玻璃移走，把点着的蜡烛轻轻地放进瓶子里。蜡烛几乎一下子就变得暗淡，然后熄灭了。第二次尝试也立刻得到了同样的结果。比把蜡烛猛地扔到水里熄灭得还快。

"你现在信了吗，'不信大师'？给你，你自己试试吧，这样你才会心服口服。"

埃米尔拿起蜡烛，重新开始实验，一点一点地、非常轻柔、谨慎地降低蜡烛的高度，不让它碰到瓶壁，他以为小心控制会使火焰适应这种陌生的环境。然而没用，尽管重复了好几次，但是他总是失败：伸进瓶子的蜡烛无论位置高低，总是会熄灭。

"这不管用，蜡烛不会在那儿继续燃烧的，"厌倦了尝试不可能的事，男孩宣告失败，"如果我能确定不是瓶子的问题的话，我就心服口服。难道导致蜡烛熄灭的原因，就不可能是靠近玻璃或者缺少空间吗？"

验证蜡烛燃烧实验装置

"这是一个意料之中的问题，很快就会得到答案。这儿有一个和第一个一样的瓶子，同样大小，同样宽的瓶口。它充满了从未因任何燃烧的空气，就和我们周围的空气一样。用它重复你刚才的实验。"

埃米尔把蜡烛放进瓶子里。蜡烛烧得正旺，就仿佛露天燃烧似的。无论是突然地还是轻轻地放进瓶子里，无论是靠近还是远离周围的玻璃，它仍然和在外面时一样亮着。用第一个瓶子实验时，他屡战屡败，而用第二个瓶子时，却屡试不爽，这彻底打消了埃米尔挥之不去的最后一个疑虑。

"我无话可说，"他宣布，"第一支蜡烛烧过的瓶子里剩下的东西，不能再支持这个蜡烛燃烧了。"

"那么，你相信了吗？"

"信。"

"心服口服？"

"心服口服。"

"那我就继续。我们从实验中得出的结论是，空气是由两种不同的气体组成的，它们同样都是肉眼不可见的，但彼此之间却有着天壤之别，生怕我们把它们混淆。一种，含量不太丰富的，帮助普通的烛焰燃烧；另一种，含量丰富，但不助燃。第一种叫作氧，第二种叫作氮。它们是两种单质，两种非金属，空气就是这两种气体的混合物。所以我们再也不能像古人那样把空气称为元素了，它是两种性质迥异的物质的混合物。从人们知道这一点到现在只过了相对很短时间。"

"我想知道为什么花了那么长时间才发现空气，"朱尔斯说，"这很简单，只要把蜡烛放在一个倒置在水中的瓶子里燃烧就行了。"

"确实非常简单。但你首先必须想到这一点，这才是困难所在。"

07

空气实验（二）

导 读

王凤文

在前面的学习中我们知道，空气是由氧气、氮气为主要成分组成的混合物，氧气性质较活泼，能支持燃烧；氮气化学性质较为稳定，不燃烧也不支持燃烧。我们通过蜡烛燃烧实验知道空气中的氧气参与燃烧反应而消耗，剩余的气体主要是氮气，所以燃烧的蜡烛在密闭的空间里很快熄灭，但是这一实验并不能证明氧气完全反应掉，只能说氧气含量降低了，最终瓶中的气体实际也不只是空气中的氮气和少量氧气成分，还会有蜡烛燃烧生成的气体在内，因此该实验也就不能测定出空气中到底有多少氧气，多少氮气。

今天保罗叔叔为了解决空气成分的测定问题，可是做足了准备工作。首先要解决的就是燃料的选择，也许你能想到木柴、煤炭甚至煤油，也许你能想到硫黄，没错，这些物质都能燃烧，可是它们都不是做空气成分测定实验的最佳选择。大家想一想，要想测定空气中氧气和氮气所占的比例，就要保证燃烧的物质能把氧气充分消耗，没有残留；同时，要注意燃烧产物没有新的气体生成，让剩余的气体全是氮气。

由此可见，燃料的选择很重要，想知道保罗叔叔给我们找的物质是什么吗？这种物质可是保罗叔叔从镇上的药店买来的，外表像蜂蜡却要神秘地封存在水中，用它做燃烧实验是因为它燃烧能够最大限度地把氧气消耗掉，同时，生成的物质不是气体，燃烧过程中冒白烟，生成白色的固体物质，不会占用瓶内空间。可是因为这种物质燃点很低，只有四十多度，是一种暴露在空气中能自燃的物质，同时也是一种剧毒的物质。属于危险品，保罗叔叔会告诉我们这种物质是"磷"，并且严肃而认真地警告我们如何正确保存和使用这种物质。如果白磷接触皮肤，也会造成严重的灼伤和中毒反应。在不确定是否安全的情况下，一定要远离这种物质，不能轻易使用甚至触碰。

文章中提到火柴头上就有这种物质。但是，我要讲的是，在火柴使用的早期阶段，确实有这种物质的使用，可是大家想一想，极易燃的物质在火柴头上出现，是不是很不安全呢？我们现在使用的火柴可是安全火柴，通过擦燃来引火，火柴头和火柴盒侧面上有多种物质成分，擦燃的瞬间发生复杂的化学反应。原来使用的物质是"白磷"，因颜色微黄，又叫"黄磷"。它能在空气中"自燃"，因此要保存在水中，隔绝空气，现在的火柴中使用的已经变身为它的孪生兄弟"红磷"了。红磷性情温和，无毒，能燃烧，着火点也比白磷高很多，使用起来安全性能提升了，燃烧现象和反应生成的物质与白磷的是一样的。"红磷"和"白磷"在化学上的真正关系叫作"同素异形体"。

说完了警告，保罗叔叔的实验就要开始了，今天他要拿出自己花钱买的大大的玻璃钟罩为我们做白磷燃烧实验，来测定空气成分。看，保罗叔叔小心翼翼地在水下切取白磷，浓浓的蒜味，缕缕白烟，噼啪响声，明亮火焰，浓烟遮目，火光渐落……保罗叔叔沉稳冷静的操作，温和细致的启发讲解，一定会让你痴迷于视觉的盛宴，沉醉于对未知的渴求之中。

当烟雾消去，余温不在，钟罩清明之时，我们静静观察，空气成分比例尽显：余气成分为不支持燃烧的氮气，占空气体积的4/5，进入瓶中水的体积就是消耗的氧气的体积，约占空气体积的1/5。想当年这是多么伟大的发现啊！

第1节

寻找易燃的燃料

"我们把蜡烛放进倒置在水中的瓶子里燃烧的实验，是最简单的实验之一，所用到的东西都是唾手可得的。但不幸的是，这是一个不完全的实验，原因我已经说过了。它告诉我们，空气是由两种不同的气体组成的，一种气体能使火焰燃烧，称为氧气，另一种气体在这方面性质相反，称为氮气。但它没有告诉我们每种气体的含量，因为蜡烛熄灭后，仍然剩下相当比例的氧气，而不是只剩下纯氮气。

"蜡烛的火焰是脆弱的，一阵风就会把它吹灭。我承认，在瓶子里，它可以躲避任何气流，但它太过虚弱，用不完所有的助燃气体。当这种气体开始变稀薄时，烛焰会变暗，然后完全熄灭。如果这种比喻不是太牵强的话，人们可能会把蜡烛火焰比作一个胃口不好的客人，他把大部分食物都剩在盘子里。那么，让我们请一位胃口更大、一口食物不剩的客人来，只留下不能吃的、光秃秃的骨头。我的意思是，让我们找到一种燃料，它燃烧的能量足够消耗所有的氧气，直到最后一点痕迹都不剩，只留下无用的气体氮。

"这种燃料是什么？是煤吗？不，那还没蜡烛油好，事实上，煤的燃烧更加有限，因为需要燃烧炉的热量来维持它的燃烧，这在我们的实验中是不可能实现的，而实验一半以上的价值都归因于它的简单性。那么，是硫黄吗？没错，硫的胃口很大，只要有氧气供应，都不需要我们再次邀请。一旦放火，它就会燃烧得很旺。但它有它的缺点，它的烟雾令人窒息。尽管如此，如果手头没有更好的东西，我很乐意利用它。你们对常见的火柴已经很熟悉了，那根小木棍上覆盖着硫黄，除了薄薄裹上硫黄，我们发现——看看谁先来告诉我。"

"磷！"两个孩子同时喊道。

"是的，磷，其易燃程度是任何其他常用物质都无法企及的：磷，只需在火柴盒的砂纸盖上或粗糙的墙壁上摩擦即可着火。没有什么能比得上它燃烧的活力和毅力。现在，真的，我们有一个贪婪的客人，他不会在他的盘子里留下任何东西。但首先让我们更好地了解它。你们对磷不是很了解，因为迄今为止，你只在火柴的尖端见过磷。"

"有时候，"埃米尔说，"火柴头是红色的，有时候是蓝色的，黄色的，或者大部分是黑色的。所有这些颜色的磷都存在吗？"

"不，磷本身只有一种颜色，接近黄蜡的颜色。但火柴制造商会根据自己的喜好，加上彩色粉末，有时是一种颜色，有时是另一种颜色，其目的是给自己的产品增加一点变化，从而吸引买主的眼睛。火柴上还有胶水与磷混合，使其黏在硫黄上。所以你们所见的不是纯磷，我要给你们看一些纯磷。

"几天前，我被叫去镇上出差，就买了一些实验室急需的东西。实验室，让我向你们解释一下，是专门从事科学研究的地方，它是科学家的工作室。虽然我们的工作室很简陋，但它必须配备某些设备、某些器具和储备；否则，我们仅凭一双手、一张嘴什么也做不了，因为我不认为化学只停留在口头上。我想告诉你们一些事实，一些你们能反复看到的东西，一些你们能摸到的、品尝到的、拿来测试的、你们自己实践用的物质，因为这才是获得知识的不二法门。

"没有铁砧和锤子，铁匠能做什么？什么都做不了。同样，没有实验室中各种仪器和药剂，化学家也什么都做不了。我们将一点点地把这些器具配备起来，但我事先向你们申明，我们会比较艰苦朴素，因为你们叔叔的钱包不允许大手大脚。我们只能拥有绝对必要的仪器。在化学实践中有些材料我们无法获取，像这样被迫运用一些才智，想方设法自给自足，也不完全是一件坏事。我们从厨房借用的陶盘子，我们的旧药瓶和保鲜罐，它们不也很好地发挥了它们的作用吗？我向你们保证，就算我们有一整套昂贵的实验室设备，我们也做不到更好。为什么我们不尽可能像现在这样继续学习呢？如果你们有机会进入一个真正的实验室，并在里面动手实验，我的小伙子们，你们会享受回忆带来的乐趣，回忆起你们叔叔简陋的设备，回忆起竟然花费这么少就可以在你们的脑袋里打下坚实的知识基础，甚至在我们最小的村庄里，这样的花费对别人来说也是极少的。

"我们很可能遇到无法克服的困难，被迫中断实验，也只有这个时候我们才不得不向专业的化学家求助。这就是我们现在的处境。我们需要磷，这就是，我最近刚在镇上的药店买的。"

第 2 节

磷 的 性 质

保罗叔叔在他的侄子们面前放了一个瓶子，瓶子里用水泡着一种黄色的物质，形状像一根棍子，长短、粗细和人的小指一般。

"这是纯磷，"他说，"半透明的颜色使它看起来像一块漂亮的蜡，像蜂巢里的蜂蜡。就是那种没有经过阳光暴晒、工厂加工的蜂蜡。"

"为什么要把它放在水里？"朱尔斯问。

"我把它放在水里是因为如果暴露在空气中，它很快就会着火。它太易燃了，以至于一点点的高温就足以点燃它。"

"但火柴上的磷不会那么容易着火，得摩擦才能点燃。"

"我告诉过你们，火柴中的磷不是纯磷。它与某些其他物质混合，再用胶水和彩色粉末黏在一起，因此它的易燃性大大降低。但即便是这样，在夏天，有时火柴也会自动燃烧。这是它的一个严重缺陷，可能在未来某天，当科学家发现更好的可以替代它的物质时，我们就不会继续在火柴里添加磷。"

"那为什么？"埃米尔问，"如果它真的那么易燃，为什么在水里就不会着火呢？"

"埃米尔，忘了我昨天的话了吗？为了生火，有两样东西是必不可少的，少其中哪一样都不行——燃烧的东西和助燃的东西，后者是空气中含有的一种叫作氧气的气体。当这两种东西进行化合反应时，就会燃烧。在没有空气的地方，或者更确切地说，在没有氧气的地方，不管燃料多么易燃，燃烧都不可能进行。所以我把磷放在水里保护它不受空气的影响，以防它着火。

"对待这种危险的物质，还有另一个必要的预防措施：把磷泡在水中，所用的瓶子可能会被打碎，从而使磷暴露在空气中。所以，我们必须防止瓶子有任何受到剧烈震荡和摔落的可能，因此，瓶子被放在一个充当减震器的锡盒里封好。经过双重包装并被浸泡在水里，磷可以永远地保存在药店的架子上，不用担心出任何危险。

"我还要补充一点，被磷烧伤是一个严重的事故，是最痛苦的事故。没有什么比这种可怕的东西造成的伤口更痛的了。燃烧的煤和赤热的铁都不能造成如此钻心且持久的疼痛。我要让你想象一下，一个粗心大意的人，他把一块磷用纸包起来装在口袋里，打算以后拿来自娱自乐，让磷在黑暗中发光发热，这个人的命运将会如何。他身上的热气将点燃他危险的私人物品，这个草率的人会被烧穿内脏，其痛苦的尖叫会响彻云霄。小心点，孩子们，别玩这种可怕的东西。如果对知识的渴求促使你去触碰它，那么就要极其慎重。我在此恳请埃米尔服从指令，恳请朱尔斯保持谨慎。如果我对你们没有完全的信心，如果我不知道你们不会鲁莽行事，我应该把我的药品库上两三道锁，并且从我们的课程中永远除去磷。

"没准我给你们上这一课反而更好，因为起火和严重烧伤并不是唯一的危险因素；还有另一个危险，你们必须更加小心加以防范。磷是一种致命的毒药，几个小颗粒足以导致极其痛苦的死亡过程。我不说了，该警告的我已经警告过你们了。请把磷视为最可怕的敌人之一，不要让你们的粗心使你们暴露在它的攻击之下。"

第 3 节
磷燃烧实验和空气的特性

"说完了警告，出于谨慎，我现在将解释如何利用磷来判断空气的构成。我们必须把一定体积的空气与大气完全分离，在'这份'空气里燃烧一点磷。我们在这个实验中所用到的容器必须足够大，这样玻璃才可能离火焰足够远，以避免因高温破裂。如果没有更好的器具的话，一个普通的两升或两升以上大小并且顶部和底部一样大的玻璃保鲜罐就很好。更好的仪器是化学家的玻璃钟罩，我最近买了一个，我们会发现它是实验室里最有用的仪器之一。我会叮嘱你们要特别小心，轻拿轻放。如你们所见，这是一个简单的无色玻璃容器，呈圆柱形，顶部是圆顶，上面有一个小小的球形把手可以把它提起来。有些开口很大，让人想起教堂里青铜钟的形状，玻璃钟罩的名字就是从这里来的。对于某些需要庇护和温暖环境的娇嫩植物，园丁们使用类似的玻璃罩保护它们，但它们通常太大太沉，不适合实验室使用。如果能找到一个中等大小的，那就完美了。

"一个大瓶子，一个大小合适的园丁用的玻璃植物保护罩，或者普通的化学家用的玻璃钟罩，我们获得其中任何一个，都可以拿来作为燃烧磷的容器；但是保罗叔叔用自己的钱为我们买了一个真正的实验室用的玻璃钟罩，让我们怀着感激，继续我们的实验吧。

"燃烧过程，就是燃烧我们这一小块磷的时候，必须在水上进行，以防玻璃内外的空气之间有任何的接触。因此，磷必须放在一个小木筏上，使其保持干燥，为此，我们可以使用任何可以漂浮的小物体，如软木塞或一小块木头。但如果不把我们的筏子与燃烧的磷隔开，它就会着

玻璃钟罩

火。所以，我们在筏子上放置一个迷你陶杯，将后者放在迷你陶杯里；而至于这个迷你陶杯，我们只需要取一块破旧陶罐子的凹面碎片。现在一切准备就绪，我们继续实验操作。

"首先，我们必须从我们的磷棒上切下一块来。磷很软，其硬度相当于非常坚硬的蜡，可以用小刀切开；但用小刀切磷不像削松木那样粗鲁，假使磷暴露在空气中，只要它与刀子摩擦，就足以蹿起火来，这会对笨拙的操作者造成严重烧伤。所以这种易燃物除了用指尖拈起尽可能短的时间外，不应在空气中停留，并且切割应在水下进行。看着我做。"

保罗叔叔把手指伸进瓶子里，抽出那根磷棒，它发出一股很浓的蒜味，还带着几

缕白烟。叔叔告诉孩子们磷的自然气味就是大蒜味，而且如果在黑暗中观察白烟，就会发现白烟会发光。火柴在某种程度上也会释放出同样的气味。磷立即被投进一碗水中，在那里，保罗叔叔双手浸在水下，用刀切下一块大约两颗豌豆大的磷块。磷块被放在一小块碎陶片上，陶片放在一个浮力足以托起它的小木筏上；然后它们整个被放在中间的水面上。一根点燃的火柴很快就使磷燃烧起来，保罗叔叔赶紧用玻璃钟罩盖住，当然，玻璃钟罩里充满了空气。

看，磷剧烈地喷射出火花，这对两个男孩来说十分新奇，他们到现在为止所见过的易燃物不过是火柴头上的那一点点。火焰噼啪作响，火光明亮闪耀，几乎使人眼花。浓密的白烟冉冉升起，形成一块云团，使玻璃钟罩里看起来像装了牛奶似的。与此同时，碗里的水迅速升入玻璃内，保罗叔叔不得不在外面多加一些水，以免碗底干涸、空气进入玻璃钟罩。这片乳白色的云太厚了，以至于我们再也看不见磷的火焰；或者说，能看到的话，它就像云团中的闪电，只时不时闪现一下。然而喷射的火光越来越少，越来越弱，直至最后完全停止。

磷在玻璃钟罩中燃烧

"结束了，"保罗叔叔宣布，"磷耗尽了玻璃钟罩内的空气所含有的全部氧气，现在除了不支持燃烧的氮气，什么也没剩下，而小陶杯上还残留着一些可燃物。白烟散去后，我们就会看到它。其间，让我们来谈谈这股烟，它美丽的乳白色外表似乎吸引了你们的注意。它产生于燃烧的磷，也就是说，来自磷与大气中氧气的化合反应。像往常一样，随着这种化合反应产生了刺目的强光。关于温度，我什么都没说，但那一小块碎陶片如果能说话，它肯定会作证。这些烟雾易溶于水，因此会产生一块空缺的空间，而水会慢慢填补这块空缺，以显示有多少氧气消失了。我们或多或少需要等待二十分钟左右，玻璃内才能恢复一开始清晰透明的样子。不过为了加快这一进程，不把你们的耐心都耗在这上面，让我们看看这样行不行：我们轻轻晃动玻璃钟罩，让摇动的水洗刷其内部，吸收烟雾。经过这番操作，玻璃钟罩内很快就会变得清晰可见。"

小心翼翼地摇晃玻璃钟罩，里面的气体很快就恢复了原本的透明度，露出那小块碎陶片上之前放上去的东西的残渣，不过现在它是浅红色，外观变化非常大，以至于男孩们没有认出来这是磷。它被高温熔化摊开在陶片上，外形确实大不一样了。不过为了使听众相信这仍然是磷，他们的叔叔将玻璃钟罩稍稍倾斜，使得小筏子靠近玻璃边缘，此时取出筏子和筏子上的东西就变得轻而易举了。

"这儿，"他说，"是真正的磷，尽管它因高温熔化而有些发红。剩下的部分要比烧掉的部分多。你们可以自己判断。"

为了不使磷产生的烟与工作室内的空气混合，碎陶片被拿到了花园里。接着用一根火柴点燃浅红色的物质，它燃烧着，发出了明亮的光芒，冒出的浓浓的白烟和在玻璃钟罩内燃烧时一样。因此，这证明了陶片上剩下的东西就是磷，尽管它已经燃烧了很长时间，还是剩下了很多；而现在，它的每一颗粒子都被消耗殆尽，最后一点踪迹也随着白烟消失在空中。

"如果燃烧在玻璃钟罩内停止了，"保罗叔叔继续道，"不是由于缺少燃烧的东西，因为最后还剩下很多磷，而是由于缺少助燃的气体——总之，缺少氧气。磷，无论量多么少，只要有一点氧气，它就能一直燃烧，直到最后一丝氧气被耗尽。所以，现在玻璃钟罩内只剩下纯净的氮气，没有任何物质可以在氮气内燃烧。

"磷的实验，再次更加清晰明确地告诉我们，曾经蜡烛实验告诉过我们的道理：大气中包含两种气体，一种是助燃的氧气，另一种是不论蜡烛和磷还是其他任何东西都不能在其中燃烧的氮气。它也告诉我们这两种气体、这两种物质、这两种非金属在空气中的构成比例是多少。我们的玻璃钟罩是圆柱形的，如果把它分成五等份，这五等份每一个部分的容量和体积都是相等的。现在我们可以看到玻璃钟罩内取代氧气位置而升起的水上升的高度占玻璃钟罩总高度的五分之一。因此，我们周围空气中的氮气是氧气的4倍；或者，换一种说法，在5升空气中有4升氮气和1升氧气。

"我们今天就学到这里。明天，我事先提醒你们一下，我们的化学实验需要用到两只没有受过伤的活麻雀。你们要设好陷阱抓住它们。同时，我请求你们小心，不要伤害花园里各种各样的鸟儿，因为它们是勤劳的狩猎者，专吃祸害农作物的昆虫及其幼虫；但是我很乐意让你们自由捕捉那些春天里疯狂采撷植物嫩叶，一饱口福的强盗麻雀。它们从邻近的屋顶上飞下来，只要我的豌豆一抽芽，就被它们一口吃掉。我必须抓两只，一方面为我们的实验作指导，一方面给它们同样到处掳掠的兄弟们上上课。"

08

两只麻雀

导 读

王凤文

通过前面的实验我们知道，白磷在封闭的空气中燃烧之后，已经把氧气消耗殆尽，剩下的氮气中再也不允许其他物质燃烧了。为了进一步消除埃米尔和朱尔斯的疑问，保罗叔叔还是满足了他俩的要求，设计实验证明氮气不支持燃烧。具体怎么做呢？没错，我相信你把第5章中学到的气体转移方法和上一章中的燃烧实验结合起来，就会给我们的实验设计提供思路。看着燃着的蜡烛、白磷、硫黄，当然，如果你愿意，你可以做燃着的纸张、木条、棉花等在氮气中的实验，都会发现，氮气对燃烧现象的蔑视，熄灭似乎成了唯一结果。事实面前，小伙伴确信氮气是不支持燃烧的气体，任凭多么鲜活跳跃的火焰，都会在氮气氛围中悄没声息地熄灭！事实上，燃烧的广义概念可不一定都有氧气，在中学化学中我们将会学习到，燃着的金属镁条插入氮气的瓶中仍能继续燃烧，发生化学反应。所以，小伙伴们，我们对知识的认识要用发展的眼光，既要掌握一般规律，又要记住特殊情况呦。

今天保罗叔叔要用麻雀做实验，看着一旁笼子里叽叽喳喳的麻雀，小伙伴们心中是不是有过一丝担心？保罗叔叔首先要先在大玻璃瓶中集满纯净的氮气，怎么做到呢？玻璃瓶中看似是"空"的，可是里面充满了空气，要把钟罩中的空气"倒"掉，让氮气充满钟罩，该如何操作？我相信你可能想到了第5章中所学的收集气体的方法，首先把钟罩中充满水，再在水下把气体收集到钟罩中，这就是排水法收集气体的过程。采用排水集气法，一定要满足该气体不溶于水，而氮气就是难溶于水的气体，所以一大瓶氮气就可以收集到了。

随后，保罗叔叔准备了另一个同样大小的"空"的玻璃瓶。两个瓶子外观没有任何区别，里面都是无色的气体，一瓶是氮气，一瓶是没有处理过的空气。下面的操作实际上异常简单，也是我们迫不及待想知道的学习内容，两只欢蹦乱跳的小麻雀即将被安排在两个瓶子中生活，究竟它们的命运如何？让我们拭目以待。记住，观察是对实验的最基本要求，是见证真理的最好方法，思考是对实验的更好诠释，是去伪存真得出结论的必要步骤。

尽管我们不愿意看到，实验的结果还是真真切切地展示在我们面前，被安排在氮气瓶中的小麻雀像跳动的火焰瞬间熄灭一样，这只鸟——死了，相反，另一只仍然神气活现（善良的我们会为麻雀的死去而难过，可它是为了化学，为了我们学习知识而牺牲的。我们还是应该爱护小动物）。也许你会以为氮气是毒气，氮气是杀死麻雀的罪魁祸首，那就错了！孩子们，另一个瓶中的小鸟所处环境是空气，同样依然有4/5成分是氮气，却安然无恙，这样的对比实验显然在告诉我们根源在于氧气的存在，说明氧气才是供给呼吸的气体，是维持生命的大气成分。一支点燃的蜡烛和一只鲜活的动物，它们都消耗着氧气，一个是为了继续燃烧，一个是为了继续生存。烛火与动物都会在氮气中窒息而亡，因为那里缺少氧气。这就是那只可怜的麻雀走向生命尽头的全部秘密。

在氧气稀薄或没有氧气的环境，人类和其他动物一样，也会感到呼吸困难甚至窒息死亡。所以医院里重症呼吸障碍的患者要输氧治疗，煤气中毒的病人要进行高压氧的抢救治疗，可见氧气有多么重要！

第1节

氮气的性质

两只麻雀被捉住了。捕鸟的弹簧陷阱藏在一排排正在发芽的豌豆中间，盖上一层薄薄的泥土，每个都放上一小片面包作为诱饵，很快就有麻雀上钩了。为了防止这两个小俘虏被勒着，它们被从陷阱中解救出来，放进了笼子里。现在，麻雀们在笼子里四处蹦蹦跳跳，充满了活力。孩子们等不及想知道他们的叔叔到底打算对麻雀们做些什么，并渴望能做一些非常有趣且重要的实验。在他们眼里，一堂他们最感兴趣，又带着捉麻雀的乐趣的课，才是真正的游戏，这是他们的叔叔非常赞许的一种学习方式。他深信要学好，就必须享受学习。

"从昨天起，"保罗叔叔对孩子们说，"装满气体的玻璃钟罩就一直静置在那碗水里，里面的磷也不会再燃烧了。实验后，虽然可能整个下午都还有点儿残留的白烟，但是现在已经过去了很长时间，足够它消失，也就是被水吸收了，所以目前玻璃钟罩里除了纯净的氮气，别的什么都没有。注意，这种气体完全是透明的、看不见的。你能把它当作普通的空气吗？和一开始充满玻璃钟罩的空气是一样吗？虽然它们看起来一样，但是属性却大相径庭！无论什么东西都没法在这种气体里燃烧。在上一次实验结束后，一切都一目了然，不需要多余的解释。当我们在花园里把玻璃钟罩里剩下的一些固体——事实上，相当多的磷点燃时，就已经有答案了。如果这些残余的磷不能在玻璃罩里继续燃烧，但露天时却烧得很旺，那一定是因为原来装在玻璃钟罩里的助燃气体已经被消耗光了。玻璃钟罩里缺少的东西，露天空气能够无限供应，这就是为什么，磷在露天环境下可以烧得无比旺并且能持续燃烧，直到最后一点被烧完。

"因此，很明显，由于玻璃钟罩里剩余的气体并不能使磷继续燃烧，所以也就没有任何其他物质可以在那里燃烧。连最易燃的物质都熄灭了，那些没那么易燃的物质又怎么可能继续燃烧呢？"

"显而易见，"朱尔斯承认，"最易燃的物质都做不到的事，当然最不易燃的也做不到。但是，这种你称之为氮气的气体，真的会使任何放进去的火焰立即熄灭吗？"

"当然。任何正在燃烧的物质放进去，立刻就无法继续燃烧了。"

"那这和蜡烛在瓶子里停止燃烧时一样吗？尽管埃米尔足够小心翼翼，还是不能让它一直燃烧着。"

"是的，一样，不过这距离真相还差一点。我告诉过你们，蜡烛的火焰没有足够的能量来消耗空气中所有的氧气。在我们起初做的任何这样的实验中，都还剩下相当一部分氧气，也就是说，在之前的实验中，倒置的瓶子里放着燃烧的蜡烛，最后剩下的气体不是纯氮气，还有一点氧气混合在其中，但这点氧气不足以在第一支蜡烛停止燃烧的情况下，保持第二支蜡烛的燃烧。我们发现，事实上，一旦把一支点燃的蜡烛放进去，它不可能不立刻熄灭。但如果是一种更易燃的物质，比如磷，它就会在瓶子里找到它所需要的氧气残渣，蜡烛不能燃烧，它却能继续燃烧一段时间。"

"那么，可以这样说，"朱尔斯建议道，"磷对氧气的馋瘾很大，以至于它会舔干净蜡烛吃剩的残渣，而蜡烛则更挑食一些。"

"是的，形容得非常贴切。如果有任何氧的残余物，胃口大开的磷肯定会吞噬它们；但如果没有这种残余物，磷就一点都吃不到。在这种情况下，磷就像任何其他可燃物一样不再燃烧。"

"虽然听起来通俗易懂，"埃米尔接着说，"不过，我还是希望有实验来验证一下。"

"我正打算做呢，"叔叔回答说，"但是首先我们要把其中一点气体从玻璃钟罩转移到一个广口瓶里，这样我们的实验才能更加方便顺利。接下来就是我们动手实践，转移气体的时候了。因为我们的碗太小、太浅，所以我们要用到这个装着水的大盆。"

说着，保罗叔叔有条不紊地将装着玻璃钟罩的碗整个儿放进大盆中。当玻璃钟罩的边缘被慢慢浸没后，他取出了碗。朱尔斯把一个装满水的广口瓶倒过来放进水盆，水面刚好没过瓶口。叔叔稍稍倾斜玻璃钟罩，使得一些气体过渡到瓶子中直到填满。然后，他又将碗放回玻璃钟罩下，把它们整个儿取出来放在了桌上。最后，装满氮气的瓶子就用手掌捂住瓶口，把它正立着放在桌上，再用一片玻璃封住。这些操作描述起来比执行起来更难，要小心，不要让装着氮气的容器向外部空气敞开，这是必不可少的预防措施，也方便我们通过将其瓶口浸入水中并在水下操作来进行观察。

"现在我们有满满一瓶氮气，"保罗叔叔说，"我们先从哪样东西开始试呢？硫、磷，还是蜡烛？"

"我们从最不易燃的开始吧！"这是埃米尔的建议，"先试试蜡烛。"

将蜡烛绑在一根金属丝上，点燃后慢慢放进瓶子里。刚到瓶颈的位置，它就突然完全熄灭了，即使是平常在被吹灭后还会持续一段时间的烛芯上的红色光芒，一瞬间也没有保持住。把蜡烛猛地丢进水里，其熄灭的速度也不一定比这快。

"哈！"埃米尔大叫，"这比之前的实验明显多啦！昨天做实验的时候，火焰弱弱地晃动一会儿才会熄灭，只有深入到瓶子里才会立刻熄灭，但是烛芯上的红光似乎会保持一段时间，不过今天我们就没有见到类似的情况。蜡烛一旦伸到瓶颈的位置，烛焰和烛芯红光就同时消失了。现在我们接着试试磷。"

"磷也好不到哪儿去，你且看着。"

残破的陶器碎片再次充当了一个五法郎硬币大小的杯子。将一根铁丝的一端弯曲成一个用于固定该杯子的环，用杯子托着那块磷。这些操作完成后，首先点燃磷，然后通过铁丝将其伸到氮气瓶中。正如预期的那样，它突然熄灭了。在瓶子外还张牙舞爪的火焰，一放进去，立马就偃旗息鼓了。

他们用硫黄做了相同的实验，埃米尔认为硫黄十分易燃，所以它或许能在瓶子里燃烧，但是最终它和蜡烛、磷熄灭的速度相差无几。

"已经没必要做进一步的实验了，"保罗叔叔说，"结果都是一样的。在氮气中，什么东西都无法燃烧。或者换句话说，氮气不是助燃气体。"

第 2 节

如何收集气体

"现在，我们将利用你们的两只麻雀，继续带领你们解开化学中的谜团。它们会教你们一些非常有趣的知识，某种程度上算是作为它们破坏豌豆所造成损失的补偿吧。首先，我们必须使瓶子里再次充满氮气。因为磷、硫黄和蜡烛都接触过里面的气体，所以我们无法再确定这里面的氮气还是不是纯净的。而我们的实验必须用纯氮气，因此，我们要从玻璃钟罩里采集新鲜的氮气，不过首先得把瓶子里的气体清空。我们该怎么办呢？"

"清空一个瓶子，你只要把它倒过来放就行。"埃米尔一边思考，一边赶忙解释道。

"如果瓶子里装的是水或者其他液体，这么做没错。"叔叔回应道，"但是它里面装的是和空气差不多重的气体。假如你光把它倒过来就想清空里面的气体，那你永远都不可能成功的。"

"原来是这样。那我们只要使劲儿往瓶子里吹气，我们就能把里面的气体赶出来了吧？"

"这倒是可以。但首先告诉我，我们如何能得知瓶子里的气体已经完全被赶出去了呢？没有任何标志可以反映有什么东西进去或出去了。另外，你仅仅是把一种气体换成了另一种，你呼出的气体同样很难清空。如此一来，循环往复，没有尽头。"

"确实，我想得越多，就越是觉得很难。当时我说这很简单的时候，有点儿太草率了。朱尔斯还一句话都没说呢，我敢打赌，他也不知道该怎么办。"

"我承认我很困惑，"朱尔斯发话，"这看起来没什么的小事，确实难倒我了。"

"你很快就能明白了。它应该是这么处理的。"

叔叔拿起瓶子，把它放进盆里，很快它就盛满了水。

"这样你就把气体完全赶出去了。"

"没错"，男孩们同意道，"可现在瓶子里都是水。"

"还有什么能阻止我们像之前一样，把它换成玻璃钟罩里面的氮气呢？"

"嗨，原来如此！这也太简单了。就像你昨天说的，最难的部分首先是想到它。"

"关于这一点，"保罗叔叔说，"我想这里再提及一些事情可能比较好。为了确定每个地方的空气成分是否都是相同的，热气球驾驶员和旅行者有时会带回他们所到高度的空气。现在，如何在比如勃朗峰的山顶上，或在热气球驾驶员达到的高空上采集空气样本？如何确保空气确实来自一个已知高度的山顶，还是在天上一定高度的地方？想象一下一系列标有'这是珀杜山的山顶上的空气'的瓶子，'采自八千米高空，热气球驾驶员出品'，'海上某某纬度某某经度，轮船搬运'，当需要进行化学检验时，如何从各个遥远的地方获取标本呢？没有比这更简单的事了。在需要采集空气样本的地方，倒空装满水的瓶子，此时液体倒出去了，空气也会随之涌进来。然后，小心地塞上软木塞的瓶子，不需要任何进一步的预防措施，就能永久保存这起初似乎很难高纯度收集的不可见物质。"

第 **3** 节

有关麻雀的实验

"我们现在来看看麻雀，我觉得这是所有知识中你们最迫不及待想学的部分。我将再次用原来的方式从玻璃钟罩向瓶中充入氮气。将第二瓶同样大小、同样形状但充满空气的瓶子放在桌上第一个瓶子的旁边，两个瓶子都有一片玻璃放在瓶口上作塞子。从外表来看，它们的瓶内的东西没有区别，每个瓶子一样透明，里面的东西都是看不见的。现在，我将这两只麻雀放入我们的瓶子中，瓶子的大小足以在实验所需的短时间内容纳它们。但首先我想问埃米尔一个问题，如果它是一只鸟，它更喜欢去一只装着空气的瓶子里还是一只装着氮气的瓶子里呢？"

"一个星期前，"男孩回答，"我应该会说选择哪个都没关系，因为看不出来这两者有什么区别。但是现在，说实话，我开始害怕这些看不见的东西。扑灭蜡烛的氮气狡猾无赖，不值得信任。我并不了解氮气，但我对空气的了解更多一点儿，所以我宁愿信赖空气，也不要相信氮气。如果我是一只麻雀，那我会选择装满空气的瓶子。"

麻雀在盛满空气的瓶里

"你的选择非常明智，很快你就知道为什么了。"

将临时笼子里的麻雀，一只装进充满空气的瓶子，另一只装进氮气瓶子。每个瓶口上放一片玻璃，彻底把它们封在瓶子里。小观察者们瞪大双眼，对接下来会发生什么十分好奇。装着空气的瓶中没有异常。小俘虏飞来飞去，啄着它的玻璃狱墙，啄着那看不见却无法通过的神秘障碍物。它试图逃跑，却失败了，它再次飞起，重复着一次次徒劳的努力。这一切只是一只鸟儿想重新获得失去的自由，而绝望地尝试逃离监狱，仅此而已。横冲直撞，用喙、爪子和翅膀反抗着，这只鸟显然只剩下极度的恐惧。

装满氮气的瓶子中的麻雀则是另外一番表现。它刚被放置在玻璃笼中，就好像被麻痹了，摇摇欲坠，张开喙，胸膛鼓起，好像在做最后的喘息。它抽搐着侧身倒下，

麻雀在盛满氮气的瓶里

目光涣散，不断挣扎，一次又一次地张开喙想要呼吸，最后不动了。这只鸟死了，相反，另一只仍然神气活现。

"我一点儿也不喜欢这个实验，"保罗叔叔承认，"它也不会让你们感到快乐，亲爱的孩子们。亲眼看到一个生物，像这只麻雀一样，陷入痛苦，作为我们好奇心的牺牲品而煎熬，因给予我们教导而死去，你们善良的本性厌恶这样的画面，我也是。对知识的追求是残酷

而又必要的，值得一试，但不要重复。我们赶快放生那个幸存的小家伙吧。看在它的同伴死于化学的份儿上，我原谅它偷走了我的豌豆。"

将两只麻雀从瓶子中放出来，装着空气瓶子里的那只，活像蟋蟀。埃米尔把它握在手里，向它告别，然后把它带到敞开的窗口，放了它。它发出无比喜悦的欢叫，像箭一样飞走了。另一只胸部朝上一直躺在桌子上，可怜的小爪子死后便弯曲僵硬着。埃米尔和朱尔斯偶尔瞥它一眼，很难消化这突如其来的死亡，也许他们是希望看到它复活。他们的叔叔看出了他们在想什么。

"别指望这只麻雀会活过来，"他说，"它死了，可怜的小家伙！永远地死去了。"

第 4 节

氧 气 —— 维 持 生 命 的 气 体

"氮气竟然是一种如此可怕的毒药吗？"朱尔斯忍不住问道。

"不是的，小朋友。氮气不仅不是毒药，还是完全无害的。这是一定的，要不然我们是不可能生活在一个五分之四都是由氮气构成的大气环境中的。我们都在不停地呼吸氮气，所以我们没有任何理由可以怪罪它。氮气无害，它不是害死鸟儿的罪魁祸首。"

"那麻雀为什么会死呢？"

蜡烛在空气中燃烧，却在氮气中熄灭，是氮气造成的吗？不，如果是这样的话，蜡烛就不能在富含氮的空气中燃烧。在这种气体单独存在的地方，蜡烛熄灭，不是因为氮，而是因为蜡烛缺乏燃烧所必需的元素——氧。使燃烧成为不可能的，不是一种气体的存在，而是另一种气体的缺失。

"如果沉入水里，我们很快就会溺亡，为什么？是因为水有毒吗？当然不是，我们永远都不会这么想。我们在水中无法生存是因为缺少空气，水本身对溺水者的死亡没有影响，他的死亡是缺少能够呼吸的空气导致的。同样，我们也可以说麻雀是在氮气中淹死的。但不能说完全没有空气，因为构成大气的两种气体之一还剩下很多。鸟儿缺少的只是可以呼吸的，像维持蜡烛燃烧般维持动物生命的气体。

"正是因为缺少氧气，才导致了麻雀死亡和蜡烛熄灭。没有氧气，就没有生命，也没有东西燃烧[1]。任何动物都不能在蜡烛无法燃烧的地方生存，因为生存和燃烧是非常相似的，我会找一个合适的时机证明给你们看。但是首先让我们好好研究一下这位存在于大气中的氮气的伙伴——氧气，然后，你们就能看出生命和火焰之间极其相似之处。"

听到他们的叔叔把这两样事物这样联系在一起，男孩们惊讶的眼神互相碰在一起。

"我说的不过是空口白话，"他继续道，"并不是最细致的科学的观测数据。很明显，对大家来说，这在某种程度上并不属于我们的日常思维范畴。我们说一束火灭了，就是说它死了。哈勒昆[2]在他的朋友皮埃罗窗下唱的著名歌谣告诉我们，蜡烛死去了。不过想要死，它首先得活着。死去的火苗，死去的蜡烛，当它们跃动燃烧时，

---

1 这个观点现在是错误的，例如，金属镁就可以在氮气中燃烧。——编者注

2 哈勒昆（Harlequin）和皮埃罗（Pierrot），意大利即兴喜剧中的两个定型角色。

虽然我不会把它们称为生命，但至少在化学反应方面它们的状态就像生命。一支点燃的蜡烛和一只鲜活的动物，它们都消耗着氧气，一个是为了继续燃烧，一个是为了继续生存。烛火与动物都会在氮气中窒息而亡，因为那里缺少氧气。这就是那只可怜的麻雀走向生命尽头的全部秘密。"

"其他动物呢？"埃米尔问，"它们也和麻雀一样，在氮气中会死吗？"

"所有生物都一样，根据物种不同，有早有晚，所有生物绝对都会在那样的情况下死亡，因为无论多小的生物，都不能离开氧气而存活。氮气丝毫不能替代氧气。如果我们的实验不是一件令人厌恶又没什么价值的酷刑，我们还可以继续用花园里的小动物们——鸟儿、田鼠、鼹鼠、昆虫、蜗牛，等等，重复实验，我们会看到它们在氮气中屈服于死神的过程，或许很快，或许会花上一段时间以考验我们的耐心。我必须告诉你们，所有生物，无一例外，如果它们想要活着，就需要氧气，只不过并不是所有需要都同样迫切。有一些生物在氮气中瞬间就被死亡制服，比如我们实验中的麻雀；另一些可以继续生存几个小时甚至几天，但最终还是走向死亡。规则普遍适用，但受害者的反抗时间长短不一。首先死去的是鸟类，它们的呼吸很急促。紧接着是有耐力的动物——猫、狗、兔子，等等。总之，它们是自然学家口中的哺乳动物。爬行动物具有更强的抵抗力，蜥蜴、蛇或青蛙甚在一小时后也不会完全死亡。最后，昆虫、蜗牛和其他小型动物是最后一个死亡的。

"这是一件非常重要的事情，所以我必须通过实验来说明，尽管这是一个令人遗憾的痛苦的过程。此外，我想起来一个可怜的牺牲品，它不在实验中死去，或许就会在猫爪下惨死。与其忍受猫爪所带来的残酷痛苦，倒不如让它在氮气中温和地死去。我们将以善行抵消痛苦。它是一只被捕鼠器困住的老鼠。我今早在一个食品储藏室的架子上看到过。埃米尔，去把它拿来吧。"

埃米尔带着捕鼠器和俘虏回来了。玻璃钟罩里还剩些氮气，可以把麻雀死去的瓶子重新装满。保罗叔叔稍稍打开捕鼠器，把老鼠扔进瓶子里。这只动物发现自己被困在这个玻璃监狱里，它先是绕了几圈，然后扑到墙壁上，寻找出路，除了害怕，再也没有表现出不舒服。接着它趴下来，开始颤抖，似乎快睡着了。最后，它突然抽搐了一下，宣告死亡。只过了短短几分钟，但很显然，这只动物比鸟儿多活了一会儿。

"把老鼠给猫吧，"保罗叔叔说，"这样我们的动物实验就结束了。现在让我们总结一下我们刚刚学到的东西。氮气占大气的五分之四，它是一种无色、无味、看不见的气体。在氮气中，任何东西都无法燃烧。一支点燃的蜡烛一旦放进氮气里，就会熄灭。动物们也不能在氮气中维持自己的生命：呼吸不掺杂氧气的氮气，任何动物迟早都会死亡，这不是因为氮气，氮气本身没有任何有害属性，而是因为缺少氧，而氧气是大气中唯一能维持生命的部分。"

09

燃烧的磷

导 读

王凤文

我们知道空气主要由氧气和氮气两种成分组成，上一章的燃烧实验和麻雀实验，一定让我们刻骨铭心。没有氧气，火焰就会熄灭，没有氧气，动物的生命也会终止。空气为我们的生活中提供了必不可少的物质储备。

氧气这种支持燃烧，又供给呼吸的气体，到底还有多少奥妙等着我们去发现，去探索呢？看看今天保罗叔叔关于空气的实验吧。

桌子上准备的用品：钟罩，水盆，剧毒能自燃的白磷密封在瓶中……咦，这个盛有石灰的碟子是干什么的呢？磷和空气的故事即将开始！保罗叔叔给我们提出了问题：怎么能够把空气中的氧气和氮气分离？

这个看似很简单的问题着实有些棘手，埃米尔和朱尔斯的讨论也异常激烈。前面我们曾经讨论过如何分离混合在一起的硫黄和铁屑，因为这两种物质看得见摸得着，我们如果有足够的耐性，可以一粒一粒挑出来；即便都是粉末，我们也可以根据密度大小利用淘洗的方法分离；或者干脆找到一块磁铁，把混合物中的铁粉吸出，然后抖落在另一个地方，轻松分离。空气中的氧气和氮气可不同了，无色无味、看不见摸不着的无形物质，朱尔斯提出的方案是否可行？

前面所做的磷燃烧实验，准确地说，是磷把空气中的氧气拿走了，留下来氮气，可是磷和氧的结合却异常牢固，不像磁铁吸引铁屑，轻松即可剥离。这真的是一个很现实的问题。朱尔斯甚至想到能否找到一种物质与氮气反应，留下氧气，再把氮气从生成物中分离出来，可是氮气却是一种相对稳定的物质，不会轻易与其他物质反应，这种想法也只能放弃。

但不意味没有更好的方法，现在医院或工厂中用的氧气就来自分离空气，原理是氧气和氮气的沸点不同，利用加压或降温的方法，把空气变成液体，然后适当升温，氮气就先以气体形式跑出来，氧气后出来，从而达到分离的目的，这种方法就是工业制氧气的方法，叫作**"分离液态空气法"**，所以空气是氧气的主要廉价的来源。

今天保罗叔叔想给大家展示，氧气是如何在燃烧的物质中储存累积的，磷燃烧后的产物是什么的问题。实验设计精要巧妙，"在冰冷的玻璃内部，烟雾冷凝并形成一种美丽的薄薄的白色物质，仿佛坠落的雪，四下飘散。不一会儿，盘子上就积满了一层自火焰最中心而来的、奇特的、雪花似的物质。"在实验的乐趣中，我们会学到如下化学知识：

磷在空气中燃烧的实质是磷和空气中的氧气进行化合反应。

反应生成的磷的氧化物（五氧化二磷P_2O_5）是一种白色固体，这种物质极易和水化合，生成一种酸性物质，叫磷酸（H_3PO_4）。

磷酸是一种酸性物质，遇到酸碱指示剂会变色，而酸碱指示剂可以来自花园中的花朵。

大多数的非金属单质与氧结合得到的物质再与水反应，能生成类似于磷酸的酸性物质，都叫"酸"。

参加反应的磷和氧气的质量之和一定等于生成的五氧化二磷的质量，这就是物质不灭——质量守恒定律的内容体现。

磷燃烧后的固体质量比之前增加的质量就是参与反应的氧气的质量，氧气没能从空气中分离出来，而是储存在磷的氧化物中了。

生石灰（CaO）是一种极易吸水的物质，可以用来做干燥剂，可见于食品包装中的石灰干燥剂。

本章实验中如果不用生石灰干燥空气，生成的磷的氧化物就将与水蒸气反应，使我们错失雪花飘落的美妙现象。可见保罗叔叔设计实验的良苦用心哦。

但是孩子们，实验室的药品在没有老师指导的情况下，千万不要轻易用手去摸，更不要入口尝试，以免发生危险，实验安全不容小视！切记！

第 1 节

空气的分离

　　学生们一向喜爱的新实验已经准备就绪：桌子上放着一个锡盒子，盒子里是一个装有磷的瓶子，有名的玻璃钟罩盖在一个盘子上面，盘子中央还放着一个盛满石灰的碟子。

　　"叔叔要用这些东西给我们演示什么？"男孩儿们面面相觑。

　　"我们呼吸的空气，"保罗叔叔开口了，"你们还没完全了解。它的两种元素之一，氮，你们已经看过了；另一个元素，氧，你们除了它的名字，几乎什么都不知道。氧气的含量虽然不太丰富，但是它比氮气更为重要。你们还记得燃烧磷的实验中，我们看到了什么——氧气构成了我们的大气，而且你们还知道了它是所有物品燃烧时所需要的气体，与其说这是我告诉你们的，不如说是现实的证据就是如此。没有氧气，火焰就会熄灭，没有氧气，动物的生命也会终止。但这到底是什么气体？如果不是像在大气中一样和氮气混在一起，只是单独的氧气自己，它会怎么样？我的小朋友们，这是个关键的问题。我会尽力帮助你们解开这个疑团的。

　　"在5升大气[1]中，有4升氮气和1升氧气，因此，当我们想要单纯地获得这两种元素中的任何一种时，我们必须找到这两种元素的来源。现在，在大气中，这两种气体没有经历化学的化合反应，而是简单地混合在一起，稍后有机会我会向你们证明这一

---

1 大气：即空气，现在研究发现，空气主要由氮气和氧气组成，还有稀有气体、二氧化碳、其他气体和杂质。——编者注

点。因为它们只是混合的，所以我们只需要简单地将两者分开就可以。但这还是有一定难度，因为我们不知道怎么才能把两种摸不着甚至看不见的物质分开！不久前，当我们把硫黄精和铁屑混合在一起时，埃米尔认为，只要耗费一定的时间和精力，一定能一粒一粒地把两者分开。他没错，对有着灵巧的手指和锐利的双眼的人来说，这项任务并不过分。然而，这种混合物叫作空气，那就完全是另外一回事。形成混合物的两种物质既看不见也摸不着，即使能看见它们，也很难把它们分开，狡猾是它们的天性。那么，我们该怎么办呢？"

"尽管铁和硫都被磨成了很细的粉末，"朱尔斯沉思片刻后说，"但是用磁铁分离这两种物质还是很容易的。难道我们就不能用某些方法把构成空气的两种气体分开吗？"

"没错，"埃米尔跟着说，"我想找到某种东西，我们可以把它放在空气中，让它吸引其中一种气体，把另一种气体留下，就像磁铁吸引铁屑，留下硫黄一样。"

"孩子们，你们知道吗？你们这番话体现出，你们对这件事的理解比我预想的要多。"保罗叔叔回答道，"你们的回答使我很高兴，因为这就是我即将提到的唯一可行的手段。埃米尔说他想找到的东西，其实你们早就已经知道了，你们已经在实验中看到过了，而且就在前两天。"

"是磷吗？"孩子们问。

"是的，磷。当它在玻璃钟罩下面燃烧时，难道它没有把氧气带走，把它的同伴氮气留在玻璃钟罩里吗？"

"对，它就是这么做的。"

"它是不是很像你把磁铁插入铁屑和硫黄的混合物中，把铁屑吸出来，把硫黄留在纸上？"

"没错，就是这样！"

"磁铁会吸引铁，但它对硫没有影响，所以硫就单独被留下了。同样地，燃烧的磷把空气中的氧气吸引过来，收入囊中，但扔下了它不喜欢的氮气。"

"我想，现在我们已经搞明白了，"朱尔斯说，"磁铁上覆满铁屑时，我们把它从混合物中抽出，然后把铁屑擦落到另一张远离硫黄的纸上。我们可以让磷带走它想要的所有氧气，然后我们再把它拿走。"

"这是一个很好的建议，"保罗叔叔拍手赞许，"但是，不幸的是，这个方法并不奏效。磁铁可以轻轻松松地放开吸附其上的铁屑，而磷和它所吸收的氧气并非如此。我跟你们说过，它的胃口很大。一旦它吃饱了氧气，就不可能再吐出来，除非采取强制手段，而在这个小小的实验室里我们根本做不到。磷会死死守住自己得到的东西，以至于用我们这点实验资源，我们永远不可能让它放出氧气。"

"那就让它留着它的氧气吧！"朱尔斯懊恼地喊道，眼见着自己的计划差一点就成功了，结果泡了汤，"我再试试别的办法。有没有一种与磷作用相反的东西，它会带走空气中的氮气，只留下氧气？那样就简单多了。"

"这确实简单得多，但是……"

"还有一个'但是'？"

"哎呀，是的，还是语气最严肃的'但是'！你们必须知道，氮是最不合群的元素，它是结盟主义的坚决反对者。按照惯例，一般没有元素与它相关，并且它也不会被当作伙伴或者类似的东西。氮气厌恶化合反应。只有用最精密的仪器加以诱导，它才会与其他元素结合。所以我们不要想着将其他物质与氮气结合，从而将氮气从空气中抽离出来，所有这个方向的尝试都会以失败告终。

"那么我们就应该就此失去信心、半途而废吗？其实如果我们小心一些，用第一种方法也很好。磷，确实对在燃烧中与之结合的气体牢牢抓住不放，而且压根别指望它会把从空气中吞下的氧气吐出来。但幸运的是，不是所有的单质都像它似的。我们应该找一种更随和的物质，不需要耐心劝诱，它就愿意交出自己抢到的东西。今天我们只学习氧气是如何在燃烧的物质中储存累积的，而为了说明，我们将用到磷。"

第 2 节

物 质 不 灭

"你们还没有忘记上次我们的实验中，磷在玻璃钟罩里燃烧时是如何形成白烟吧？那块乳白色厚厚的云团给你们留下了深深的印象，你们不会这么快就忘记的。而且你们一定记得它是如何一点一点地消散，被盆里的水吸收的。如果我没有在这一点上提醒过你们的话，也许它的消失对你们来说就是一个真实的被消灭的例子，并且你们会持有这样一个普遍的观点，那就是火焰会把它燃烧的物质化为乌有。我教你们的是完全相反的观点，但这还不够；我想给我单纯的理论加上更令人信服的事实例证。因此，我打算向你们展示，火焰不会消灭什么东西，只会将它转化变形；它改变物质的外观和性质，但不影响物质继续存在。磷就是一个很好的例子，同时它还能告诉我们一些有关今天这堂课主题的知识。我接下来要做的这个实验，一方面会告诉我们火焰无法消灭任何物质，另一方面会告诉我们氧气如何在燃烧中储存。

"燃烧的磷所释放出的白色烟雾极易溶于水，这就解释了为什么在我们最近的实验中它们会迅速消失。为了保存它们，让它们在冷却时呈现自然的状态，然后不慌不忙地对它进行实验，我们绝对有必要在没有水的地方燃烧磷。燃烧磷形成的化合物太喜爱水了，我们做多少预防措施都不为过。空气总是潮湿的，雨露甘霖都是从空气中来的。不管我们觉得它多么干燥，它肯定或多或少地含有看不见的水蒸气，燃烧后的磷会贪婪地扑向它，就像糖溶于水一样溶解在其中。因此，我们燃烧磷的玻璃钟罩里必须是完全干燥的空气。

"这种干燥的空气是我用生石灰制造出来的，也就是在被泥瓦匠加水之前的石灰，换句话说，就是刚从石灰窑中制备好的石灰。就算不告诉你们，你们也知道把一块石灰放在空气中一段时间会发生什么情况。"

"我知道你的意思，"朱尔斯说，"这片石灰逐渐裂开，然后碎成灰，就像你在上面洒上水一样；只不过洒水，它会碎得更快。"

"就是这样。洒上清水，一块石灰断开、碎裂、坍塌，变成灰。如果是暴露在空气中一段时间，它的表现也相同，只是速度较慢。为什么？因为它吸收了周围空气中的水汽，直到，一点一点地，这种水汽对它产生了和细水雾对它一样的影响。因此，石灰有吸收水汽的习惯，无论周围它能触及的水汽有多么少，它都会将其吸干。我们可以说，它从周围的大气中用武力猛地把水汽拉走，并吃干抹净。因而我们这就有了一个非常简单、便捷的方法来获得完全干燥的空气。

"几个小时前，我小心翼翼地将一碟生石灰放在一个大盘子的中间，用玻璃钟罩盖住，后者放在盘子上，当然，里面充满了空气。有了这种预防措施，燃烧磷产生的烟雾就无法逃脱，还有，不仅被囚禁的空气，而且玻璃下面的盘子表面和玻璃内部也会变得非常干燥。现在，燃烧我们的磷吧！"

保罗叔叔在水下切了一块磷，用吸水纸将它吸干，然后，把它放在一小块碎陶片上。他把装满石灰的碟子取出，换上点燃的磷，随后，玻璃钟罩连同其内部的干燥空气被立即放回了盘子上。燃烧一开始的时候与男孩们见过的燃烧现象没有什么不同，同样有耀眼夺目的光芒，伴随着螺旋升起的浓密白烟。不过，就在这时，出现了某种新的现象：在冰冷的玻璃内部，烟雾冷凝并形成一种美丽的薄薄的白色物质，仿佛坠落的雪，四下飘散。不一会儿，盘子上就积满了一层自火焰最中心而来的、奇特的、雪花似的物质。

"埃米尔，"他的叔叔问，"你觉得这场雪怎么样？"

"我觉得它简直棒呆了。谁也想不到火焰竟然可以制造一场暴风雪！尽管人们会被它的外表所迷惑，但是我很清楚它不是真正的雪。那些如此洁白俏丽的'雪花'一定来自燃烧的磷，因为它们不可能来自别的任何东西。"

"是的，一清二楚。我们眼前形成的这种物质，除了它的外表，它和真正的雪花一点关系都没有。实际上它完全是另一种东西，我们很快就知道了。不过首先，我们再让它下会儿雪。火焰瞧着病恹恹的，我们再喂它点儿食物。"

保罗叔叔把玻璃钟罩抬起一点，然后已经开始萎靡地燃烧的火焰，又一下子恢复了先前的活力。

"空气变得稀薄了，"他说，"磷几乎耗尽了气体供给，快要熄灭了，不过，把玻璃钟罩抬起来一点儿，我又放了更多空气进去，火焰又神气起来了。我们再给它一点氧气，以确保获得足够量的神奇雪花。"

在添加过三四次新鲜空气之后，盘子里的雪层看起来已经足够厚实，保罗叔叔用一把钳子取出盛着磷的碎陶片，把它放到了花园里，如此一来，这块还没完全烧完的材料自己继续燃烧时，大家就闻不到刺鼻的气味了。

"现在，我年轻的朋友们，"他继续道，"我请你们来看看盘子里是什么。如你们所见，它是一种白色的薄片状物质，看起来非常像雪花。这是磷燃烧后形成的，火焰并没有毁灭磷，而是把它变成了别的东西，这种转变过于彻底，以至于如果你们不知道这伪造的雪到底是哪儿来的，你们就永远也猜不到它的本质。我再重复一遍，火焰不会毁灭任何东西，它吞噬、消耗的东西并未化为乌有，而是变成了某些别的东西，有时它在你们眼前消失变成了气体，有时它又能变成更丰富的物质，吸引我们所有的目光。现在你们在盘子里看到的——这个我们可以摸一摸、闻一闻、尝一尝的东西，是火焰消耗后的磷，即使被烧了个彻底，它依然存在。因此，正如你们所看到的，就是我在这个实验中讲过的第一个点——物质是不灭的，没有任何东西会因火焰燃烧而消失。"

第 **3** 节

氧气的储存

　　"假设我们这里有一台和化学家使用的天平完全一样的精密的天平，并且能够精确地告诉我们苍蝇翅膀的重量。在精细的化学实验中经常需要称量像这样微小的物质的重量。有了一台如此灵敏的天平，我们就可以确定这块磷有多少毫克。这样一来，就没有什么还能阻碍我们在必要时频繁更新空气，烧掉玻璃钟罩内整块的磷。最后，我们可以拿起一根羽毛，把积雪一片不剩地扫出来，然后用天平进行称量。我们假设这两次称重，一次是在磷燃烧之前进行的，另一次是在磷燃烧之后进行的。那么，燃烧前和燃烧后的物质哪个更重？

　　"被火是毁灭者的错误观念所误导，新手可能会立刻回答说，燃烧后的物质比燃烧前的物质要轻，他认为，如果火没有把物质完全毁灭掉，它至少会毁灭其中一部分。但是你们，我的孩子们，在我们先前的谈话中，我已经预先告诫过你们这是个错误的观念，并且你们已经看过了许多实验，我相信，你们不会做出这个愚蠢的回答。"

"我不会这么想，"朱尔斯自信地回答，"我会说，燃烧后的磷会比燃烧前的重。"

"你的理由呢？我的孩子。如果没有证据支持，我们就不要妄下论断。"

"理由很简单，"朱尔斯说，"你告诉过我们，并向我们证明过，当任何东西燃烧时，它与空气中的氧气结合。虽然这是一种看不见的气体，但氧气是物质，因此即使它很轻很轻，它也有一定的重量。所以，燃烧的磷，加上氧气后，应该比单独的磷更重。"

"最好的演说家也没你说得好，"保罗叔叔拍手称赞，"没错，我年轻的朋友，燃烧后的磷一定和燃烧之前一样重，然后再加上在燃烧过程中与之产生化合反应的气体的重量。一台精密的天平将以最令人信服的方式为此作证，它会告诉我们这堆雪花似的东西比形成它的磷要重得多。"

除了把它归因于在燃烧过程中起作用的空气之外，还能如何解释增加的重量呢？因此，在盘子上的物质中、在燃烧后的磷中，有少量的氧气从大气中被完好地保存了下来。这种氧气已不再是一种占据很大空间的透明气体，而是变成了固体物质的一部分，看得见，摸得着，只占据了相对来说很小的空间。它像是被储存在仓库中似的，化合反应将其收集并压缩成尽可能小的体积，放进了仓库。

"在燃烧其他任何物质时，也会伴随类似的化学反应。物质被烧完后，就成了氧气的仓库。称量其全部，不漏掉任何一部分，我们会发现燃烧后产生的物质比燃烧前的物质要重；而超出的重量就是参与燃烧的气体的重量。这些燃烧过的物质，大多数都是名副其实的氧气仓库，它们牢牢地守护着后者，如果有必要的话，可以打破它们的防线，但我们仍然会面对非常大的阻力，只有较少的物质会轻易放走氧气。经过对后一类物质的简要调查，我们将选出最适合我们获得纯氧的物质。不过我们将首先得完成对燃烧后的磷的实验，眼前就有一个样本。"

第 **4** 节

磷燃烧后是什么物质

"虽然主要来源于极易燃的磷,但盘子里像雪一样的粉末绝对是不可燃的,再炙热的火焰对它也没有影响,因为曾经燃烧过的东西就不能再燃烧了。与这块磷结合在一起的氧气,已经达到了磷的本质所能承受的极限,这块磷不能再储存更多的氧气了;也就是说,它已经没有可燃性了。文字是苍白的,用实验来证明会更加生动。

"从厨房里端来一锅煤炭,在上面撒上一点白色粉末,接着煤火被鼓吹得更旺,然而粉末仍然没有要着火的迹象,它的易燃性已经完全消失了。"

"如果你们还不明白,"保罗叔叔接着说,"一些关于化合物和组成它们的单质之间区别的知识,这个实验会让你们大开眼界,因为一开始痛痛快快燃烧的物质,现在根本不愿意燃烧。我们继续。你们自己就可以感受到,盘子里的白色粉末没有任何气味,而磷有一种刺鼻的大蒜味。不过我不想让你们碰这种粉末,因为它会伤到手,它的性质就是如此;我更不希望你们尝一尝,因为它会让你们痛得大叫。"

"真的有这么可怕吗?"埃米尔问。

"非常可怕,在你的舌头上滴一滴熔化的铅都不会那么痛。"

"但那堆雪看起来是无害的。"

"别相信外表,我的小朋友。天真无害的外表下可能隐藏着一种非常危险的物质。预先告诫你们,有备无患。化学家的厨房里很少有什么好吃的。不过,你们最好对磷的味道有点了解。为了让它尝起来不那么刺激舌头,我会把它溶解在水里。"

说着，保罗叔叔又拿起羽毛，把盘子里的东西扫进一杯水里。当每个粒子落入液体中时，都会发出嘶嘶声，就像铁匠把炽热的铁浸入水中时发出的嘶嘶声一样。

"一定超级烫，不是吗？"埃米尔问道，"在水里发出那样的嘶嘶声？"

"嘶嘶作响不是温度造成的。粉末的温度不比这里的任何东西高，不比盛着它的盘子温度高。我告诉过你们，燃烧后的磷特别喜欢水；你们知道我必须采取什么样的极端预防措施，只有借助生石灰，才能防止它碰到空气中的水分。现在我让粉末尽情地喝它所喜欢的水，它立即溶解，甚至闹出很大动静，那尖锐的声音是饥渴的粉末发出的慰叹。

"瞧，现在，雪花都溶在水里了。液体看上去没有什么变化；就外观而言，它仍然是水；但是用你们的指尖蘸一蘸，尝一下。你们不用害怕，可以这么做。"

孩子们记着刚才提到的那滴熔化的铅，正当他们犹豫不决时，他们的叔叔用他的小指尖蘸了蘸液体，放到了他的舌头上。于是，在他的带动下，埃米尔和朱尔斯也这么做了。

"哦，多酸啊！"他们大喊起来，惊讶于那刺激的味道，做了个苦脸，"它比人们做沙拉用的任何醋都酸。如果叔叔没有用很多水把它稀释开来，它会是什么样子？"

"我的小朋友们，你们的舌头会遭受可怕的折磨。接触到的部分会被这种刺激性化学物质立刻腐蚀掉，你可能会听到嘶嘶的声音，就像是炽热的铁与你的唾液接触时发出的嘶嘶声。"

"那么，这个浓醋不是真醋吗？"

"虽然味道很像醋，但是它一点也算不上是醋。现在让我们继续。磷还有一个特性，我们必须对此进行检测。这是刚从花园里采来的紫罗兰。我把其中一朵放进酸酸的液体里，它立刻褪去蓝色，变成了红色。所有与紫罗兰颜色相同的花，例如鸢尾花和蓝铃花，在酸性液体中也会变成红色。闲暇时，你们可以用你们能在花园里找到的所有花重复这个美妙的实验，你们将不断地看到蓝色的花变红。所以，燃烧后的磷，都是具备这种酸味和这样使蓝色的花变红的特性的。

　　"我要补充的是，大多数其他非金属，如硫、碳、氮等，当它们与氧结合的时候，或者就像我们说的，当它们燃烧的时候，会产生化合物，这些化合物拥有类似的酸味和类似将蓝色花朵的颜色变为红色的能力。所有这些化合物被统称为酸，因为它们有醋味（sour）或酸味（acid），它们通过添加第二个表示其本质的术语而相互区别。因此，由磷燃烧产生的雪花被称为磷酸（phosphoric acid）[1]，这就是未来我们对燃烧后的磷的称呼。"

---

1 现在认为由磷燃烧产生的物质为磷的氧化物。——编者注

10

燃烧的金属

导 读

王凤文

　　小伙伴们，前面我们已经见证了很多物质的燃烧，如木炭、硫、磷等，这些都是非金属单质，燃烧生成的物质大多可以和水反应生成酸。上一章实验中得到的磷酸着实给小埃米尔和朱尔斯带来了很多乐趣，他们来到花园采摘了各色花朵试验变色情况，发现所有蓝色的花遇到磷酸都变成了红色，而黄色的、粉色的、白色的花朵却安然无恙，没有颜色变化，是不是很神奇呢？其实这些知识在后面将会学到，**酸能够使某些指示剂显色。**

　　燃烧，是我们生活中遇到的很普遍的现象，燃烧的发生多数要有氧气参与，可是如果有人告诉你，金属也能燃烧，你会相信吗？我猜测你也会和文中的两位小朋友一样，说那是不可能的，因为我们的生活中接触到的金属如水桶、铁勺、铁铲、铝合金门窗等真的不曾燃烧过，就连整天做饭放在火炉上的炒勺，冬天取暖的煤炉都没有燃烧过。今天保罗叔叔已经为我们精心准备了实验器材，他要邀请你和他的学生们参加某项新的科学研究呢！

　　难道，没有见过的事情真的就不可能发生？通过前面的学习是不是让我们有"化学无所不能"的感觉？更何况，你所谓的没看见，也许是我们缺乏生活经验，也许就是对生活现象缺乏观察和思考呢！

　　保罗叔叔首先会给我们列举出大量的实例证明金属的燃烧现象，如铁匠师傅打铁的场景，生活中早已不多见，可是在一些影视作品中或许有见过，从高温炉里取出的炽热的铁棒，它向四面八方迸发出一串串灿烂的火花和耀眼的光芒，以至于使人误以为那是烟花；疾驰的马蹄撞击鹅卵石时，马蹄铁迸发出的火花；飞速运转的磨刀砂轮与刀具接触的瞬间；打火石与金属的摩擦等，都会有火光出现……其实这些火花的产生都与高温脱落的金属碎屑有关，都是金属燃烧的实例。

　　也许你会觉得这些现象虽能解释为金属的燃烧，但还不够过瘾，请相信保罗叔叔一定会让事实精彩呈现。

简易的炭火炉，破旧的铁勺，旧水壶残骸碎片，在保罗叔叔的精心设计下展现给我们一场异彩纷呈的视觉盛宴——锌的燃烧，破旧的水壶残片在加热的铁勺中瞬间熔化，只见银白色的金属球上面，一团美丽的蓝白色的火焰夺人眼目。随着炙热的液体被搅动，忽明忽暗的锌燃烧的光彩令人惊叹，火焰中升腾起白白的似羽绒、似雪花的白烟轻轻漂浮，缓缓在房间中蔓延……美妙得令人遐想。

每当节日的夜晚，五光十色的烟花总能带给我们兴奋和美好的感受！保罗叔叔从瓶子里取出那团灰色的胡乱缠绕在一起的丝带，将为我们展示金属"镁"的燃烧实验，埃米尔和朱尔斯承认镁条燃烧的耀眼火光让烛光失色，只有太阳光才能与之相提并论！

铁匠店里打铁的火花，我们旧勺子里锌的火花，最后是耀眼的镁的火焰，它们一次又一次地证明了金属是可燃的。接下来我们分析一下里面的化学知识：

金属铁、锌、镁（钠、钾、钙、铜）等多种金属的燃烧的实质都是与氧气发生化合反应。

铁、锌、镁的燃烧产物分别为黑色的四氧化三铁、白色的氧化锌和氧化镁，这三种金属氧化物与磷的燃烧产物不同，它们都不溶于水，自然也就尝不出味道。有的金属氧化物如氧化钠、氧化钙能（溶于水）与水反应生成碱。

金属镁是一种较为活泼的金属，质地较软，在空气中存放时，能在表面形成一层致密的膜，从而保护内部金属不被腐蚀，因而在做性质实验之前，要打磨掉保护膜，露出银白色的本来面目。点燃金属镁比锌和铁要容易得多。

第 1 节
物 质 的 燃 烧

花园里所有蓝色的花都用磷酸测试过了。紫罗兰花之后是鸢尾花，鸢尾花之后是长春花，再之后是婆婆纳，除此之外，还有其他的；所有的花都褪去了它们原本的颜色，变成了红色。相反，黄色的花，如万寿菊，白色的花，如复活节雏菊，红色的花，如罂粟，当它们浸泡在酸性溶液中时，根本不会变色。一段时间过去了，现在，保罗叔叔邀请他的学生们参加某项新的科学研究，用玻璃瓶里装的东西做实验；他的邀请得到了孩子们欣喜若狂的回应。这一次，实验器材包括一个装满木炭、放在壁炉里烧的便携式小炉子，桌子上放着的少量锌块、锌片，毫无疑问是一个破旧水壶的残留部分，还有一个旧铁勺，旧到没有乞丐在街上看见它而愿意停下来捡。一个不比手指长多少的瓶子里装着一些灰色的金属似的东西，它的形状像一条窄窄的丝带，胡乱缠绕在一起。孩子们猜不出这是什么。他们的叔叔会适时地告诉他们，但在揭晓谜底之前，他继续道：

"如何从大气中获得与氮气混合在一起的纯氧是我们上一课关注的一个难题，今天我们继续研究这个问题。我们知道，尝起来酸酸的化合物，即通过燃烧各种非金属，特别是磷而产生的酸，含有大量从空气中获取并储存起来的氧。这是我们通往目的地之前，旅途的第一站。还有另一个问题摆在我们面前，当我们解决了它，我们就可以更了解化学，走化学为我们指明的道路。也许你们会说我偏离了直达氧气这一元素的道路，你们渴望了解氧气，你们会抱怨我把旅程分成了许多不必要的阶段。"

"哦，我们才不怕，"朱尔斯急忙说，"你想把这段旅途分成几段就分成几段。只要它们和上一次你向我们展示用火制造雪花时一样有趣，我们就不会抱怨。最后总能轮到氧气出场的。"

"今天的旅程，我年轻的朋友们，其有趣程度将不亚于它之前的那一段旅程。我想它会给你一个更大的惊喜，并且最后它会告诉我们如何获得纯氧，这正是我们开始所有旅程的目的。让我们再谈一谈各种物质的燃烧吧。

"一块燃烧的磷肯定是一道亮丽的风景。它燃烧时迸发的活力，它的火焰发出的耀眼的光芒，燃烧产生的磷酸雪花——所有这些，不可能让人提不起兴趣。但是，由于你们已经习惯了用火柴点燃磷来观察它的燃烧，这一景象在你们的眼中既不新奇，也不意外。目睹一种众所周知是高度易燃的物质燃烧，并不是什么令人激动的事。但今天你们会惊讶地看到被你们一直认为是防火的东西燃烧起来。我们要点燃金属。"

"金属！"埃米尔震惊地叫起来。

"我说过会有更大的惊喜，你没听错，孩子，是金属，真正的金属。"

"但是金属不可燃。"

"谁告诉你的？"

"没有人告诉我，但我了解我每天看到的东西。钳子、铲子和柴架都是铁制的，钢铁是一种金属；而且，即使是在最炽热的火焰下，我也从未见过这些东西燃烧。炉子是金属的，当冬天炉子里的火熊熊燃烧时，我从来没有看出过它有一点儿烧着的迹象。嗨，如果金属能像你说的那样点燃，整个炉子早就烧光了！"

"所以埃米尔不相信我说的金属可以燃烧？"

"我还能说什么呢，保罗叔叔？你让我对你的信任经受了严峻的考验。你还不如告诉我水也会燃烧。"

"为什么不呢？因为我总有一天会告诉你它可以的。"

"点燃水吗？"

"是的，我的孩子，我打算某一天让你看看，水中其实含有最好的可燃材料。"

面对这个坚定、真诚的承诺，埃米尔震惊得说不出话来，但在相信这件对他来说不可置信的事情之前，他安静地等着看金属燃烧。他的叔叔接着说：

"假使钳子、铲子、柴架、炉子和其他铁制品在我们的壁炉和厨房里没有烧着，那也是因为温度不够高。提高温度，金属就会燃着了。其实你们经常看到铁燃烧，只不过没有想到它到底是什么。让我们回忆一下当我们经过铁匠铺的大门时，我们在铁匠铺里不时看到的情景。铁匠刚从锻炉里取出一根炽热的铁棒，这时，它向四面八方迸发出一串串灿烂的火花和耀眼的光芒，以至于使人误以为那是烟花。黑暗的商店里闪烁着耀眼的火光。这些纷纷洒落飞舞的火花是什么呢？它们是从铁条上脱落的小铁星，当它们向空中飞散时还在燃烧着。埃米尔现在开始相信我了吗？"

"是的，我开始有点儿信了。每一天，我都越来越明白在化学中，一切皆有可能。"

"我还要告诉你，当烟火的制造者希望他们的轮转焰火、罗马烟火筒、火箭烟花和小爆竹能像喷泉喷出水花一样喷射出灿烂的火花时，他们就会根据他们希望获得的颜色，在火药中混合一定量的各种金属碎屑。铜能发出绿色的火花，铁能发出白色的火花，每一粒金属屑一碰到火就会变成火花。这几天，我打算带你们看一看大火燃铁的场面，相比而言，铁匠铺就显得黯然失色了。关于这种金属，我现在再提一点，除了我刚才举出的两个例子，再加第三个例子。

"你们两个都知道如何通过把打火石和钢或者打火石和刀背打在一起来制造明亮的火花。这些火花是金属的微粒，钢铁的微粒，也就是一种铁的微粒，它们被撞得四处散落，飞散于空中时，也因撞击和起火而升温。同样的道理，当用磨刀石磨刀片时，火花会从石头上飞出来；当马蹄铁撞击鹅卵石时，火花也会从马蹄铁上蹦出来。

磨刀石的剧烈摩擦和马蹄铁撞击坚硬的鹅卵石时产生的冲击力会使细小的铁屑脱落，这些铁屑会被摩擦加热，在它们飞向空中时就会着火。你看，你不必绞尽脑汁去寻找铁器真的会燃烧这起初在你看来是不可能的事的直接证据。磨刀石磨刀，骡子跌跌撞撞地走在石头上，教给我们的是埃米尔难以相信的东西，它们为机灵的观察家们表演了一场精致、迷你的化学实验。"

第 **2** 节

锌 的 燃 烧

"我现在来看看另一种金属——锌（Zn）。这是一些碎片，是一个被扔掉的旧水壶的残骸。这种金属表面呈灰色，但如果我用锉刀或刀尖稍微刮一下，我们就可以看到像锡或银一样的金属光泽。现在我们要做的是让锌燃烧，一个在一些燃烧的煤块的帮助下就能轻易完成的简单操作。金属和我们通常认为易燃的东西，例如硫、磷和木炭一样，有些易燃，有些不易燃。只要划一根火柴，轻轻一点，磷就立刻燃烧起来，而硫黄则慢得多，点燃木炭就更难了。同样，铁需要锻铁炉的热量才能燃烧，而锌只需要少量点着的煤块。我们很快就会看到，还有更易燃的金属。

"现在，让我们接着点燃锌。我把几块锌放在这个旧的废弃的铁勺子里，然后把勺子插进这个小炉子里燃烧的煤块中间。如果你有任何疑问，我们的实验会告诉你答案。"

一切都按保罗叔叔所说的安排好了，他们等了一会儿。锌几乎和铅一样易熔，当勺子烧红时，煤被稍微推到一边，露出熔化的锌而不至于降低它的温度。然后，保罗叔叔用一根结实的铁丝开始搅动熔化的金属，使它更好地与空气接触。一团蓝白色的火焰突然升起，虽然体积不大，但是夺人眼球。它在液态金属的表面上闪烁着，根据物质被搅动的轻快程度，忽明忽暗。孩子们惊叹着燃烧中的锌的光彩，当他们看到一种雪花似的东西从火焰中升起，轻轻地飘浮在空中，在房间里蔓延开来时，他们更加诧异了。有人可能会把它当作是最美的，无比洁白的羽绒，亦或是那秋高气爽的早晨在田野上飘动的蛛网。同时，勺子里金属的表面聚集了一种纤细得无与伦比的棉。炉子里的热空气轻轻地把它吹走了，他们看着这雪花被吹散，在房间里升起、弥漫。

"这白色的绒毛，"保罗叔叔接着说，"这羽绒或棉花似的东西，是燃烧后的锌，是锌与大气中的氧结合在一起的产物，它与这种金属的关系就像雪花与磷的关系一样。只要勺子里有足够的'白棉'，我们就能确定它的主要属性。"

朱尔斯代替他叔叔搅拌熔化的金属，而埃米尔开始吹在他面前的雪花，他尽量不吹得太猛，以免使雪花移动得太快。即使是最大的雪花，在空中飘浮时也轻若无物，尽管个头很大，但它们似乎永远都不会落下来。很快勺子里就没有了闪闪发光的液体，所有的锌都变成了这种白色的物质。当汤匙里剩下的物质被冷却腾空时，保罗叔叔继续说：

"正如你们所见，燃烧后的锌是一种白色物质，而且它没什么味道。放点儿在你们的舌头上感受一下，它一点味道都没有。"

"就是这样，"对比他上一次尝燃烧后的磷的经验，埃米尔小心翼翼地尝了一下之后，肯定地说，"它尝起来只不过是一撮沙子或者锯末。"

"我也没尝出什么，"朱尔斯插话，"但燃烧后的磷，也就是磷酸，酸得让人受不了。这儿我们现在烧过的东西，却一点味道都没有。"

"让我们找找为什么它没有味道吧。"叔叔建议道，"我把一小撮白色物质放进这杯水里，用棍子把它搅拌均匀。它没有溶解；这就是我们所说的，不溶于水。另外，你们还记得燃烧后的磷或者说磷酸在水中有多容易溶解吗？"

"我们不可能这么快就忘记，"埃米尔回答说，"那酸掉牙的东西在水里溶化，发出嘶嘶的声音，像烧红的铁，如果你想把它保存起来，就必须有干燥的空气。"

"让我们把这些情况总结一下：燃烧后的磷溶于水，有味道；燃烧后的锌不溶于水，没有味道。同样，盐和糖易溶于水，两者都有味道，第一种是咸的，第二种是甜的。大理石和砖块不溶于水，尝起来也没有一点味道。你们有没有开始领会到这意味着什么？"

"这一切在我看来就是，"朱尔斯答道，"任何有味道的东西都一定能在水里溶化。"

"这个答案无可挑剔。是的，我的孩子，一种物质只要能在水中溶解，它就一定是有味道的，无论是浓的还是淡的，甜的还是酸的，咸的还是苦的。而任何不能溶解在水里的东西都是无味的，因此，想要刺激味觉，或是在舌头或味蕾上留下味道，除非是水，否则，这种物质必须能溶解在唾液中，被分解成极微小的颗粒，与接收它的器官产生联系。而唾液几乎全部由水组成，如果一种物质不溶于水，它也不溶于唾液，所以它就没有味道。将来，当你看到一种物质不溶于水时，不要试图尝尝它的味道，因为它根本没有味道。但如果它被水溶解了，它就会有味道，有时味道非常淡，真的难以察觉，比如阿拉伯树胶[1]。

"回到两种燃烧后的物质：燃烧锌留下的白色物质没有味道，因为它不溶于水，而燃烧磷留下的白色物质极易溶于水，因此具有非常鲜明的味道。"

"是的，非常鲜明，"埃米尔同意道，"它一碰到舌头，就会把所接触的部分腐

---

1 阿拉伯树胶，来源于豆科的金合欢树属的树干渗出物，也称金合欢胶，无臭、无味、易燃，在水中可逐渐溶解成呈酸性的粘稠状液体。

蚀掉。但是告诉我，叔叔，如果燃烧后的锌能溶在水里，可以尝一尝，它会是什么味道呢？它会像燃烧后的磷的味道一样刺激吗？"

"关于这一点，我年轻的朋友，我，或者其他任何人，都没法给你一个准确的答案，没有人尝试过这样一种毫无可能性的事。我们只能说，这种味道可能令人厌恶，一百种化学物质中有九十九种的味道都是这样。"

第 3 节
镁 的 燃 烧

"当我们放烟花时，我们会最后放那个最漂亮的，也就是压轴节目。我今天要做的是，把我们收集的压轴金属——最绚丽的金属燃烧的样本，保留到最后。材料就在那个小瓶子里。"

"那个看起来像一条灰色细丝带的东西？"埃米尔问。

"是的，就是它。"

"它看起来没什么用处。"

"它远比表面上看起来有用。让我们来仔细研究一下。"

说着，保罗叔叔从瓶子里取出"丝带"。它是一条暗灰色的"丝带"，又窄又薄，像锡箔一样柔软。用小刀轻刮后，它会露出里面金属特有的光泽。通过它的光泽和泛白的颜色，孩子们觉得他们认出了那金属。

"不是铅就是锡。"埃米尔说。

"我宁愿说锌或铁。"朱尔斯说。

"都不是，"叔叔告诉他们，"这是一种你们闻所未闻，见所未见的金属。"

"请问它叫什么？"埃米尔发出急切的询问。

"它叫镁（magnesium）。"

"Ma……ma……"男孩结结巴巴地说，"能再说一遍吗？"

"镁（magnesium）。"

"哦，多有趣的名字啊！"

"铋（bismuth）、钡（barium）或钛（titanium）更有趣。"

"这些都是金属的名字吗？"

"没错，孩子，它们都是金属的名字。如果你觉得听起来很奇怪，那是因为你现在是第一次听到它们的名字。人们习惯铋和钛的过程和习惯铜与铅的过程一样。正如我已经告诉过你们的，世界上大约有50种金属。我们仍然对大多数金属一无所知，日常生活中也用不到它们；在平常的谈话中，我们也很少能听到它们的名字，所以乍一听觉得相当奇怪。但当你们熟悉了镁之后，你们会发现它的名字很容易记住，而且不会像现在这样，在听到它的名字后发出讶异的声音。

"少量燃烧的煤足以点燃锌，蜡烛的火焰足以点燃镁，而且这种金属一旦开始燃烧，就停不下来了。它几乎和纸屑一样容易点着。"

"那么在哪里能找到这种奇怪的金属呢？"埃米尔问道，"要是我能买一块，我应该愿意花掉我攒下的一部分硬币。"

"镁不是一种常用的金属。铁匠、锡匠和铜匠都不了解它。它是一种主要用于科学研究和娱乐性化学实验的物质。我们可以在城里的药店和玩具店买到，在那里，它作为一种用来教学或娱乐的罕见小玩意儿出售；为了你们，我特意从城里把它买回来的。"

点上一支蜡烛，关好百叶窗，以免日光削弱燃烧的金属的光辉。接着，保罗叔叔剪了一段很短的镁"丝带"，用钳子捏住一端，把另一端伸进蜡烛的火焰里。一张纸摊开在桌上，用来收纳可能从燃烧的金属上掉下来的东西。很快，镁就被点着了，叔叔把"丝带"从蜡烛上取下来，竖立在纸的上空，之后就不需要再做什么了；镁独自燃烧着。突然之间，仿佛一道耀眼的阳光照亮了漆黑的房间似的，一道道炫目的白光从灿烂的"火把"上一浪一浪地传来，强烈到足以穿透每一个角落，使所有的物体都无所遁形。没有噼啪声，没有噪声，没有飞溅的火花，就像平静的、持续的日光照射。震惊于这一精彩的表演，男孩们目瞪口呆。燃烧继续，火焰越来越接近钳子，而燃烧后的部分一段段脱落，看起来像粉笔。几秒钟后，燃烧到了尽头。由于缺乏燃料，光芒四射的火焰熄灭了。

"哦，太美了，太精彩了！"孩子们一边揉着被光刺痛的眼睛一边叫道。叔叔打开百叶窗让阳光洒进来。

"为什么，我睁不开眼，"埃米尔说着，仍然揉着眼睛，"我看着镁的火焰，好像就要瞎了。"

"而我，"朱尔斯补充道，"几乎像一直盯着太阳看一样眼花缭乱。"

"过几分钟就好了，"他们的叔叔向他们保证说，"等你们的眼睛从太亮的镁的火焰而造成的疲劳中恢复过来。"

晃眼的感觉持续了一会儿就消失了，埃米尔谈起在镁燃烧时，他好像看到了一些东西。

"我当时在看蜡烛的火焰，"他说，"那是你点燃镁后留下的。但是我看到的只是一种微红的颜色，像烟似的，暗淡的。蜡烛看上去十分虚弱，不过它之前是非常亮的！我几乎看不到任何火焰；我问自己，那火焰能发光吗？"

"如果你在耀眼的阳光下点上蜡烛，你能看见火焰吗？"保罗叔叔问。

"不，它看起来和在镁的光芒下一样苍白暗淡。"

"我年轻的朋友，这是因为眼睛在明亮的光线下，看不见，或者说不能完全看清暗淡的光线。在阳光充足的情况下，人们无法判断燃烧的煤是否真的在燃烧。有更明亮的光存在时，在黑暗中发光的火焰就会被掩盖。我们被刺痛的眼睛和明显变得暗淡的蜡烛火焰向我们证明，镁发出的光是最明亮的一种，只有太阳能与它相提并论。

"我希望我现在已经说服了你，包括将信将疑的埃米尔，让你们相信金属不难燃烧。铁匠店里打铁的火花，我们旧勺子里锌的火花，最后是耀眼的镁的火焰，它们一次又一次地证明了金属是可燃的。此外，刚才的实验表明，要不是因为价格太高和金属太稀缺，有些金属会给我们带来很棒的光照。我们可以用镁丝带代替灯油或蜡烛油来照明。谁知道我们在这一领域的未来会是什么样的呢？化学史上满是奇妙的发现，我们已经在这门科学上有了许多重要的突破，并且期待它会带来更伟大惊人的东西。"

第 **4** 节

金 属 燃 烧 时 产 生 的 物 质

"但是不要再停留在镁的光辉上，让我们看看燃烧后，金属变成了什么。落在纸上的物质是一种'丝带'燃烧后留下的白色物质，当接触到它时，会碎成一种柔软的粉末，像面粉，或者，更像质量非常细的粉笔灰。它不溶于水，因此是无味的。除了金属本身外，它还含有燃烧过程中从空气中获取的氧气，这一点与其他燃烧后的物质一样。所以这是另一个氧气仓库，可以通过适当的方法从中获得氧气，但并不是毫无困难。

"铁燃烧。当敲打烧红的铁砧时，它会蹦出火花，火花是这种金属在燃烧时脱落的微小鳞片。我们从铁匠那里拿一些燃烧后的铁块，就会发现它们是黑色的，相当坚硬，但手指可以捏得动。这种黑色的物质，即燃烧后的铁，叫作氧化铁（oxid of iron）[1]。

"锌燃烧，在这个过程中变成一种白色物质，从火焰中向上飘散，像棉丝或绒毛一样飘浮在空气中。这种白色物质，即燃烧后的锌，叫作氧化锌（oxid of zinc）。

"镁燃烧，因此变成一种白色物质，看起来很像很细的粉笔末，触感非常柔软。这种粉笔状的物质，即燃烧后的镁，被称为氧化镁（oxid of magnesium）。

"一般来说，金属是可燃的，但也有例外；在燃烧过程中，它们与空气中或其他地方的氧气结合，从而变成没有金属光泽的化合物，被命名为氧化物。氧化物就是燃烧后的金属，就像酸是燃烧后的非金属一样，两者都含有氧。"

---

1 现在认为，燃烧后的铁产生的黑色物质是四氧化三铁。——编者注

11

盐

导　读

王凤文

让我们从"镁带燃烧"发出的耀眼白光中回过神来。保罗叔叔已经把生成的产物氧化镁收集起来，白白的粉末，摸起来像面粉一样细腻，看起来像粉笔灰，对了，和之前用作干燥剂的生石灰也很像。保罗叔叔暂时告诉我们它们都是"燃烧后的金属"，实际上氧化钙、氧化镁都是金属氧化物，早已失去了原来金属的固有属性，生成了一种新的物质。

氧化钙是金属钙的氧化物，但是"钙"在自然界中是不以金属单质的形式存在的，因为它的性质非常活泼，极易和空气中的氧气、二氧化碳、自然界中的水等物质反应，所以尽管含钙化合物广泛存在，而从这些化合物中冶炼出金属单质需要用到"熔融物电解法"，需要高温熔化，耗费大量的电能和热能，因而价格比较高昂，这也正是保罗叔叔无法给孩子们亲自展示钙单质及燃烧现象的原因。简陋的实验室负担不起如此昂贵的好奇心。

但是保罗叔叔给我们描述钙"是白色有金属光泽，外观像银，质地较软，摸起来像蜡，可以手捏成型""易与水反应，在水中能燃烧"。听起来就很玄妙吧！之前只知道"水能灭火，却从没听说过水能点燃金属"。化学正是因为充满若干"不可能"到"可能"，才更加神奇，令人充满无限的探索欲望！

中学化学中我们将会学到钾、钙、钠、镁、铝，都是活泼性较强的金属。在自然界中，它们都存在于化合物中，要得到金属单质，必须用电解的方法得到。钾、钙、钠金属遇水剧烈反应，生成氢气和腐蚀性很强的碱性物质，可能着火燃烧甚至爆炸。所以我们绝对不能用手去触碰。

关于对氧化钙的认识，我们要知道它的名字叫生石灰，和镁、铁、铝、铜的氧化物不同的是，氧化钙能与水反应，同时放出大量的热，生成一种叫**氢氧化钙**的物质，这种物质俗称"熟石灰"，是一种**微溶于水的碱性物质**。微溶于水，也就是说，只能得到氢氧化钙的极稀的水溶液（俗称**石灰水**），但是这种水溶液对皮肤有强腐蚀性。因而，生石灰氧化钙也就和金属钙一样，我们不能用手去触摸，更不能用舌头去尝，否则皮肤上的汗液就能让生石灰变成熟石灰，从而会发生严重的灼伤腐蚀。

保罗叔叔要用石灰给我们变魔术喽。五颜六色的绘画颜色，在化学的世界中可以随心所欲地呈现，之前我们用酸把蓝色的紫罗兰变成了红色，今天用石灰，我们就能把它变成绿色。变绿的紫罗兰花朵再次蘸取一种酸性液体，它就再次变成红色。如果你愿意，可以无限次地实现这几种颜色的转换，这是为什么呢？

原来，花朵之所以有色，是因为里面含有有机色素，这种有机色素遇酸或碱可以显示不同颜色，所以叫**酸碱指示剂**。中学化学中常见的两种酸碱指示剂，有**紫色的石蕊试液，它能遇酸变红，遇碱变蓝**；还有一种为无色的**酚酞指示剂，遇酸虽然不变色，但是遇碱能变红**。利用酸碱指示剂可以轻松判断溶液的酸碱性。

今天，保罗叔叔还会教我们什么是盐，提起盐，你可能想到厨房中必备调味品之一——食盐。没错，食盐确实是一种盐，而我们**化学上所说的盐是一大类物质的统称。它可以由酸和碱或酸和碱性氧化物反应得到**。比如前面学到的磷酸，可以和氧化钙生成磷酸钙和水，这里面的磷酸钙就是一种盐。磷酸钙是一种完全不同于磷酸和氧化钙的物质，没有腐蚀性的固体物质，无味无腐蚀性，是动物体内骨骼中的成分之一。

盐的种类很多，组成性质和来源也往往千差万别，但是盐中一定含有酸根离子（酸中的一部分）和金属离子（当然也可以是铵根离子）。如磷酸钙含磷酸根和钙离子，食盐成分氯化钠是由盐酸中的酸根离子氯离子和钠离子构成。如果这里的酸根离子等说法你觉得陌生，也是很正常的。因为化学领域的学习要有化学专业术语，简称化学用语，也就是文中保罗叔叔所讲的"化学语法"。我们对化学用语的知识学习即将开始，学好、用好化学用语是我们学好化学的最基本保障。所以，孩子们要高度重视哦！

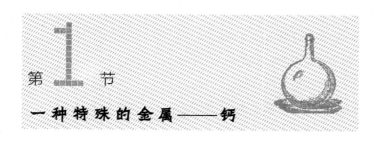

第1节
一种特殊的金属——钙

保罗叔叔将燃烧的镁留下的白色物质用纸包好，用作下一课的开场白。

"只从外观上看，"他说，"我们把这种粉末比作面粉，也比作非常细的粉笔灰。如果我们考虑它的属性，我们更应该把它比作石灰。后者起初是一块粗糙的、不成形的石头，在水里浸泡后膨胀，然后裂开，变成一种像氧化镁的白色粉末。这种相似之处也不具有误导性，因为粉笔也是一种燃烧后的金属。"

"一种燃烧后的金属！"埃米尔惊奇地重复了一遍，"我从来不知道粉笔是通过燃烧金属制成的。"

"你自然不知道，"他叔叔回答，"因为那不是粉笔的制作方式。如果为了得到石灰，我们必须烧掉形成石灰的金属，泥瓦匠决不会冒险使用哪怕一铲子这样的石灰，因为这种石灰成本太昂贵了。"

"我知道石灰是怎么做的，"朱尔斯说，"在乡下，他们把石头和木炭堆在石灰窑里，用火烘烤，石头就会变成可以使用的石灰了。"

"就是这样。他们使用的石头叫作石灰石，它含有石灰和其他东西；火焰将后者赶出去，这样，在燃烧结束后，就只剩下石灰自己了，可以给泥瓦匠使用，并且它与原来的石头大不相同。它确实是一种燃烧后的金属，尽管烧石灰的人对金属的燃烧一无所知，甚至不觉得他的石灰窑中有金属存在。如果你告诉老实巴交的烧石灰的人，他的石灰中含有金属，他会非常惊讶；他一定会当面嘲笑你，说你在开玩笑。但这绝不是玩笑，石灰来自金属的燃烧，或者换句话说，来自金属与氧气的化合反应。它的微粒就好比烧红的铁从锻造炉里拿出时掉落的小鳞片，好比从炭火火床上燃烧的锌中飞散下来的薄片，也好比被明亮的镁的火焰留在纸上的粉末。总之，石灰是一种氧化物。"诚然，这种氧化物的产生，并不是由人类推动的，也许是在事物的最初阶段，燃烧就已经发生了；而且，自从世界诞生以来，石灰的金属部分在自然界中从未单独存在过。它几乎无处不在，但变化多端，它组成化合物的一部分，完美地将自己伪装在其中，以至于需要许多科学领域的精英来推测它的存在，还需要更大的技巧才能将它的一些粒子恢复到它们的原始状态，即真正的金属状态。这是一撮烧过的镁，这是一撮石灰粉，好好看看，如果可以的话，告诉我这两者的区别。

"我们看不出有什么不同，"孩子们仔细检查后异口同声道，"两个都是白色的，看起来都像面粉。"

"我也看不出有什么不同，"他们的叔叔回答说，"虽然我们知道这两者是不同的物质，我们三人的想法也都一样。那么，让我们对那些比我们聪明的人说，石灰这种粉末是一种金属的氧化物，正如另一种粉末是金属镁的氧化物一样。"

"这种石灰金属叫什么？"朱尔斯问。

"这叫钙（calcium）。"

"啊，这和这里的农民们口中的石灰没什么两样，他们把石灰称作'cals'。"

"我要告诉你，我的孩子，我们这一地区的日常口语和南方其他省份的口语一样，包含着很久以前的口语的遗物，那些可敬的遗物不应该被愚昧的人嘲笑，而应该受到尊敬。我们的通俗用语虽然经过几个世纪的使用，有所破坏，却再现了来自罗马文明的伟大的拉丁语。在那门语言里，石灰（lime）被称为'calx'，这个词与你刚刚提到的方言'cals'几乎一样。所以，你看，乡人们所说的词也没什么不对，它的出身是最高贵的。南方口音的人说起话来很像拉丁语。喜欢古代用法的学者，不会毫无理由地把'calx'变成钙（calcium），他们用这个响亮悦耳的术语来表示这种金属变成石灰的过程，但也可能起源于我们日常口语中的词'cals'。

"所以，石灰中的金属元素是钙，这个名字来自拉丁语'calx'，意思是石灰。"

"你能给我们看看这些金属吗？"朱尔斯急切地问。

"哎呀，不能，小伙子！我们简陋的实验室负担不起如此昂贵的好奇心。并不是说钙是稀有的，因为钙几乎无处不在，很多地区的大石头中都有钙，整个山脉的主要成分都是钙；但困难在于从含有钙的化合物中提取钙，使其恢复到简单金属的原始状态。即使翻遍法国所有的化学实验室，我们应该也只能找到不超过一两把的量，提炼钙非常困难且耗资巨大。这就是为什么你们的保罗叔叔的化学收藏中现在和将来都没有这样的珍宝。但是，无论如何，我可以向你们描述一下它的样子。想象一下一种白色的有光泽的东西，外观上几乎像银一样，质地像蜡一样柔软，可以用手指揉捏成型。那就是钙。"

埃米尔打断了他叔叔的话，"什么！"他喊道，"钙是一种就像一块软蜡或一块黏土一样，可以用手指揉捏的金属？"

"是的，孩子，这种奇特的金属十分柔软，手指一捏就会变形，可以任意塑造形状。"

"我真希望我能用钙做一个像银雕像一样的小雕塑。"

"这将是一项非常昂贵的娱乐活动，我告诉过你为什么。而且，这对你来说很难，因为这种可怕的东西比你见过的任何东西都更容易着火。如果你在塑像的时候，你的小雕像突然燃烧起来，那雕塑家会变成什么样子呢？"

"那就没那么好玩了，不是吗？"

"没错，要小心烧伤！钙只要一接触水，就立马灼烧起来。燃烧的煤、硫黄和磷能被水扑灭，相反，钙则被水点燃。只要它变得有一点潮湿，看着吧，它就会开始燃烧。我告诉你们这件事的时候，别一脸不可置信的样子，这不过是事实。在下一节课中，我将告诉你们，水并不像你们想象的那样，总是能有效地扑灭火焰。谁知道呢，看看我的钱包是否允许。"

"你的钱包允许什么？"

"购买可能与钙一样，具有在水中点燃属性的金属。"

"也就是说，还有其他金属？"

"是的，有三四种。"

"你真的会给我们演示其中一种金属在水下燃烧的现象吗？"

"我不能保证。如果你们继续像你们到目前为止所表现的那样，在学习研究中获得快乐，我会尽力的。"

"如果我们不喜欢看到镁燃烧，看到磷和锌变成雪，看到其他金属在水中被点燃，我们应该很难感到高兴。"

"回到埃米尔想做的事，现在你们已经知道了钙一旦接触水就燃烧起来，知道了用你总是有点儿湿润的手指揉捏它有多么危险。如果我们有钙的话，既不能用手托着，也不能用手指揉捏；它是一种危险的物质，应该被静静地放在储存它的瓶子里。"

第2节
石灰水的配制

"但是现在让我们把目光从钙转移到它的氧化物——石灰上。我们发现它有自己独特的味道，这种味道是铁、锌和镁的氧化物所没有的；而且这种味道刺激，呛人，具有灼烧性。磷燃烧后，它的味道是带着醋味的，是酸的，而燃烧后的钙，它的味道是具有腐蚀性的，或者说火辣辣的。此外，石灰腐蚀的不仅仅是味觉，它的腐蚀性可以伤害我们身体的每一个部位。如果我们的手不小心碰到它，无论接触时间多长多短，它都会'咬'伤我们的手。石灰和钙一样，是一种危险的物质，要避免长时间接触。

"石灰并不是无味的，所以它能溶于水；事实上，它又很难溶于水，即便如此，也足以使水产生令人难以接受的味道。如果我们在水中稀释一点糊状的石灰，水就会变成像牛奶一样的白色液体。然而，把它静置一段时间后，未溶解的石灰就会沉淀到底部，水就会恢复原来清澈的样子，在这清澈的水中，虽然没有任何杂质的痕迹，但是有溶解的石灰，就像糖水里有溶解的糖一样。我们可以从液体火辣辣的石灰味中判断出来。"

保罗叔叔一边讲，一边用实验来说明。他溶解了一点石灰在水中，让小听众们尝了尝味道。在指尖上滴一滴液体，用舌头舔一舔，这就足以使他们见识到石灰水令人不适的味道。埃米尔做了一个呕吐的鬼脸，吐了好几次唾沫，还上演了与一场事实并不相符的浮夸表演。保罗叔叔接着说：

"这是我刚才在花园里摘的紫罗兰。我向你们展示了这些花以及其他同样颜色的花，如何在一种燃烧后的非金属所形成的酸，特别是磷酸的作用下，褪去它们原本的蓝色，变成了红色，而且你们已经用这种酸对花园里蓝色的花进行了大扫荡。现在，紫罗兰在燃烧的金属所形成的氧化物的作用下，会发生什么？这就是我们今天要用这儿的石灰做的实验。"

第 **3** 节

石 灰 水 的 特 性

保罗叔叔挑了一朵紫罗兰，用手指蘸了一点湿润的石灰，轻轻地按了一下，花儿立刻变成了鲜艳的绿色。

"化学像是一个染料厂。"埃米尔惊讶于这种新奇的转变，说道，"你用了一点酸，使紫罗兰的蓝色花瓣变成了红色，现在你又用石灰，把蓝色变成了绿色。如果我有充足的化学知识，我就可以制造出无穷无尽的颜料来作画。"

"只要你想，你就能够制造出无数种颜色，因为化学除了别的一些作用，它还能教导人们如何从无色物质中通过某些元素的组合来获得鲜艳的颜色；它还教导人们如何使有色物质失去颜色，或变成另一种这样或那样的颜色。是的，制作染料是化学的一个重要作用。我很高兴能充分利用这个机会，使你们对这个有趣的课题有所了解。用酸，我们把蓝色的紫罗兰变成了红色；用石灰，我们把它变成了绿色。这两次迅速、彻底的转变，能让你们了解到化学是如何支配各种药物，产生画家和染工所需要的多种多样的颜色的。

　　"我再一次拿起在石灰的作用下变绿的紫罗兰，把它浸在这杯水里，在水里滴几滴酸或其他随便什么东西，不过现在滴进去的是燃烧硫黄产生的酸，叫作硫酸（sulphuric acid）。我们以后会更深入地研究它。如果你在花卉实验中的花没有用完，我还可以试试磷酸，它同样有效。现在睁大眼睛看看会发生什么。在液态酸中，紫罗兰变成了红色，就仿佛它第一次没有受到石灰的影响一样。当它变成红色时，我把它从杯子里拿出来，第二次接触石灰，它又变成绿色。如果再把它浸在酸里，它又会变成红色。如果第三次接触潮湿的石灰，它会再次变成绿色。因此，在石灰和酸的轮流作用下，花朵将继续交替地变成绿色和红色。"

　　"这些从绿到红、从红到绿的变化能持续很多次吗？"埃米尔问。

　　"你想让它变多少次就能变多少次。从酸里出来时，紫罗兰是红色的，碰到潮湿的石灰后，它会是绿色的。铁、锌和镁的氧化物不具有使紫罗兰和其他蓝色花朵变绿的特性，而钙或石灰的氧化物则具有这种特性。这些不同金属的性质的区别到底在哪里？区别就在于是否有味道。石灰溶于水，作用于味觉器官，也作用于蓝色花朵，使其变绿。另外，三种氧化物，铁、锌和镁的氧化物，不溶于水，无味，不会使蓝色的花变绿，但也不会使它们变成其他颜色。

　　"但假设这些氧化物溶于水，它们很可能会有灼烧的口感，或多或少像石灰的味道，并且它们会使紫罗兰和其他蓝色的花变绿。事实上，我们知道，除了石灰外，还有一些氧化物溶于水，这些氧化物无一例外都有石灰的灼烧味，且更为明显；而且，它们都能使蓝色的花变绿。目前只考虑可溶性化合物，不考虑其他的话，我们可以用几句话总结一下我们学过的关于酸和氧化物的知识。"

第 4 节

化 学 中 的 盐 类

"酸是一种与氧结合的非金属，有酸味，能使蓝色的花变红。氧化物是一种氧与金属结合的产物，有灼烧的味道，能使蓝色的花变绿。"

"我现在必须告诉你，一种酸和一种氧化物可以结合，从而产生一种化合物，当然，其性质不同于酸或氧化物。我相信，你们没有忘记在化合反应发生后，人们无法在最后形成的化合物中发现与物质各自在结合之前的属性相同的属性。你们对磷酸的理解很到位，因为你们已经看到过它是由燃烧的磷制成的，已经通过品尝见识过它令人无法忍受的酸味。石灰，一种非常常见的物质，你们对它更熟悉，它火辣辣的味道甚至在此时此刻就在你的舌尖上。当下，你们永远也猜不到当我们把这两种物质，这种酸和这种氧化物，这两种我们极其不信任的有害物质结合在一起会发生什么。它们变成了我们所能想象的本质最无害的东西，变成了动物体内最需要的东西：为我们的骨骼提供力量的坚实材料。

"把羊腿上的骨头或羊排上的骨头扔进火里，你会看到它燃烧，但此时燃烧的是遍布骨头的动物油脂和其他动物组织。当火焰熄灭后，骨头就会露出它原本的形状，洁白无瑕，脆弱到用手指轻轻一捏就粉碎。那是构成骨头的基本元素，它们单独存在，被火净化后便不含任何其他物质。由于不可燃，它们没有因大火而产生变化，其他的物质反倒是被烧掉了。

"现在，化学告诉我们，这种骨头被大火燃烧后会剩下虽然不完全是，但也几乎是磷酸和石灰形成的白色石质的物质。把这种坚硬的白色物质磨成粉末，品尝一下，你会发现它没有味道，既没有酸味，也没有腐蚀性。就好像这种物质既不含磷酸，也不含石灰。它对紫罗兰或其他任何蓝色的花都没有影响，花儿保持原本的颜色不变，丝毫没有变红或变绿的迹象。简言之，酸和氧化物的性质都消失了，活性物质变成了惰性物质，盐和腐蚀性物质不再有任何味道。这种由磷酸和石灰混合而成的石质骨头被称为磷酸钙（phosphate of lime）。它含有磷、钙和氧三种元素，因此，正如我们所说，它是一种三元化合物。

"有无数类似的，由酸和氧化物结合而成的化合物。在化学中它们被称为盐（salt）。因此，骨头燃烧后留下的白色石状物质，即磷酸钙，是一种盐。"

"你叫它盐，你把那根本没有盐味的骨头粉末叫作盐？"当孩子们听到一个他们自以为很了解的词时，大声惊呼。

"注意，年轻人，"叔叔纠正他们，"我并没有说坚硬的骨头是盐，我说的是，它是'一种'盐。在日常用语中，'盐'这个词表示我们添加到食物中用于增味的调料名称，比如我们在汤或鱼中加盐；但是化学赋予这个术语更广泛的含义，它可以命名所有由一种酸与一种氧化物结合产生的化合物。酸的数量很庞大，每一种酸，都能与种类更多的一种或另一种氧化物结合，从而形成大量的盐。厨房调料或者说普通意义上的盐给我们提供了一个概括性的术语，我们可以把它应用到命名许多其他化合物中去；但在日常生活中，把我们的调味盐称为盐其实并不恰当，因为普通的盐并不像我刚才定义的那样，它不是由酸和氧化物组成的，不属于化学中盐的范畴。现在，让我们忘记我们所熟知的盐，让我们忘记它所谓的咸味和它的日常用途，从今以后，不管它的味道、颜色或外观如何，让我们用化学语言中的盐——酸和氧化物的化合物来衡量它。

"事实上，不同的盐，它们的特性也大相径庭。有许多盐在外观上类似于厨房用盐，无色透明（或呈玻璃状），并且可溶于水，也正因为它们表面上看起来像普通的食用盐，它们被统称为盐。其他含有氧化铜的盐是蓝色的，含有氧化铁的盐是绿色的，还有黄色、红色或紫色的。事实上，我们几乎可以在这些盐中找到任何颜色，但没有一种真正的盐有我们厨房用盐的味道。有些盐是苦的，有些是酸的，有些是腐蚀性的，有些是难以形容的味道，但几乎所有的都是特别不讨人喜欢的味道。也有许多盐不溶于水，所以也没什么味道：骨头的主要成分就是这种难溶的物质，还有建筑用的砂石也是，在这张清单上，我们还可以加上我们房间天花板上用的熟石膏。那么，这儿就有三样东西——骨头、砂石和熟石膏中的矿物质，你们肯定不会觉得它们是盐。"

"如果房子是用比如砂石和熟石膏这样的盐建造的话，"埃米尔回道，"我肯定不知道它们是盐。我认为，从化学角度看，香肠和火腿中的盐肯定是某种和它们截然不同的东西。"

"是的，确实非常不同，因为化学家所说的盐几乎遍布于路上的石子中、山上的岩石中或是一捧田野的泥土中。"

"那么一定有很多很多的酸和氧化物的化合物。"

"是的，有些盐是非常丰富的，占所有盐类总数的一大半，它们形成了岩石、石子和其他矿物。碳酸钙就是其中之一。砂石、瓦砾、石灰石以及大理石和许多其他类型的石头，它们主要由碳酸钙构成，我们可以从中获取石灰。"

"熟石膏在化学中叫什么？"

"硫酸钙（sulphate of lime）。但你完全不了解这些词，所以我们必须停下来，上一堂化学语法课。"

第5节
化学语法课

"化学也有语法吗？"

"它有自己的语言，因此在提到相关的事物时，要遵循正确的拼读规则。但埃米尔不必因'语法'这个词而感到害怕，因为这与他讨厌的动词变位没有关系。只需了解一些简单的规则，我们就能掌握它。让我们从酸的名称开始。我们知道酸是一种燃烧后的非金属，或者更准确地说，是一种氧化的非金属。磷（phosphorus）的氧化物叫作磷酸（phosphoric acid），这个例子告诉了我们一个规则：在非金属的名称或名称的前半部分加上结尾'ic'，我们就得到了相应的酸的名称。当然，这没什么难的。磷（phosphorus）加'ic'，形成更加悦耳动听的词'phosphoric'，就这样，我们有了磷酸这一称谓。

"让我们再举一个非金属的例子。你们已经学过了氮（nitrogen）。我告诉过你们它不愿意和氧气结合。然而，只要运用足够的技巧和发挥聪明才智，我们就可以克服它的不情愿，使这两个元素结合起来。这样形成的酸叫什么？"

"按照规则，应该是硝酸（nitric acid），"埃米尔回答，"我说得对吗？"

"完美。还有一种非金属叫作氯（chlorin），你对它还一无所知；但不管怎样，你都可以说出它对应的酸的名字。"

"一定是氯酸（chloric acid），不然我就大错特错了。"

"你一点错都没有。就是氯酸。"

"这太简单了。哦，我真希望我们学校的语法也……"

"别在意你刚在学校学的语法，让我们继续我们的化学语法。你可以按照既定的规则，命名我们从碳中得到的一种酸。"

"'Carbon'（碳）加上结尾'ic'，变成'carbonic'，"朱尔斯自告奋勇，"一定是碳酸（carbonic acid）！"

"用同样的方法，你们可以从硫黄（sulphur）中提取出它的酸的名称。"

"哦，我知道了！"埃米尔叫道，"是硫酸（sulphuric acid）。"

"是的，没错。但现在，关于酸的名称举例已经足够了。我们来讨论讨论氧化物，它的语法规则更简单。我们说氧化铁、氧化锌、氧化铜等，根据化合物中的金属，我们对它们进行命名。我只需要告诉你，某些氧化物保留了它们的共同名称，这种名称从很久很久以前就被人们广泛使用，它们在化学中也保留了它们长期使用的名称。因此，对化学家和泥水匠来说，氧化钙（oxid of calcium）就是石灰（lime）。科学术语被俗称所代替。我们继续往下学时，将遇到其他名称同样特殊的氧化物。

"在这方面，我们没讨论盐。正如我们已经看到的，它们是由酸和氧化物结合而成的，命名它们时遵循的规则也非常简单。在酸的名称中，把结尾的'ic'换成'ate'，后面再加上金属氧化物中金属的名称，这样一来就有了表示盐的术语。因此，硝酸（nitric acid）和氧化锌（oxid of zinc）构成的盐，叫作硝酸锌（nitrate of zinc）；碳酸（carbonic acid）和氧化铅（oxid of lead）形成的盐，称为碳酸铅（carbonate of lead）。"

"我明白了，"埃米尔说，"所以，磷酸（phosphoric acid）和氧化锌（oxid of zinc）形成的盐称为磷酸锌（phosphorate of zinc）。"

"根据规则来说，这相当正确，但根据使用来说，并不正确。即使是不必为语言上的琐碎细节而烦恼的化学家，他的耳朵也很挑剔，他会觉得'phosphorate'

听着有些不舒服，因此，为了好听，这个词被缩写为'phosphate'（磷酸盐），如磷酸锌（phosphate of zinc）、磷酸铜（phosphate of copper），等等。同样地，'sulphurate'也被缩写为'sulphate'（硫酸盐），如硫酸铁（sulphate of iron）、硫酸铅（sulphate of lead），等等。

"再提一句，我们这一课题就可以结束了。当形成盐的氧化物保留了它的俗称而不是金属名称时，这个俗称仍然继续保留。以氧化钙形成的盐为例。我们不说硫酸钙（sulphate of calcium）、碳酸钙（carbonate of calcium），而说熟石膏（sulphur of lime），也叫巴黎石膏（plaster of Paris）和石灰石（carbonate of lime）。我们的语法就讲到这里。"

"这就是全部？"

"不是全部，但是这是最重要的部分。"

12

化学实验工具

导 读

王凤文

从空气中获得氧气，一直是我们想要的，可是我们要进行简单的实验分离得到氧气却不是一件容易的事。

首先让我们梳理一下前面的学习内容：

◆空气主要是由氧气和氮气组成的混合物，氧气占空气体积的五分之一，氮气约占五分之四。

◆氮气性质稳定，不燃烧，也不支持燃烧；氧气性质相对活泼，支持燃烧，又能供给生物呼吸。

◆磷在氧气中充分燃烧后剩下的气体为较为纯净的氮气，缺少了氧气的空气能熄灭大多数物质的火焰，还有可能导致生命走向尽头。

◆很多种非金属和金属单质都能在空气中燃烧，得到相应的氧化物，在这个过程中，我们知道氧气是在燃烧的物质中得以储存累积，可是要把氧气和燃烧的物质分开，却很难做到。

◆所得到的氧化物有的能与水反应生成酸，有的能与水反应生成碱。酸又能和金属氧化物反应生成盐，这样我们就可以说空气中的氧被储存在了某些盐中。

如果能找到易分解的盐，把氧气释放出来，我们的设想就成功了。

保罗叔叔已经从药店给我们买来了一种盐——氯酸钾。这种物质中究竟"储存"了多少氧气，我们必须通过实验才能得知。

氧气的制备是中学化学的一个重要实验。为了制备并收集到氧气，还要进行大量的准备工作，我们要设计一套实验装置：让氯酸钾得以加热分解的氧气发生装置，还得有收集装置，否则，氧气这种摸不着看不见的物质就会在我们的眼皮底下溜走，该怎么做呢？

孩子们，受当时客观条件的限制，保罗叔叔可是想尽各种办法，因陋就简，就地取材，尽可能自己动手，还要保证实验的科学性和安全性。究竟从哪些方面设计实验装置呢？

首先，氯酸钾必须加热才能产生气体，对加热的玻璃仪器要求：首先，不能太厚，同时要厚薄均匀，以免受热不均炸裂；其次，要给气体留个出口，必须配备塞子和导气管。对塞子要求：与瓶口密封要好，便于打孔插入导管。对导气管要求：要细一点，便于连接发生装置和收集装置。气体的收集，采用排水法收集，要有集气瓶、水槽等。

有了装置，有了药品，是不是就可以实验了呢？保罗叔叔说，氯酸钾的分解需要加热很高的温度，如果温度太高，玻璃烧瓶就会变软甚至被损坏掉，同时产生氧气的速度还很慢，要想加热温度不太高就能快速制得氧气，要加入一种黑色的粉末，类似于炭黑，可是绝不能加入炭黑，否则是非常危险的，这是为什么呢？所加的黑色粉末到底是什么？在氯酸钾分解实验中到底起什么作用？这可是实验原理中非常重要的内容哦。

二氧化锰，又是一种金属氧化物，它在本实验中可不是用来释放其中的氧的，它是一种黑色不溶于水的粉末，类似于铜与氧气的生成物。在氯酸钾分解制备氧气的反应中作催化剂。**催化剂是指能加快化学反应速率，但是在反应前后自身的质量和化学性质都不改变的物质。催化剂在反应中起催化作用。**同一反应可以选择不同催化剂。二氧化锰在这个反应中作催化剂，在其他反应中可能就是普通的反应物或生成物，所以不要以为它就是专职催化剂。

氧气的收集方法——排水法收集，原因是氧气不溶于水，并且气体密度比水小很多，氧气能从水中向上冒出，从而被储存在集气瓶中。操作要点一定注意，集气瓶中必须实现充满水，把里面的空气赶走，否则收集的气体中就会混有空气，严格地说，是混有氮气。

孩子们，赶紧走进保罗叔叔的实验课堂吧！认识一下氯酸钾、二氧化锰，摸摸圆底烧瓶，还有小花盆、细铁丝都拿来了，看看保罗叔叔如何让直玻璃管乖乖地变成他想要的样子的，更多精彩等着你！

第1节

助 燃 物

第二天，保罗叔叔继续讲课。

"这种叫作氧的气体，"他说，"是我们目前在化学领域的探索中最终的目标，我是不是为了给你们时间去观察和确定方向，给我们的旅程设置这么多的阶段，从而忽略了它？我们偏离大路了吗？丝毫没有，我们已经接近目的地了；实际上，我们已经到达终点了。我们刚学过，盐是氧的储藏库，这有两方面原因：一是因为酸是由氧气和一种非金属组成的，二是因为氧化物也同样是由氧气和一种金属组成的。所以如果我们想得到这种使东西燃烧的气体，那么我们必须分解将两种氧化物质结合在一起的盐。尽管如此，我们还是要小心选择实验对象，因为大多数盐都会不屈不挠地抵抗分解，要使它们释放出氧气是非常困难的。分解盐，不比分解磷酸或氧化锌容易。它们一旦得到氧元素，就会紧紧抓住不放。总之，要不是化学指引我们要依靠盐来获得氧气，我们本应该像无头苍蝇似的无从下手。氯酸钾富含氧气且容易分解，我们可以先试试分解它。"

男孩们面前摆着一个瓶子，里面装着一种白色的透明粉末。

"这儿有一些氯酸钾，"他们的叔叔说，"它是我从药店买来的，我还买了一根磷棒和其他一些上课所需的材料。"

"看起来有点像食用盐。"埃米尔说。

"是的，它看起来很像，但它的属性却与食用盐大不相同。尤其是它没有咸味，并且富含厨房用盐所没有的氧元素。我必须再次提醒你们，由于一次不幸的语言事故，所有盐的总称取自一种根据定义来讲本身并不是盐的物质，也就是说，食用盐本身不是酸和氧化物的化合物。还要请你们记住，许多盐都和我们的食用盐一样，有着无色、玻璃状的外观，这种相似性纯粹是外在的，也正因如此，才把盐用作化学术语。"

"你的意思是说，这个白色的东西，这个氯酸钾里面有助燃的氧气？"

"是的，它含有氧，而且是富含氧；事实上，从一小把这样的盐中就能提取出几升的纯氧。氧元素就在那儿与其他元素结合，被挤在一个狭小的空间里。回过头看我们的化学语法，通过你们已经学过的那些最重要的规则，我们可以推导出氯酸钾的成分。"

"氯酸盐（chlorate）这个词，"朱尔斯回答说，"告诉我这个物质中含有氯酸（chloric acid）。因为我从来没有见过这种酸，所以我不知道这种酸是什么样的，但是至少根据它的名字我可以知道，它含有一种非金属元素——氯（chlorin），除此之外，还有一些氧元素。"

"这里，我补充一下，"叔叔打断他，"这种叫氯的非金属物质也存在于食用盐中。这会帮助你们记住这个全新的名字，很快，你们就能对它更加熟悉。氯酸钾（chlorate of potash）这个名字，还告诉了你们什么？"

"如果我没猜错的话，它告诉我，这种盐中含有一种叫作钾碱（potash）的金属的氧化物。"

"你把金属的名字弄错了，但这不怪你，因为这里我们遇到了一个和'石灰'一样的例外。你一定没有忘记某些耳熟能详的氧化物，它们在化学中保留了它们的俗称。比如我们会说'石灰'（lime），而不是'氧化钙'（oxid of calcium）；同样地，我们说的是'钾碱'（potash），而不是'氧化钾'（oxid of potassium）。至于金属钾（potassium），它确实是一种金属，且与石灰中的金属成分很像，但它更加柔软，在水中更易燃。人们在木灰中发现了它。但我们今天不必深入探讨它，在这个问题上，我们只要知道，当我们利用化学对最普通的事物进行研究时，我们会从中学到哪些有趣的知识。这样看来，我们加在卷心菜汤中的盐里含有氯，如果埃米尔本来就对此非常熟悉的话，他就不会忘记这个非常有意思的非金属物质；我们壁炉的灰烬里含有钾，这种金属只要一碰到水就会烧起来。简单来说，钾碱（potash）是一种叫作钾（potassium）的金属的氧化物，人们习惯说'氯酸钾''硫酸钾'，等等，就像我们说的'熟石膏'而不是'硫酸钙'一样。所以，你看，我们这里的盐，既可以从其氯酸形式所包含的酸中获取氧气，又可以从它的氧化物——钾碱中获取氧气。

"这种盐很容易分解，只需要加热就可以释放出所有的氧气。看着吧，你们会相信的。"

保罗叔叔就把一撮氯酸钾扔在一把灼热的煤上，氯酸钾熔化、沸腾、起泡，周围的煤烧得又亮又热。就好像对着余火未尽的煤块吹了一口气似的，然而没有人吹气的时候能如此安静而有力。炙热的火焰源源不断，震撼着年轻的旁观者们。

"多棒的助燃物啊！"埃米尔说，"在火势低微的时候，竟能够激起火浪！而你所要做的就是扔一把氯酸钾，木头或者煤都会猛地灼烧起来。即使你拉一整天风箱，都不能让火焰变得这样耀眼。"

"风箱里，"保罗叔叔回答，"只有空气，空气中无法助燃的氮气要比能助燃的氧气丰富得多。在这种气体混合物中，惰性气体或无用气体大大削弱了活性气体或有用气体的作用。但是氯酸钾在受热分解后，会释放出一股纯氧的微风，这就是为什么这里的煤刚才能燃烧得如此猛烈。正如埃米尔所说，有了这种助燃物，火势会更猛更急，因为它所释放的气体中没有任何杂质可以削弱氧气的作用。"

更多的氯酸钾被扔到煤块上，当两位小观察者欣赏完这种易熔的物质，是如何通过泡沫中释放氧气来使火焰更旺的时候，朱尔斯告诉叔叔，他和弟弟曾经非常好奇的一件事情。

"有一天，"他说，"我拿了一根羽毛，从地窖墙上扫下来一把白色发霉的东西，有人告诉我那是用来制造火药的硝石。我把一些硝石撒在壁炉里燃烧的煤上，火一下子跳跃明亮起来，就像你撒上氯酸钾一样。那些潮湿墙壁上的毛茸茸的东西落在火上也会释放出氧气吗？"

"像你这样从地窖墙壁上扫下来的白色粉末，也就是硝石，或者，用化学语言来说，是硝酸钾。这种物质，顾名思义，是一种盐，其中的酸（硝酸）和氧化物（氧化钾）中都含有氧。当你把它扔到火上，它就会分解，释放出氧气；这就是为什么它会使任何燃烧的物质，烧得比之前更旺。因此，潮湿墙壁上的硝石与氯酸钾作用相同，它们都会分解，并在分解过程中释放出大量的氧气，促进火焰燃烧。不过，我必须告诉你，硝酸钾不适合用来提炼氧气，因为它不像朱尔斯的实验看起来的那样容易分解。要使硝酸盐释放出氧，光加热是远远不够的，还需要一些可燃物，如木头或木炭。然后这些燃料在氧气一被释放出来时就抓住氧气，导致气体又一次从我们手上逃走，被囚禁在一个化合物里。最终一事无成，我们想要的东西已经逃出我们的手掌心，逃进了一个新的化合物中。相反，用氯酸钾的话，光靠加热就足够了，不需要任何其他东西辅助盐来释放氧气。"

"我还有另一个问题。"朱尔斯说。

"随便问，我年轻的朋友。我很乐意回答问题，因为我知道，这些问题一定是经过了深思熟虑提出的问题，它们出自爱思考的大脑。"

"当你把氯酸钾扔到煤上时，它先熔化，然后冒泡，再放出氧气，最后除了一小块不会燃烧的白色圆片，什么也没剩下。煤块上剩下的白色物质是什么？"

"你提出了一个好问题，它涉及一个相当重要的知识。我之前忘了解释，不过现在我要弥补这个疏漏。这个残余物，这一点不受火焰影响的白色的硬皮，来自被烈火分解后的氯酸钾。一开始氯酸钾中含有什么？三种元素，氯酸中的氯、氧化钾中的钾以及两者中的氧。这三种元素中，一种是氧，已经消失了。然后，氯和钾形成一种与原来的氯酸钾非常不同的化合物。这种化合物叫作氯化钾。

"这倒是让我有机会教你们一条新的化学语法规则：凡是非金属元素与各种各样的金属元素发生化合反应生成的化合物都叫作某（非金属）化某（金属）。以氧为例，如你们所知，氧与金属的化合物被称为氧化物（oxid）；氧与其他非金属硫、氯、磷等的化合物也是一样，化合物的名称就是在非金属氧化物名称的后面，或者其名称的主要部分后面加上 'id'，然后金属名称前加上介词 'of' 紧随其后。在我们面前的这个物质，是氯（chlorin）和钾（potassium）的化合物，换句话说，是氯化钾（chlorid of potassium）。"

第 2 节
准备制取氧气的装置

"你们知道这么多就足够了，甚至可能已经超前学了，让我们回到氧气的制作上来吧。

"如果可能的话，我们必须弄清楚，一个实验新手是如何能在没有太多困难的情况下获得储存在氯酸钾中的氧气的。首先，他必须获得某种玻璃容器，分解反应就在这个容器里进行。一个矮矮的，容量尽可能大的药瓶就行，但是玻璃不仅要薄，还得薄得均匀。只有符合这些要求，暴露在高温下的玻璃容器才能保持完好。它越薄，就越不可能在温度骤变时破裂。看看这个玻璃杯：它的底部和你的手指一样厚，但其他地方很薄。把冷玻璃杯放进热水里，或者把热玻璃杯放进冷水里，就很有可能会破裂。相反，一块均匀的、薄薄的玻璃在类似的实验中则完好无损。那么，让我们选一个我们能找到的最薄的瓶子，最重要的是，选一个不像普通瓶子一样，有厚实玻璃底部的瓶子。我们的实验能否成功很大程度上取决于我们的选择。"

"我本来想的是，"埃米尔说，"用一个又厚又结实的玻璃杯。它会更耐用。"

"如果我们要克服的是抗击打或不在高温下熔化的问题，这么想没毛病。但这里，并不是抗击打的问题，因为我认为操作者足够熟练，不会将容器撞到任何坚硬的物体上；也不用担心熔化的问题，分解氯酸钾所需的热量不足以熔化甚至软化玻璃。因此，我们的瓶子将不必承受冲击，也不必承受任何过高的热量，可是毫无疑问，只要温度骤变，它就会破裂，除非我们选择一个非常薄的玻璃瓶才能防止这种意外发生。"

"但是，假如，万一装满氯酸盐的瓶子在火上碎了，会怎么样呢？"

"没什么大不了的。放着不管，我们只需要观赏大量的氧气重获自由后，燃烧的煤产生的美丽烟火就好了。我们可以见证一次烟火大会，就是之前我捏一撮氯酸钾撒在一把仍有余烬的煤块上时，你所看到的那种景象。"

"然后呢？"

"然后我们应该拿出另外一个瓶子重新开始，这就足够了。但如果没有更合适的仪器，我应该直接用一个在化学中称为球形烧瓶的容器，这个选择比药瓶要好。它是一个透明的圆形玻璃容器，瓶颈的长度和你手掌的宽度一样。我们可以花几分钱在药店买一个，或者某个化学家可以从他的实验室里给我们留出一个。这就是我们要用的球形烧瓶，是我最近在城里采购时买的。

球状玻璃容器

"那看起来像是在乡村集市上卖给孩子们的糖果瓶子。只要两分钱，你就可以买一整套，包括糖果和瓶子等。

"如果糖果瓶再大一点儿，用在这里就正合适。但是把氧气从球形烧瓶中输送到玻璃钟罩里的试管是任何东西都无法替代的。这根玻璃试管，可能曾经属于某个药剂师，他也许能给我们提供我们所需要的全部实验仪器以备使用，或者我们可以向某个化学家朋友寻求帮助。但是终究，我们最好是自己准备仪器，为了我们的实验可以完美呈现，我们应该确保仪器本来就完全属于我们自己。药店里，有一米多长的玻璃直管。我们选择了几个和铅笔一样粗，薄而透明的玻璃管，这些透明试管要比绿色试管更容易受热软化。我们来检查一下玻璃的厚度。如果从横截面上看，它看起来薄而透明，那它就是我们在有限的玻璃制品资源中所要找的。一个厚厚的绿色玻璃瓶对我们来说太难处理了，因此，我们使用这种由薄而透明玻璃制成的直管，然后按如下步骤进行操作。

"想要从直管上截出一段我们想要的长度，首先要用三角锉在截断处划出一圈浅浅的划痕，然后双手持管，用桌沿顶住划痕处轻轻施压。直管瞬间断裂，截面平滑圆整。现在我们需要把截出的一段管子塑造成我们实验所需的形状，我们要做的只是在加热软化的几个点上掰弯它。由于玻璃极易熔化，我们可以向烧得正旺的煤块吹气，借助持续的高温进行软化；不过用酒精灯操作起来会更方便。酒精灯是一个装着酒精的金属或玻璃质地的杯子或容器，里面放着一根粗粗的棉芯，棉芯的末端露出来，被点燃。将管子需要软化的部分放在火焰上加热，两只手分别抓住管子的两端，用手指慢慢旋转，以便受热均匀。等到玻璃直管看起来足够柔软可以弯折时，轻轻一用力就可以把它掰成我们想要的弧度，接着把它放在一边慢慢冷却即可。

"这样弯曲好的管子需要用一个中间有孔的塞子固定在球形烧瓶上，塞子要塞紧，不能让气体跑出来。对待氧气或者其他本性十分狡猾的气体，严防死守完全是有必要的。哪怕是最小的缺口都足够它们逃出去，因此，塞子必须严丝合缝，贴合瓶口。我会说明该怎么做的。

有塞子的弯曲玻璃管

"选择一个质量很好的软木塞，密度尽量均匀一致，不要有任何质量不好的塞子上会出现的那种小孔或者破损。首先用某种重物，可以选择拿起一块圆圆的石头或者一把锤子，或者其他类似的东西，轻轻敲打木塞，使它变得柔韧。然后准备一根带尖端的粗铁丝，你也可以选择把铁丝尖端烧红，以便更轻松、快捷地纵向扎破木塞，留下一个方便锉刀将其扩大的小孔。鼠尾锉是圆形的，因其形状而得名，它的直径大小不能超过即将穿进软木塞的直管的直径。接着小心翼翼地用这把锉刀将软木塞中的孔变得更宽、更圆、更光滑，使得直管轻轻一压就可以轻松穿过，并贴合软木塞。现在，再一次拿起软木塞，给它塑个型，以便它能够紧紧地塞进球形烧瓶的瓶颈。用扁锉刀纵向摩擦外部，使其形状变得更加规则，并且稍稍变窄。像这样磨成合适的大小之后，再用一个更细的锉刀磨平滑，直到完全贴合球形烧瓶瓶颈的大小。我们可以观察到，任何一把小刀或是其他无论边缘多么锋利的工具，都无法像锉刀这样制作好软木塞，因为它们会把软木塞切成不规则的形状，最后导致漏气。一个完美贴合的软木塞对于实验的成功来说不可或缺。将来，我们免不了要用到实验室中的四把锉刀，即一把细细的三角锉刀，用来给玻璃管制造划痕，以便我们可以截取一段理想长度的管子；一把圆形锉刀，用来扩大铁丝在木塞上戳出来的孔；一把粗扁锉刀，用来摩擦塞子外部，使其初具雏型；最后，是一把细扁锉刀，用来收尾并将塞子打磨光滑。"

　　在讲解的过程中，讲解者的手也没有停下，规范的操作伴随着生动的举例，并且管子已经在酒精灯的火焰上被折弯了，软木塞也被戳穿、打磨成型，一切准备工作都已经完成了。

第 3 节
制取氧气

　　"现在，我们的仪器已经准备就绪，"他说，"我们将用它们进行实验。不过首先，再简短地解释几句也并非不合时宜。加热本身就足以分解氯酸钾，并使其释放氧气，然而，实验到最后，盐会很难完全分解，所以，为了收集全部的氧气，必须加热到一定的温度，但那样的高温会损坏球形烧瓶，使玻璃变软。我认为实验中最重要的是，不应该破坏我们的设备，相信你们和我的想法一样，因为我们的资源不允许我们每次需要一点氧气就弄坏一个球形烧瓶。除此之外，在温度更低的情况下操作也更方便。那么，化学告诉我们，将氯酸盐与某种黑色物质混合在一起，可以将热量均匀分布，完全分解盐可能会变得很容易。在这种情况下，一把燃烧的煤就能产生足够的热量，并且球形烧瓶也不会被烧坏。

　　"我刚才说的一种黑色物质也许使你想起了煤尘。亲爱的孩子们，如果你不想被剧烈爆炸弄得毁容的话，千万不要把这种东西和氯酸盐混在一起加热。这两种物质混在一起非常危险。为什么呢？原因很简单。氯酸盐一受热就放出氧气，这种气体与煤尘等易燃粉末混合后，一定会突然爆炸，把我们的仪器炸成碎片。任何可燃物都不应该和氯酸盐混合，因为太危险了。请将这一点牢牢记在心里。

"那么，能够使我们的氯酸盐分解起来更加轻松、快捷的黑色粉末是什么呢？它一定是某种不可燃的东西。因为燃烧过的东西已经与氧气结合，不会再被点燃了。对我们来说最好的选择是金属氧化物。人们在某些矿场里发现了一种叫作二氧化锰（dioxid of manganese）的黑色粉末，药店卖得很便宜。锰（manganese）本身是一种很像铁的金属，它很少以单质的形式存在以及被人们使用。锰与氧结合，形成丰富多彩的化合物，其中氧元素含量排名第二的就是我提到的二氧化锰，我们需要将它与氯酸盐混合，以帮助其分解。有了这种黑色物质，我们就不会遇到危险了；可以说，它已经厌倦这种助燃气体，不会再与气体发生反应，这就排除了仪器内任何过度燃烧所带来的危险。

"所以，我在一张纸上放了一大把氯酸钾、少量二氧化锰，把它们混合在一起，然后把混合物倒进一个大橘子大小的球形烧瓶里。然后调整塞子和管子，并将由三角形粗铁丝支撑的装置放置在火盆上。

"这时会出现一个小困难，我们必须克服它才能继续实验。我们的氧气要收集在广口瓶或罐子里，广口瓶或罐子里要装满水，倒置在一个装满水的盆子里，这样我们的玻璃管的活动的一端就直接放在倒置的瓶口或罐口下面，而瓶子或罐子就必须相应地保持倾斜。但是，如果操作时间太长的话，我们的手臂会很累，如果倒过来的瓶子能直立固定在一些支撑物上就更好了。但是，在这样的位置，如何为从球形烧瓶中输送气体的管子的末端留出一条通路呢？这再简单不过了。让我们拿一个底部有孔的普通小花盆，然后把花盆上半部分折断，我们就可以降低花盆的高度，得到一个只有几指高的杯子。哪怕这个杯子的边缘是不规则的，甚至是锯齿状的，只要它站得稳，只要底部朝上，为倒过来的瓶子或玻璃罐子提供一个水平支撑，就可以了。最后，我们在侧面开了一个很深的切口，瓶子的支撑物就已经准备好了。我们把它放在水盆的中间，平底朝上，我们把玻璃管的一端从它侧面的切口伸进去，这样就能将释放出的氧气输往支撑物内。在后者上倒置装满水的瓶子或罐子，气体通过圆孔输送进去。

　　"这个课题到此结束，我的小朋友们。我们的仪器解释起来要比制作起来更难。我答应你们明天做一些实验，这些实验将很好地弥补今天枯燥的准备工作。如果你愿意，再帮我捉一只麻雀。把陷阱放在豌豆苗圃上。因为被俘的鸟儿不会和之前那只一样命运凄惨，所以我们即将进行的实验没什么可怕的。"

13

氧气

导 读

王凤文

经过前面的实验装置和药品的准备，期待已久的氧气即将在我们的眼皮底下产生出来，是不是有些小兴奋呢？含有氧的氯酸钾是如何在二氧化锰催化加热的条件下分解产生氧气的呢？我们首先了解一下中学化学实验课程关于氧气的制备实验流程：

1.连接装置（见图，试管替代圆底烧瓶的优点是节省药品，加热方便）。

2.检验气密性（气体制备实验一定要保证气密性良好）。

3.加入药品（将氯酸钾和二氧化锰的混合物装入大试管。注意：试管口要略向下倾斜，原因是防止药品湿存水分蒸发后形成冷凝水滴流入灼热的试管底部，引起试管炸裂）。

4.点燃酒精灯加热（先均匀预热，然后集中在药品下方加热）。

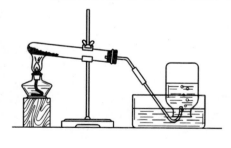

5.收集氧气。导气管刚冒出气泡时不要立即收集（因为开始排出的是试管中的空气）。待气泡连续且均匀冒出时开始收集，如果看到气泡从集气瓶口逸出，表明已满。用玻璃片在水下盖好，取出正立在台面上（因为氧气密度比空气的略大）。

6.先将导管移出水面；再移开酒精灯，停止加热（这两步不能交换，否则会由于移去酒精灯后引起试管内气压减小，使水槽中的水在大气压强作用下进入试管，使试管炸裂）。

反应可以表示为：

$$氯酸钾 \xrightarrow[\triangle]{催化剂} 氯化钾 + 氧气$$

保罗叔叔团队给我们展示的氧气制备实验是古朴的、简陋的。简易炭火炉、铁丝三脚架、圆底烧瓶、导气管、大碗、花盆底托还有老腌菜罐子，保罗叔叔即将用这些可以用来做实验的替代器皿为我们展示氧气的制备实验。

随着加热的进行，一串串大泡泡不断进入充满水的集气瓶中，瓶中液体随之被气体排挤出来，液面缓缓下降，直到瓶口有气泡冒出，瓶中就集满了氧气，时间不长，四大瓶气体收集完毕。

接下来，保罗叔叔要用收集的几大瓶氧气开始更加精彩的实验啦！

孩子们是否还记得我们用氮气所做的实验现象？燃着的蜡烛，燃烧的白磷、硫黄、木炭放入氮气瓶中，无一例外地熄灭掉了；活蹦乱跳的小麻雀放入氮气瓶中，时间不长就死掉了。今天保罗叔叔除了准备硫黄、木炭、小鸟，还有铁丝。氧气的助燃和支持燃烧两方面性质带给我们的一定是一场空前的视觉盛宴。

我们来提炼一下其中的化学知识：

氧气能助燃： 第一瓶氧气从硫黄开始，硫黄在空气中燃烧发出微弱的淡蓝色火焰，一旦伸入氧气瓶，燃烧更加剧烈，发出明亮的蓝紫色火焰，生成无色、具有刺激性气味的气体二氧化硫，这种气体能溶于水，生成一种酸，叫亚硫酸，可通过石蕊试剂变红加以验证。

第二瓶氧气让给木炭，红热的木炭深入氧气瓶会发出炙热的火光、明亮的光芒和火花，生成一种无色无味的气体二氧化碳，二氧化碳也能溶于水生成一种酸——碳酸，用紫色的石蕊试液同样变红，只不过颜色有一些浅。

第三瓶氧气是给铁丝准备的，首先把铁丝用砂纸打磨光亮，绕成螺旋状，可以在火上预热（或者在螺旋下端固定一根火柴，点燃火柴），即可深入盛氧气的集气瓶中，看到铁丝剧烈燃烧，火星四射，发出耀眼的白光，生成黑色的熔融物（四氧化三铁）溅落瓶底，（注意，集气瓶中事先放一些水或者铺一层细沙，防止高温的生成物溅落瓶底时引起集气瓶炸裂）。

氧气的检验方法： 余烬的木条深入氧气瓶，能复燃，即可证明氧气。同理，验证氧气是否充满集气瓶，可以把带火星的木炭放到集气瓶口，如果木条复燃，即可证明。

氧气供给呼吸： 第四瓶氧气留给小鸟。会是什么情况？小鸟的异常活跃兴奋为什么被保罗叔叔及时制止呢？还是一起去看一看吧！

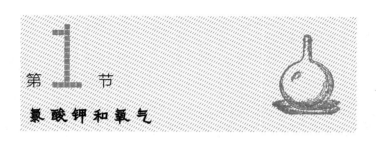

第 1 节

氯酸钾和氧气

　　最后，他们终于要与这个大名鼎鼎的气体——氧气见面了。过去的几天里，保罗叔叔已经在授课过程中一次又一次地提及这个元素之王，但它总是被未知的神秘包裹，不见真容。现在，它将从氯酸钾的牢笼中挣脱出来，接受检阅，这一定十分有趣。埃米尔甚至在梦中梦见了它，他的满脑子只想着这个能让东西燃烧的气体。在他的梦里，他看见球形玻璃烧瓶和弯曲的管子阻隔了火盆边缘张牙舞爪的火舌，看起来不好惹的氯酸盐和它的同伴——二氧化锰透过监狱的玻璃外墙向外张望。现在，他面对着真实的，昨天夜里梦见的东西，面对着接下来实验的准备工作，当他的叔叔把球形烧瓶固定在炭火上时，他的脸上不由自主地绽开了笑容。

　　他们没等多久。在加热似乎还没有发挥作用，球形烧瓶里的东西也没有明显的变化时，伸进瓶子里的管子末端已经开始在水中吐泡泡了，这无疑是氧气获得自由的标志。用花盆底做成的支撑物放在水盆里，两三升容量的大广口瓶里装了满满当当的水，用手掌捂住瓶口，埃米尔用手稳住瓶身，把瓶子倒置在支撑物上。气体穿过支撑物中心的圆孔，从水下升起，形成一串串欢腾不断的大泡泡，不一会儿，瓶子里就充满了气体，代替了原来的水。保罗叔叔拿出一个平底玻璃杯，放进盆里，将瓶口装进这杯水中，当然，没有让瓶口暴露在空气中，也没有放跑一点点氧气。完成后，倒置在用来隔绝空气的水杯中的瓶子，被安全地转移到房间的角落，等后续某个实验需要时再拿出来。第二个瓶子接替了它的位置，以同样的方式充满了气体，并且也被放在一边以备将来使用。接着，第三个，然后第四个瓶子也是一样。球形烧瓶中的氧气似乎源源不断。

配制和收集氧气的装置

"看起来一小把氯酸盐中蕴含很多氧气。"埃米尔说，他对释放出的大量氧气感到惊讶。

"是的，正如你们所见，这数量可不少，我们四个瓶子一共装了近十几升氧气。"

"这十几升氧气之前全部都在那一小堆氯酸盐里？"

"所有的都在那少量的氯酸盐中。所以我把这种盐称为宝库对不对？氯酸盐不仅仅是供氧量极大，它已经达到了供氧极限。大量被化合物锁住的气体被压缩得体积很小。然而，一切还没有结束，我想把这个瓶子也装满。"

随即，保罗叔叔在盆中的支撑物上放了一个形状奇特、细细长长的瓶子，它几乎没有瓶颈，上下也几乎一样宽。他没有说这是哪儿来的，但是他的侄子们认出了这是一个老腌菜罐子。他们看着这一家用物什被征用在如此严肃的事情上，笑了出来，这时他们的叔叔继续说道：

"你们在笑我这高高的罐子？因为它曾经装过腌菜，所以你们是不是觉得现在不值得用来装氧气。我的伙计们，放下这样虚伪的高傲感！让我们利用手边的东西，而不是追求昂贵的奢侈品。但是关于这一点，如果我们拥有设施更完备的实验室的话，将来我们确实应该以更规范的方式进行实验。

"这是化学家称为量筒的东西，它是一个高高的玻璃圆柱体，有一个底座支撑站立。我继续用它来装球形烧瓶里剩下的一些氧气，我们看到气体慢慢地进入量筒，几近枯竭。球形烧瓶里的东西表面上没有什么变化，剩下的二氧化锰和我之前把它放在那儿时一样。它既没有减少，也没有增多，但它通过使热量均匀地作用于氯酸盐而促进了氯酸盐的分解。球形烧瓶本身也没有破损，可以在需要时继续使用。至于氯酸盐，它现在已经失去了所有的氧元素，因此变成了像我们昨天在煤的余烬上撒上一把氯酸盐促使火焰高涨后留下的白色物质一样的东西。总之，它已经变成了氯化钾。就是这样。现在让我们用一用收集的氧气，从量筒中的氧气开始。"

像平常一样小心地把量筒从盆里抬到桌子上，也就是说，当它在水中倒立时，就用手掌捂住，将量筒正放，用一块玻璃盖住，等某些准备工作做好，包括像以前在氮气实验中做的一样，将一根短蜡烛固定在铁丝上之后，保罗叔叔点燃了蜡烛，等火焰变得明亮而饱满后，再把它吹灭。虽然火焰突然熄灭了，但是灯芯仍然在燃烧。

"我刚刚吹灭的蜡烛，"他说，"其灯芯的末梢仍有红光，我要把它伸进装着氧气的量筒中。会发生什么呢？让我们拭目以待。"

他把那块玻璃移走，按照刚才所说的进行操作。"啪"，听到一声轻微的爆炸声后，蜡烛在没有人帮助的情况下重新自燃，烧得光芒四射。再次吹灭蜡烛，灯芯仍留有火星，把它伸进氧气量筒里。又是一声"啪"，火焰又出现了，燃烧出耀眼的光芒。一次又一次，蜡烛被一口气轻轻吹灭，灯芯保持微微发红，当它一被放进氧气中时，就又迅速自燃了。每次在火焰重燃之前都会有一点爆炸声。埃米尔高兴地拍手，因为这火焰不断地重新燃起，总是那么迅速，那么彻底。

"我们呼吸的空气中，氮气是氧气的伙伴，而氧气和氮气竟如此不同，"他说，"氧气会突然重新点燃即将完全停止燃烧的东西，但氮气会熄灭已经燃着的东西。我能不能试着亲手做一下这个美妙的实验呢，叔叔？"

"当然，为什么不能呢？但我必须告诉你，此时量筒中的氧气已几乎耗尽，因为每次重新点燃蜡烛时，氧气都会被消耗掉一点。"

"但那四个瓶子里还有很多。"

"我得把它们留着做更重要的实验用。"

"那我该怎么办呢？"

"你只能用我的老腌菜罐，我不辞辛劳地往里面装氧气，就是指望它能代替普通的量筒。"

"我会的，我很乐意用它做实验。"

"这是一个明智的决定，因为老腌菜罐会为你提供切实的帮助。我用它主要是以身作则，告诉你即使用最普通的器皿，也可以进行最好的实验。我们这里的量筒就太奢侈了，它在我们这个小村庄里是闻所未闻的奢侈品。几乎任何一种瓶子，任何刺山柑罐头或腌菜罐，只要它有一个可以通过蜡烛的大瓶口，就都能很好地满足你现在想重复的这个夺人眼球的实验。好吧，那么，你来重复一次。"

把罐子放在桌子上，埃米尔开始一次次点燃蜡烛，把它吹灭，又一次次看着火焰被重新点燃。即便用上普通的容器，实验也未必做得比现在更好。

"好了，那么，"他的叔叔说，"我的腌菜罐让您还满意吗？"

"是的，它太棒了。"

"我们应该注意的不是容器，而是容器里的东西。如果我们给它供氧，蜡烛就会重新点燃，这与氧气装在什么地方无关，不管是化学家的量筒还是微不足道的腌菜罐都一样。在实验的最后，把蜡烛放在罐子里任它燃烧。你们可以看到它消耗得有多快。"

而事实也是，蜡烛浸在氧气中，如饕餮吞食般迅速地燃烧着。它不再像平常空气中平静的火焰，而是变成一条猛烈的火舌，异常明亮火热，使蜡熔化并大滴大滴地流下来。蜡烛实际上更像是被吞噬了，而不是被燃尽了，很明显，几分钟内，这种活跃的气体消耗了可以在空气中足足燃烧一个小时的蜡烛。最后，火焰因缺氧而熄灭，保罗叔叔继续授课。

第2节
石蕊试纸的特性

"在继续这些精彩的氧气实验之前，"他说，"让我们用一个小插曲来放松一下我们的心情。你们知道，通过一些特征我们能够识别酸，首先是酸酸的味道，然后是使蓝色花朵变红的属性。但是，用味觉来识别酸并不总是可行的，它的味道有时很淡，甚至难以察觉。用蓝色的花做测试是一个更好的选择。但不幸的是，紫罗兰以及其他蓝色的花在酸性较弱的情况下也很难变红。化学发现，地衣中的蓝色物质更容易受酸影响。你们知道那些长相奇怪，生长在树皮上，甚至在最坚硬的岩石表面上，像酥皮一样的东西吗？它们是一种植物，被称为地衣。在靠近海洋的岩石上发现的一个地衣物种中含有一种叫作石蕊的蓝色物质。药剂师把它做成灰蓝色的小块出售，被称为石蕊片。如果你将一片溶解在一点水里，你就会得到一种叫作石蕊酊的淡淡的蓝紫色液体。

"用这种酊剂是测酸最方便的途径[1]之一，因为它比蓝色花朵更容易变红。为了说明这一点，我把两指深的石蕊酊倒进这个玻璃杯里，然后把玻璃管或普通吸管的一端浸入这个瓶子里的酸中，事实上，我已经提到过这种由硫黄形成的酸——硫酸。我没有把它完全浸泡在液体中，而只是稍稍接触一下，用这根几乎没有被打湿的吸管搅动蓝色酊剂，它立刻就变红了，这证明（在我不知情的情况下）我的瓶子里装的是一种酸。"

"如果石蕊酊被酸染成红色，"朱尔斯说，"那么它应该像紫罗兰一样能够被可溶性氧化物染成绿色，这样它就能帮助我们分辨一种物质是不是氧化物。"

"在看到蓝色花朵的变化后，我们自然会想到这一点，但事实并非如此。石灰和其他可溶性氧化物不会使蓝色的石蕊变绿，相反，石蕊一点变化都没有，但石蕊的另一个特征可以弥补这种缺陷。石蕊一旦被酸染红，就能通过可溶性氧化物再次变蓝。玻璃杯里的液体刚刚因加入硫酸，从蓝色变成了红色，我向里面丢入一小粒石灰，液体又变回原来的蓝色。第二次我在吸管的末端涂上一点酸，使酊剂再次变红。再涂一次石灰，蓝色又出现了。这些从蓝色到红色和从红色到蓝色的变化可能会无限期地重复。在这里，我们用一个完美的测试来确定一种物质是酸还是氧化物，当然，前提是它溶于水。任何能使石蕊蓝色酊剂变红的都是酸，而能使酊剂恢复到被酸变红之前的蓝色的则是氧化物。

"如果我们没有石蕊，没有石蕊也没什么大不了的，我们就应该满足于有蓝色的花朵。首先将一束紫罗兰压碎并在水中搅拌，然后将由此获得的带蓝色的液体过滤并

---

1 现在，用柔软的石蕊试纸测试更加方便。——编者注

放在一边，其用途与石蕊的一样。但它在一个方面会显示出不同：虽然酸会使它变红，但氧化物不会再使它变蓝，而是变绿；当然，蓝色液体在氧化物的作用下会立即变绿，而不必事先被酸变红。此外，还应注意的是，弱酸可能无法将紫罗兰的蓝色变为红色，因此用石蕊做实验更可取。"

第 **3** 节

硫黄在氧气中燃烧

"我们的小插曲到这里就该落幕了，我们继续我们的实验操作。我们将在氧气中燃烧几种物质，然后观察它们燃烧的状态。首先是硫黄。

"实验采用的方法和上次你们在氮气实验中看到的一样，当时无论我们怎么做，都没法使磷和硫在充满氮气的瓶子里燃烧。这次，我用一只破碎的陶罐碎片做了一个小托杯，并将铁丝末端弯成一个圈，用来放托杯。然后铁丝穿过一个大软木塞，用来将铁丝固定在瓶中，而不是用来塞住瓶口。因此，软木塞比瓶口大点儿也没事。同理，把一个小硬纸盘放在瓶口也行。铁丝超出软木塞或硬纸板的部分就是用来上下移动托杯的把手，使托杯进入或靠近瓶子的正中央，接触到氧气的中心。"

做完这些准备工作后，保罗叔叔小心翼翼地拿起一个备用的大瓶子，连同盛满水的玻璃杯，杯子里装着水，用来堵住瓶口。在不影响它们相对位置的情况下，他把它们移到盆中，放进水里，杯子被拿走，用手掌取而代之捂住瓶口。这样就可以把瓶子竖直放在桌子上，而不使里面的东西与外界空气接触。一小片玻璃放在瓶口盖上了瓶子，就像它以前被用作临时塞子时一样。托杯里装满了细小的硫黄粉末，我们准备用穿过软木塞的铁丝，让它在瓶子里找到适当的位置。保罗叔叔把硫黄点着，把盛硫黄的托杯伸进氧气中。如此一来，这杯硫黄由软木塞支撑着悬浮在瓶子的中央，所以实验者不需要再关注它，只要观察实验结果，不需要做别的事。

众所周知，在通常条件下，硫黄燃烧得有多慢，产生的火光有多微弱。因此，当这壮观的奇景出现时，直接震惊了两位盯着实验过程的年轻化学家。按照他们叔叔的嘱咐，他们关上了百叶窗，这样就不会有阳光进来，以免掩盖硫黄的火光。它剧烈地燃烧着，没有任何硫黄火柴的火焰可以与之媲美。一道美丽的蓝紫色光彩从这精妙绝伦的火焰中散发出来，要与彩虹中的紫色光带一较高下，房间充满了如此奇异的光芒，人们可能以为自己被带到了另一个世界，在那个世界，太阳是蓝色的。

"太神奇了，太神奇了！"埃米尔喊道，他激动地直拍手。

燃烧的硫黄散发出一阵阵青烟，从瓶子里喷出来，强烈刺鼻的气味几乎令人窒息，有几分破坏了这个童话般的光彩，否则，一切就都太完美了。所以，当火焰开始熄灭时，保罗叔叔就打开了百叶窗。

"都结束了，"他说，"硫黄耗尽了瓶子里的氧气。我没为你们描述刚才所看见的精彩光芒，因为比起我说的话，你们双眼见证的会更加公正。它们告诉你们，硫在氧气中燃烧时的热量和亮度，是在普通空气中燃烧时所没有的。我继续提问，我们刚才看到的燃烧得如此明亮的硫黄变成了什么？它与氧气结合的结果是什么？其结果是产生了一种看不见的带有刺鼻气味的气体，一种使人忍不住咳嗽的气体，事实上，这种气体和点燃火柴后散发出的气体一样。其中一小部分已经逃到了房间里，我们的嗅觉和咳嗽的症状告诉我们这一点，但瓶子里还有很多东西。让我们看看我们的石蕊酊，看看它会告诉我们什么信息。我往瓶子里倒了一点，摇一摇，蓝色液体立刻变成了红色。石蕊说什么？"

"它说硫黄燃烧后变成了酸。"朱尔斯回答说。

埃米尔插嘴说："这倒是个好消息，因为它的味道想必不太美妙，而且，你甚至看不见它。用石蕊当然就很方便了。"

"非常方便，"他叔叔同意道，"这是一种既看不见也摸不着的东西，但却是一种非常真实的东西，它会让你窒息，使你咳嗽得比得了百日咳还厉害。我们想知道它是什么，石蕊回答说：'它是一种酸。'"

"那它说这是酸的了吗？"

"显然，使石蕊和蓝色花朵变红的一定是酸的。"

"但如何保证石蕊和紫罗兰说的是实话呢？我又不能把舌头伸进瓶子中去。"

"燃烧的硫黄所产生的看不见的气体会与水混合，因此大量的气体会被我在瓶子里摇动的石蕊酊吸收。我们从它对酊剂的影响中知道这一点，酊剂本身只是被一小片东西染色的水。让我们尝尝这种被混合气体染红的液体，我们就能知道看不见的气体化合物的味道。用液体随意沾湿你的手指，不用担心剂量太大。因为需要很大的量，舌头才能尝出味道。"

由他们的叔叔带头，男孩们尝了好几次这种液体，以确保他们尝得出味道。

"淡淡的醋，"埃米尔边说边咂嘴，"非常淡的醋味。"

"如果你愿意的话，可以说它很淡，但仍然有醋味。也就是说，它是酸。"

"没有什么比磷酸味道更浓的了，它会麻痹你的肌肉。"

"我们的味觉告诉我们的和石蕊酊告诉我们的一样，硫燃烧后，与氧结合成为一种酸。因此，正是这种看不见的气体，散发出刺鼻的气味，令我们咳嗽。它被称为亚硫酸。"

"你给我们讲过，"朱尔斯说，"另一种硫黄形成的酸——硫酸，你刚才还用它把酊剂变红的。所以硫黄会产生两种酸，是吗？"

"是的，我的孩子，硫黄产生两种酸，一种含氧量少，一种含氧量多。含氧量少的，呈弱酸性的，酸味更淡，是亚硫酸；另一种含氧量高的，酸性更强，酸味更浓的，是硫酸。通过简单的燃烧，无论是在普通空气中还是在纯氧中，硫吸收一定量的氧气后就不再吸收，从而转变为亚硫酸；但是通过化学上已知的间接的方法，硫可以吸收更多氧气，这样一来，硫就变成了硫酸。硫黄就讲到这里。接下来让我们看看在氧气中燃烧木炭会发生什么。"

第 **4** 节

木 炭 在 氧 气 中 燃 烧

保罗叔叔将一块大小不超过一个人小指的木炭固定在铁丝的一端，铁丝的另一端穿过用来放在氧气瓶瓶口的小硬纸盘。然后，保罗叔叔用蜡烛的火焰点燃木炭，但只点燃了一个点，在这种情况下，他把木炭放进一个新的氧气瓶中，重复用硫黄实验时相同的操作。

接下来的景象可以媲美埃米尔热烈鼓掌时的那一幕。在蜡烛刚点燃木炭的那一刻，火花微弱得几乎看不见，一团火焰突然高涨——明亮、热烈、不可遏制，它迅速地在木炭上蔓延开来，很快就变成了一个耀眼的小熔炉。它发出强烈的白光，小火花四射，就好像许多流星被关在瓶子里似的。只一瞬间，木炭就完全燃烧起来了，这在普通的空气气流中，是完全不可能的。埃米尔一动不动地盯着这绚丽的景象，说出了他的所思所想：

"当我在燃烧的木炭上鼓动风箱时，我同样可以制造出这样的热量、这样明亮的光芒和这些火花。在风箱喷嘴下面的木炭，烧得几乎和这个瓶子里的木炭一样旺。"

"那是自然，"他的叔叔回应道，"你鼓动风箱，吹出空气，也就是，吹出氧气和大量削弱燃烧效果的氮气的混合物。于是，通过这种助燃气体的迅速更新，可以使炭火变得明亮起来，和我们面前的纯氧瓶中的木炭一样。"

氧气终于被消耗殆尽，未燃尽的木炭变得越来越暗，然后变得很黑。重新关上的百叶窗，又一次被打开，阳光照了进来，如果之前就把百叶窗打开，则会大大减弱实验现场的效果。

"烧焦的木炭变成了什么？这是我们现在必须解决的问题，"保罗叔叔说，"瓶子里只剩下一种看不见的气体，几乎没有任何气味，如果我们只靠自己的嗅觉和视觉，我们可能会得出这样的结论：瓶子里的东西一点也没有变。但是，让我们利用各种比嗅觉和视觉更具决定性的测试去辨别瓶子里的东西，我们就会发现，它已经出现了明显的变化。首先，可以肯定的是，如果一开始瓶子里烧得如此耀眼夺目的木炭现在不再燃烧，那么点燃的蜡烛在瓶子里也不会继续燃烧。注意。我把这支正常燃烧的蜡烛放进瓶子里，它几乎到不了瓶颈就熄灭了。因此，瓶子里一点儿氧气都不剩，因为如果有的话，你们知道的，蜡烛的火焰会很明亮。

"还有一个测试：我往瓶子里倒一点石蕊酊，充分摇晃，让气体能够作用于液体。蓝色酊剂的颜色变为非常淡的红色。换成氧气的话，同样的酊剂不会有丝毫变化。因此，通过在氧气中燃烧某种东西，我们得到另一种酸。现在，我们可以确定瓶子里的氧气已经被转化成另一种气体，同样清澈透明，但是具有十分不一样的性质；而这种差别，很明显，可能仅仅是因为氧气中加入了木炭（或碳，实际上是同一种东西）。因此，我们得出这样的结论：在瓶子里的这种气体中，一种无色到我们看不见的气体，至少含有少量的碳，这一我们在煤中看见过的又硬又沉的物质。"

"现在我才明白，这是必然的，"埃米尔同意道，"但是如果有人告诉我，气体中有碳，就像空气一样透明，但无法证明，我不会轻易相信他。你说什么，朱尔斯？"

"我说，我们看不见摸不着的东西中可能含有碳这一观点，很难接受。如果保罗叔叔不是一步一步地引导我们到现在，而是一开始说这个我们什么都看不见的瓶子里有碳，我们应该会大吃一惊地瞪着他。但证据就在那里，无法否认。燃烧中的木炭变成了能使石蕊酊变红的气体，所以一定是一种酸，叫作……叔叔还没告诉我们它叫什么。"

"想想你们的化学语法，自己找个名字。"

"原来是这样！我都忘了。木炭（charcoal）和碳（carbon）是一样的，在'carbon'后面加上'ic'会变成'carbonic'。燃烧木炭产生的气体是碳酸（carbonic acid）。"

"碳酸是不是和其他的酸一样有酸味？"埃米尔问。

"当然，但是在我们瓶内的气体中，这种酸的性质几乎看不出来。石蕊没有变成鲜红色，只带着淡淡的葡萄酒红，从味觉来说，酸味也相应地十分微弱。但总有一天会有机会让你们相信碳酸确实尝起来是酸的。"

第5节
铁在氧气中燃烧

"现在让我们拿出第三瓶氧气预备使用。我提议在瓶子里烧点铁，埃米尔前几天还认为铁燃烧是不可能的事。我可以让铁燃烧，但用不着像铁匠打铁塑形时一样事先在锻炉里把它烧红。我只要用一根点着的火柴就能让它烧起来，就好像它是一串火药。"

"火柴一点就能把铁点着？"埃米尔十分好奇。

"当然，火药都不一定有它着得快。这是一个旧发条，它的一端坏了，再也用不了了。这是我在钟表匠那里得来的。这个发条，非常适合我们的下一个实验，由于它的薄而扁平的带状结构，它的表面足够氧气进行反应。如果没有旧发条，我们还可以用一根中号针一样细的铁丝，先用锉刀或者最好用砂纸，把它清理干净。不过，我更喜欢用发条。我先把发条放在炭火上加热，让它变得柔软。然后我把它绕在一根细长的杆子上，一个笔架或一支铅笔就可以使它变成螺旋形或红酒开瓶器的形状。接下来，拿一把结实的剪刀，把螺旋的一端削尖，伸进指甲盖大小的一点火种中。最后，螺旋铁丝的另一端穿过一个小硬纸盘，纸盘放在瓶口上，保持金属丝固定在氧气中央。我们的螺旋丝应该拔出一定长度，使其下端进入瓶中。如果用金属丝代替钟表弹簧，也是一样的操作，将金属丝缠绕成螺旋形，必要时先加热，并用砂纸（必不可少的细节）清洁金属丝，然后点燃螺旋的下端。"

所有准备工作都井井有条地完成后，第三瓶氧气被放在了桌子上。在收集第三瓶氧气的过程中，保罗叔叔小心翼翼地没有把瓶子装满，而是在瓶底留下几英寸深的水。

"瓶子里有一些水。"埃米尔指出来，他决不会放过这个稀奇古怪的实验的任何细节。

"是的，这是有目的的。如果没有，我们现在已经放东西进去烧了。如果我们想用瓶子继续接下来的实验，就必须在瓶底放水。你很快就会明白为什么我们需要水了。关上百叶窗，我这就开始。"

房间一暗下来，保罗叔叔就点了火，把螺旋形的铁丝带伸进了氧气中。火苗突然窜起，火光明亮。然后火摇曳了一会儿，点燃了铁丝。接着，铁丝熊熊燃烧起来，变得像一束烟花。仿佛大火从螺旋形楼梯的底部向上蔓延似的，他们看着这不可思议的火焰顺着金属螺旋形的曲线缓慢上升。整个过程伴随着噼噼啪啪的声响和四处喷溅的火星。在铁丝带的末端，悬挂着一颗闪闪发光的熔融金属球。由于太重了，它就自己挣脱铁丝，掉落下来。它的温度仍然很高，一头扎进水里，发出刺耳的嘶嘶声，当它到达了瓶子的底部时，仍然是炙热的红色。当它在瓶底变得扁平时，瓶底也被它烫软了。随后，其他的金属球从燃烧的螺旋上一个接一个地落下，尽管水有冷却作用，但最大的金属球的热量足以使玻璃熔化一点，然后陷入其中。

男孩们静静地站着，看着这铁被氧气吞噬的神奇景象，但埃米尔不免有些害怕。熔化的小球落下时发出嘶嘶声，水不能立即扑灭这些液态火滴，燃烧的钟表弹簧啪啪作响，火花阵阵，玻璃破裂，所有一切结合在一起，构成了一幅惊人的奇异景象。男孩把手放在脸前挡着它，显然他觉得会有可怕的爆炸。但一切最终都归于平静，只有瓶子有几个地方破裂，在这场化学的狂欢中受了点儿伤。然后保罗叔叔打破了随之而来的沉默。

"好吧，埃米尔，铁会燃烧吗？你终于相信了吗！"

"我必须相信，"他回答，"铁可以燃烧，而且烧得很快。它就像一场小小的焰火表演。"

"你呢，朱尔斯？你觉得我的实验怎么样？"

"我觉得它比加镁的实验还要精彩。金属镁制造出了一种我从未见过的光，但是镁本身对我们来说是新颖的，所以看到它燃烧起来，我们也不会有多惊讶。但铁，情况就不同了，我们对这种金属已经非常熟悉，而且经常看到它能抵抗火，所以当我们看到它像木头刨花一样燃烧时，我们都觉得它是一种奇妙的东西。但最让我吃惊的是，看到那几滴熔化的铁水在水下仍然热得发红，过一会儿才褪去高温。"

"当火焰上升时，从螺旋上落下的小球不是铁，而是氧化铁，由铁和氧结合而成。我要把那些没有粘在玻璃上的东西从瓶子里拿出来。你们看，它们是由一种黑色物质构成的，很容易被手指碾碎。如果它们是铁的话，它们就不会这样。它们的柔软性表明有另一种元素存在，正如我所说，这种元素是氧。当铁匠在铁砧上锤打炽热的铁时，发现飞溅出来的是同样黑色且易碎的小氧化铁碎片。这两种都是经过火焰灼烧，已经氧化的铁。还要注意，在瓶子的内表面，有一层以前不存在的浅红色粉尘。这红色粉尘会是什么呢？它看起来像什么？"

"它很大程度上看起来像铁锈，"朱尔斯回答道，"至少它的颜色和铁锈一模一样。"

"它就是铁锈，不可能是别的东西。记住这件不起眼的事，它会在后面帮上大忙：铁锈是铁与氧气化合形成的。"

"所以这个瓶子里有两种氧化铁。"

"没错，两种，但各不相同。黑色的物质量更多，另一个是粘在玻璃内壁上的红色粉尘，而后者所含的氧要比前者的多。我现在不会展开这个问题，因为后面还会讲到。注意，最终，瓶底开裂，一滴滴氧化物牢牢地嵌入了厚实的玻璃中。"

"这些氧化物一定非常烫，"埃米尔说，"它们穿过水还能熔化那样厚的玻璃。我之前见过你烤肉的时候会有一滴滴油从脂肪上滑下来，但是我不知道还有比那温度更高的。"

"所以，我在瓶底放些水，是不是很正确的选择？"

"我不得不承认，如果你没放水的话，瓶底早就被凿穿了。"

"不止。瓶子会因为突如其来的刺激性高温而炸成碎片。从带子上落下的第一滴铁水就能砸破瓶子，终止实验。但有了水的保护，我们的瓶子虽然出现了裂痕，但是还可以继续使用。"

第 **6** 节

在 氧 气 中 的 麻 雀

还剩下第四瓶氧气。此外，麻雀被安全地关在笼子里，面包屑供应充足，它正看着实验的进程。在优渥的环境中，囚禁似乎并没有过度地压抑它的精神。但现在轮到用它来做实验了，保罗叔叔向他的听众保证这一次它不会有生命危险。这只鸟的前辈的不幸死亡让男孩们知道，氮气是不可吸入的，火焰在这种气体中熄灭，生命也一样。那么这只麻雀会教给他们什么新的道理？它即将向他们展示，呼吸不与其他气体混合的氧气，会有什么影响。他们的叔叔把麻雀放进剩下的氧气瓶里。

一开始没有发生什么不寻常的事情。过了一会儿，这只漂亮的鸟变得更加机灵，动作更加敏捷，在各个方面都比在自然条件下更加活跃。那小家伙跳来跳去，拍打着翅膀，跺着脚，用愤怒的嘴啄着监狱的玻璃墙，显然它极度兴奋，但很快它就把力气耗尽了。它气喘吁吁，好像它的小小胸膛会随着它心脏的剧烈跳动而爆裂。张开的喙暗示它已经极度疲劳，但焦躁不安的情绪仍在高涨。为了制止这一幕走向悲惨的结局，保罗叔叔急忙把这只鸟放回笼子里，几分钟后兴奋就退却了。

"我的演示结束了，"他宣布，"氧气是一种可呼吸的气体，动物可以在里面生存，而氮气不是这样。但生命在氧气中会更加活跃，甚至超过适宜的界限，正如我们刚刚从麻雀的异常激动的情绪中看到的那样。"

"从来没有，"朱尔斯说，"我从来没有见过一只麻雀如此兴奋。它看起来像是被附体了。你为什么这么快就把它从瓶子里拿出来了？"

"因为如果把它放在氧气里面的时间再长一点，氧气会把鸟杀死的。"

"氧气是一种能杀人的气体吗？"

"相反，它赋予我们生命。"

"但，我看不出……"

"回忆一下那支被放进氧气中的点燃的蜡烛。它继续在那里燃烧，但如饿虎扑食，极速消耗着蜡。这火焰十分耀眼且充满活力，但持续时间很短。在正常情况下能使它持续很长时间的燃料，在几秒钟内就被消耗完了。这和生命是一样的。它在纯氧中以一种不自然的速度前进，消耗得太快而不能维持太久。我们可以说，动物机器的运转速度太高，因此，像所有过度驱动的机器一样，发生故障并停止了。你看到那只鸟是如何做各种疯狂滑稽的动作的，好像被灌醉了似的。以这样的速度，它可怜的小机器肯定很快就坏了，这就是为什么我把这个筋疲力尽的小生物从瓶子里拿出来，希望把它留到另一个也是最后一个实验中去。明天之前好好照顾它。"

14

空气与燃烧

导读

王凤文

　　孩子们，我们亲眼看到了放在氧气和氮气中的小鸟的不同命运，氮气不能供给呼吸，如果缺乏氧气，小鸟会死掉；氧气能维持呼吸，可是纯氧气同样不适合动物的生存，它会让动物异常兴奋，快速消耗动物体能，时间长了，同样会对身体造成伤害。空气是被氮气稀释了的氧气，是我们赖以生存的最佳环境。

　　前面我们已经学习了获取纯净的氮气和氧气的方法：在玻璃钟罩下燃烧磷，得到氮气；分解氯酸钾，产生氧气。今天保罗叔叔要带领我们制造"人造空气"，可是我们造出的"人造空气"能否和真实空气一样？又怎么去做呢？

　　我们知道空气中氧气和氮气是按1：4的体积比组成的，要制备"人造空气"，首先就得制备出氮气和氧气，朱尔斯和埃米尔跟随保罗叔叔这么长时间，已经学会了好多实验的知识，掌握了娴熟的操作技能，听说还要制备氧气和氮气，早已摩拳擦掌，跃跃欲试了，你呢？一定也不甘落后吧？

　　实验，就是我们手、眼、脑协调共用的场景，用现有的实验用品合成"人造空气"，需要解决哪些问题？如何实现1：4的精确比例？怎样设计才能实现氧气和氮气的混合过程？别忘了氧气、氮气都是无色无味的气体，我们要实现"无形"物质的"有形化"，要实现"定性"实验的"定量化"，我们必须要不断思考、摸索，不断优化改进方案。从药品的取用、仪器的选择到量的控制、条件的选择，一步步实现我们的既定目标。在这个过程中，我们的能力就会得到提升，能力可是比知识重要得多的，所以孩子们，我们在做着多么有意义的事情啊！

　　在大家的努力下，"人造空气"很快合成出来了，是否和空气成分一样呢？我们要用事实说话。且看一支蜡烛能否在其中平静地燃烧，一只动物能否安全地进行呼吸吧！昨天被保罗叔叔及时解困的小鸟已经恢复了往日的状态，今天它还将出场为我们验证，结局又将如何？如果今天的实验成功，它将被放生飞往自由的天空，让我们为小鸟祈祷，也为我们成功合成"人造空气"加油吧！

碳酸钙确实是一种含氧酸盐，也可以由碳的燃烧产物与钙的燃烧产物化合得到，里面也确实含有大量的氧元素。碳酸钙也是天然石灰石的主要成分，于谦的诗句"千锤万凿出深山，烈火焚烧若等闲"说的就是石灰石的开采以及碳酸钙高温分解的过程，可是碳酸钙分解产生二氧化碳和氧化钙，并没有氧气释放啊。保罗叔叔说这并不代表空气中的氧气与碳酸钙这种盐中的氧就没有关联，又是怎么回事呢？

氧气和氮气在空气中可以看成按1：4简单的混合，各自保持着自身的性质，不同于氮和氧"化合"所得产物的性质，就像铁粉和硫粉混合后不同于铁的硫化物一样。

空气中氧气维持燃烧和呼吸，而氮气则缓和了氧气的强大能量，使之更适合动物的呼吸，同时也使燃烧过程变得不是太剧烈。如果我们想让炉火燃烧更旺，该怎么做呢？古老的风箱、各种鼓风机在做着这个工作；如果想让炉火燃烧缓慢，可以控制空气的进入，比如关闭或减小炉门开口，用灰烬或碎煤屑覆盖等，炉火旺盛燃烧会发出"打呼噜"的响声，这些生活中的事实或经验与我们的化学知识结合起来，就会得到合理解释。可燃物燃烧需要具备两个条件：一是和氧气接触，二是达到着火点。可燃物与氧气的接触面积大，燃烧将更加充分，燃烧是放热的过程，放出的热量预热空气，会导致空气密度减小而上升，下面的冷空气不断补充，这样就形成了气流，发出"呼呼"的风声。

保罗叔叔建议我们自制旋转的"热气流风车"，方法已经告诉大家了，一定很有趣，别忘了试一试哦！

第 **1** 节

制备人造空气

第二天，麻雀从前一天难熬的痛苦中完全恢复过来，多亏了埃米尔的悉心照料，它现在活蹦乱跳，胃口大开。由于供应的氧气已经用完，保罗叔叔让他的侄子们在他的监督下，再制备一些氧气和氮气。在玻璃钟罩下燃烧磷，产生氮；分解氯酸钾，产生氧。孩子们被允许参与这些重要的实验时相当高兴。一切都井井有条地进行着，并取得了巨大的成功。的确，他们的叔叔一直在那里提点他们，答疑解惑；但朱尔斯和埃米尔操作得都非常娴熟，这也是事实。所以他们的叔叔放心地把玻璃钟罩、球形烧瓶、管子和瓶子交给他们，因为他们非常小心，不会打碎玻璃。当收集好这两种气体后，这节课就开始了。

"氧气是唯一可呼吸的气体，"保罗叔叔说，"是唯一能维持动物生命的气体，也是唯一能使火燃烧的气体。但它的活性太强，昨天麻雀和蜡烛的表现已经向你们证明了这一点。其活性必须通过添加一种惰性气体来减弱。当酒的酒精度太高时，我们用水稀释它，使之成为一种不会损害我们健康的饮品。同样的道理，对于呼吸或平常的燃烧来说，活性太强的纯氧，必须用氮气，这种惰性的气体来减弱。这样形成的混合物造就了我们的大气，氮气就相当于稀释酒的水。

"我们在玻璃钟罩下燃烧磷的实验告诉我们，空气是由氧和氮两种元素组成的，后者的含量是前者的四倍。现在我们要逆向操作，用我们面前的两个元素制造空气。这个瓶子里有氧气，那个瓶子里有氮气。把这两种气体按适当的比例混合，我们就应该能得到与我们赖以生存的空气相同的气体，一支蜡烛能在其中平静地燃烧，一只动物能安全地进行呼吸。那么我们怎么做才能获得这个成果呢？我们的烈酒，或者我们的氧气，必须用大量的水或者说氮气稀释。确切地说，我们必须向氧气中加入四倍体积的氮气。

"这简直易如反掌。我把玻璃钟罩装满水，然后用一瓶氧气置换一部分水。随机选择一个瓶子，作为两种气体的衡量标准，但是要注意，它的尺寸应适中，以便两种气体混合后不会超过玻璃钟罩的容量。我们把氧气放进了玻璃钟罩里，现在，我再用同一个瓶子装满氮气，然后把氮气放进玻璃钟罩里，重复四次。完成后，玻璃钟罩里含有五瓶气体：四瓶氮气和一瓶氧气，这就是我们用磷做实验时，所学的空气比例。因此，这里的气体与我们呼吸的空气没什么两样，现在我们即将做两个实验，通过实验，以最清晰明了的方式证明这一点。

"我用玻璃钟罩里的气体混合物装满一个量筒或一个小瓶子，把一支点燃的蜡烛放进去。蜡烛像往常一样继续平静地燃烧着，与在平常的空气中相比，其燃烧速度不快也不慢。它在量筒内时和在量筒外一样。高浓度的酒被我们稀释得刚刚好。被氮气稀释后，如饥似渴的氧气不再表现出强烈的食欲；它平静地蚕食着蜡烛，而不是让蜡烛变成一小簇熊熊燃烧的篝火。

"剩下就让麻雀告诉我们吧。我把玻璃钟罩里的气体转移到一个广口瓶里，然后把鸟儿放进去。有什么异常吗？没有，你们看。这个小俘虏被转移到一个新的监狱后，虽然焦躁不安，还试图逃跑，但它没有任何呼吸困难的迹象。它的胸部起伏正常，它的喙没有张开喘气，也没有出现暗示它痛苦不堪的躁动。总之，麻雀在玻璃笼子里和在藤条笼子里时的呼吸一样，这证明了里面的空气和外面的空气是一样的。解释得更简单明了一点就是，在这种人工大气中，在我们的技术产物中，没有死亡的危险，我们可以让鸟儿在瓶子里多待几分钟。"

相应地，实验接近了尾声。孩子们有些担心结果，他们密切关注着麻雀，惊奇地发现麻雀的活力在自己制造出的大气中没有减弱。由于氮气瓶里另一只麻雀的悲惨结局令他们印象深刻，他们仍然心存一丝顾虑。尽管如此，他们的叔叔镇定自若的样子让他们安下心来，因为实验者如果有任何危险，他会是第一个停下实验的人。

"行了，"他们的叔叔终于开口道，"我们已经见识过所有我们想知道的事了。把小俘虏放生吧。"

朱尔斯把瓶子打开，放眼窗外，那只鸟像什么不寻常的事都没有发生过似的飞走了。它拍打了几下翅膀，就飞到了隔壁的屋顶上，也许它还会给它的朋友们讲一讲化学实验室里发生的怪事。

"它在和它们说什么？"埃米尔想知道，"它是在向它们描绘它的玻璃笼子，说它在氧气中发疯、发高烧吗？"接着，他转向他的叔叔，"所以麻雀呼吸的空气和我们呼吸的大气一样？"

"没错，完全一样。和大气一样，它由氧气和氮气按我之前说的那个比例组成，它维持着蜡烛火焰的燃烧，维持着依靠呼吸生存的动物的生命。我们用氧气和氮气制造出的空气与维持我们生命的空气一模一样。"

"那么麻雀呼吸的空气我们也能呼吸吗？"

"我们可以呼吸，毫无差别，因为，正如我告诉你们的，这俩是同一种东西。"

第 **2** 节

氧 气 与 盐

"我问你是因为我觉得这太奇怪了，我们竟然可以生活在自己亲手用化学试剂和瓶子、管子制造出来的空气中。我脑子里还装着别的更奇怪的事。我要告诉你，我们这里的氧气是由一种叫氯酸钾的盐提供的，化合反应使其储存了大量的氧气。你告诉过我们还有许多其他富含氧元素的盐，如果分解它们不那么困难的话，我们就可以从中制取氧气。其中一个在我看来特别有趣，就是用来盖房子的那个。"

"你是说石灰石——碳酸钙？"

"是的，碳酸钙。这种盐和其他的盐一样含有氧气，对不对？"

"当然了。怎么了？"

"唔，如果石灰石含有氧气，那么可以从中提取出来吗？"

"如果绝对必要的话，是可以的，但我得提醒你，这在实际操作中是非常困难的。"

"没关系，还是可以做到的。那么我们就可以认为化学告诉我们石灰石是可以被呼吸的，而石灰石是我们可以呼吸的空气的这个想法，我觉得相当有趣。"

"你未免过于相信石灰石可以提供我们呼吸的空气了，不过它倒确实可以提供氧气。这不是不可能。"

"我们真的能呼吸部分由石灰石制成的空气吗？"朱尔斯问道，他对他叔叔的回答和埃米尔奇怪的想法都感到十分惊讶。

"为什么不呢？麻雀的呼吸器官比我们的更加脆弱，不也呼吸了从氯酸钾中提取氧的空气了吗？碳酸钾是另一种矿物质，也就是另一种石头。为了让你们适应这些奇奇怪怪的转化和变换，比如某些元素今天用在一件事上，明天用在另一件事上，后天用在第三件事上，并且没有增减哪怕一颗物质粒子，现在机会来了，听我说。

"当烧石灰的工人把石灰石放在炉子里燃烧时，石灰石所含的二氧化碳就会跑出来，这种无色无形的气体会大范围地分散在大气中。蔬菜、植物和树木都是通过叶子来摄取二氧化碳的。我现在只是陈述事实，一会儿再演示给你们看。它们从空气中吸收二氧化碳，而二氧化碳有上千种来源，其中产生二氧化碳最少的、最微乎其微的就是石灰窑。它们分解二氧化碳，保留碳，并扔掉纯氧。这种氧气在大气中传播，成为我们可呼吸的空气的一部分。那么，谁敢否认，在我们呼吸的一股空气中，有时可能有一点儿来自石灰石，也就是说，来自建筑用石的氧气？也就是从建筑用石中提取的气体，有时确实能帮助我们维持生命。元素在一种化合物和另一种化合物之间来回奔走；物质不再存在，然后把它们的原材料交给新的物质；从一个化合物中释放出来的不可摧毁的元素，在另一个化合物中重新出现且属性不变。无论它来自空气、氯酸钾、石膏、铁锈、大理石还是石灰石，假如脱离所有化学联盟，氧还是氧，一丝不多一丝不少。因此，同样的气体可以腐蚀一块铁，可以把一根木棍化为灰烬，可以点燃火焰，可以融入路边的鹅卵石中，自此失去行踪，或者可以输送血液，使之流过动物的血管。谁知道一口面包里的碳是从哪里来的，在进入小麦之前，它可能扮演着什么样的角色，在进入小麦之后，它又可能扮演着什么角色。当我们试图在想象中跟随一个氧气泡或一块煤游走于所有不断被制造和被破坏的物质中时，我们会迷失方向。"

第 **3** 节

空 气 的 组 成

　　"我们现在不要再去细想这些奇怪的事，而是回到我们人工获得空气的主题上来。刚才，当我把氧气和氮气放在同一个玻璃钟罩里时，有什么特别的事情发生吗？不，温度一点也没有升高，也没有光，两种元素之间没有剧烈的冲突，总之，没有化合反应通常伴随着的现象。氧和氮在一起时，不会相互作用，因此，它们不会在最后制造出的大气中发生化学反应，而只是混合在一起而已。我向你们保证，这两种气体的化合物和它们的简单混合物之间有着巨大的区别。有一种非常强大的液体，一种酸，它能吸收和溶解大多数金属，甚至最坚硬的金属，就像水溶解糖一样容易，它被称为'王水'（aqua fortis）[1]。它的化学名称是硝酸。拉丁语很有表现力，因为很少有物质能抵挡住这种液体的狂暴力量。我们的皮肤，只要沾上一滴王水，就会很快变黄，成为死皮，然后碎裂脱落。这就是氧和氮化合反应的结果。仅仅把这两种气体混合起来，我们得到大气，它不间断地向决定我们生存与否的肺部供应空气；但是这些气体进行化合反应产生了致命的东西。我请你们尤其注意这两种物质之间的根本区别，尽管这两种物质都是由相同的元素构成的。这种区别和你们观察到的，简单的硫和铁的混合物以及这两种物质的化合物的区别一样，这两种物质的化合物，既没有硫的特性，也没有铁的特性。

---

1 拉丁语。

　　"因此，空气是氧和氮的简单混合物，后者与前者的比例为4∶1。氧气维持燃烧和呼吸，或者，用更简单的话来说，它使物体燃烧，使动物呼吸；而氮气缓和了我们周围空气中与之混合的氧气的强大能量。在呼吸过程中发生的事情值得我们认真研究，但现在还不是时候。总有一天，当我们学会了一些东西，为我们铺平道路之后，我们会再次详细地讨论它。现在让我们把注意力集中在燃烧上，特别是我们每天都能在壁炉里看到的。一种物质与氧气产生化合反应后就会燃烧，因此每一次燃烧，必须既有用来燃烧的东西，又有使其燃烧的氧气。让我们再仔细深入这个问题。"

第 4 节
让 火 烧 得 更 旺

　　"当我们想让火烧得更旺时，我们该怎么办？我们拿着风箱向燃料——木头、煤或木炭鼓气，每次风箱一响，火就会重新升起，它的力量就会增加。燃烧的煤，起初是暗红色，然后变成亮红色，然后变成亮白色。空气通过给火供氧，让它重获新生。但是如果我们不想让燃料烧得太快，我们该怎么办？我们用灰烬把火覆盖起来，这样就可以防止它与空气的随意接触。在这层掩蔽之下，煤块会燃烧很长一段时间，只会非常缓慢地被消耗掉。因此，只有持续的空气供应才能使壁炉中的火焰保持火势，随着燃烧的进行，空气中的氧气与燃料结合在了一起。

　　"如果要使火旺起来并放出大量的热量，空气必须迅速按比例地流向燃料。在只需少量燃煤加热的环保暖脚器中，只有很少的空气能够进入其中，并只能通过一层灰烬进入煤中。此时燃烧是均匀缓慢的，散发出的热量虽然很少，但是很持久。相反，在我们钢铁厂的大高炉里，燃料都是大批消耗，强劲的空气来自能够制造真正龙卷风的鼓风机。这股空气的飓风煽动的可不只是一盆燃烧的煤块，它能掀起一团咆哮的大火。想一想我们客厅里的炉子，当炉子被清理干净、装满燃料后，燃烧时会发出一种柔和、低沉的声音。"

"我明白你的意思，"埃米尔打断道，"我们说那是炉子在打呼噜。"

"没错，我现在想向你们解释打呼噜的原因。如果灰坑的门开着，或者至少半开着，炉子就会打呼噜；但是如果它关着，炉子就会很安静。这是为什么？显然是因为有入口的时候，有东西会呼呼地冲进炉子。这是什么东西不难发现。把你的手放在灰坑的门口，你会感觉到一股流动的气流。所以一定是空气伴随着呼噜声穿过燃烧的煤层。这就是我们之前所说的通风。打呼噜的炉子通风很好，也就是说，大量的空气通过它燃烧的燃料，所以火很旺并散发出大量的热。安静的炉子通风不好，空气进来很慢，炉火很微弱。根据空气能自由进入或因为障碍无法进入，也就是说，根据气流的强弱，火就燃烧得或快或慢。

"现在让我们找出通风的原因。在一个热炉子上，挥动一张燃烧的纸，你会看到燃烧后的纸灰呈旋涡式升起，所到达的高度有高有低，有时甚至飘到天花板。那些纸灰，虽然很轻，却不是它们自己想飞上去就能飞上去的，必须有一个向上的气流把它们带上来。这种通风是由上升的气流产生的，气流通过与炉子接触而变热，从而变轻；气流上升，并立即被冷空气所取代，冷空气再次变热并上升。尽管我们看不见空气，但可以从随其上升的纸灰颗粒中推断出来它在向上攀升，就像漂浮在水面上的物体，在几乎平静的水面上，漂浮的物体的漂移表明了水不易察觉的运动。

"还有一个实验我建议你们在明年冬天要烧炉子的时候做。拿一张纸，剪出一个和你们的手一般大的圆形；然后用剪刀沿着一条从边缘开始逐渐接近中心的线剪，把这个圆纸片剪成一条螺旋形的带子。把这个螺旋的中心连接到垂直挂在炉子上的电线的下端，然后放开你的纸带。它会根据自身重量伸展成螺旋形，底部大，顶部小，金属丝连着顶部吊起它。如果炉子是热的，你会看到螺旋纸片像一个精美的机械装置一样旋转。产生旋转的原因是：纸带的表面与不断上升的热气流呈对角线方向，它整个都受到气流的推动作用，导致了这个小小的机械装置产生运动。同样，正是因为流动的空气对风车斜角叶片的推动力，才使得风车转起来。

"因此，事实证明，当空气被加热时，空气变得更轻，随之上升，而冷空气则冲进来取而代之。这股上升的空气推动我们的螺旋纸片，正是这股气流把纸灰向上输送。现在你们就能明白，当我们说炉子或壁炉的通风很好时，炉内到底发生了什么。如果烟囱里、室内和室外的空气温度都一样，就不会产生通风。但一旦点燃火，情况就会发生变化：烟囱管或烟道中的空气柱变热，变轻，然后上升。空气越热，空气柱越高，上升越快。当热空气上升时，较重的冷空气冲向火焰，使其燃烧，并在这一过程中变热，接着穿过上升的空气柱。这样一来，从烟囱的底部到顶部就形成了一股连续不断的气流。在经过或穿过燃料时，这种不断更新的气流将自身的氧气供给火焰，一旦它被加热并负有碳，它就继续沿着烟囱向上，带走烟雾，最后逃向外面开阔的大气中。这就是烟囱通风、炉子打呼噜的过程。气流就像一台风箱一样自动工作，氧气用尽时，空气就会迅速更新，从而维持火继续燃烧。为了保持火势良好，请遵循这个简单的规则：允许带有新鲜氧气的空气自由进入，允许已使用过且不再含有氧气的空气自由排出，或者无论如何，允许氧气不足的空气自由排出。让大量的空气涌入下方，让它在燃料中不受阻碍地进行环流，然后向上排出，为新鲜空气腾出空间。这样，在燃料充足的情况下，你们就会拥有一团势头正旺的火焰。"

15

生锈

导读

王凤文

金属能够燃烧，这已经是不争的事实，铁丝在氧气瓶中燃烧时"啪啪作响，火花阵阵，玻璃破裂"的奇异景象依然在眼前闪现。溅落的黑色熔融物和瓶内壁的红色粉末状物质已经刻在小科学家的脑海中。

为什么老旧的刀片有着微红色的锈层？为什么刚切下的铅几乎立刻就会失去光泽？为什么锌内部有光泽而外面被一层灰色覆盖？一连串的问题背后一定有着合理的答案。

遗弃在潮湿土壤中的老旧刀片上的红色物质，与铁燃烧时集气瓶内壁形成的红色物质成分是一样的。金属生锈的过程一定包含着金属与空气中的氧气的反应过程，铁、锌、铅、铜、锡、银等金属在空气中都能被氧气氧化，只不过这个过程会比较漫长，不会像金属在纯氧中燃烧那样剧烈，放出热量的现象也往往觉察不到。不同的金属被氧化的进程、现象和产物也往往各不相同。

金属在空气中发生化学反应变成其他化合物的过程，我们通常叫作金属的腐蚀，活泼的金属钾、钠、钙等金属很容易和空气中的氧气反应，所以就要采取特殊的保护方法。如钾、钠、钙要保存在煤油中或者密封在石蜡中起到隔绝氧气的作用。

而有的金属腐蚀会在金属表面形成一层致密的氧化物薄膜，阻止内部金属继续与氧气接触，类似形成了保护膜，所以这样的金属在空气中不需要特殊的保护方式，常见的有金属镁和金属铝。

铁是最常见、使用最广泛的金属之一，铁生锈的现象也是普遍存在的，然而铁生锈的过程并不是铁和氧气直接反应化合，而是铁在潮湿环境中，发生较为复杂的电化学腐蚀过程。生成的产物以红色的氧化铁为主。铁在纯氧中燃烧，生成的产物主要是黑色的四氧化三铁，又叫磁性氧化铁。

　　铜在空气中生成的铜锈，因呈现绿色而被称为"铜绿"。这种物质不是氧化物，更不同于燃烧生成的黑色氧化铜，而是铜与空气中的氧气、二氧化碳和水共同生成的一种叫作"碱式碳酸铜"的物质，属于碱式盐。

　　对于性质稳定的物质，如金属银，则相对于铁、锌等金属不易腐蚀；更不活泼的金属如金、铂等，则可以不被氧气腐蚀，持久保持光洁如新，因而成为价格高昂的金属饰品。

　　和金属腐蚀类似，自然界中植物的腐烂、有机肥的腐熟、食品的变质、人和动物的呼吸、动植物的新陈代谢等，都与氧气有关，这些过程也会伴随着热量的放出，只不过和燃烧不同，这些过程是缓慢进行的，我们把它们称为"缓慢氧化"。"缓慢氧化"放出的热量如果不能及时得到释放，有可能发生自发燃烧，简称"自燃"。秸秆、柴草、煤等在一定条件下都能发生自燃现象。有些山火的形成就是"缓慢氧化"引起的自燃。

　　因此，我们要知道"燃烧"通常是物质与氧气发生的发光发热的剧烈的氧化反应，而"缓慢氧化"往往缓慢发生，不易觉察，但仍然是物质与氧气发生的氧化反应过程。

　　相信通过今天的学习，我们对于空气成分，尤其是氧气的性质和作用，会有更深入的了解。如何让氧气最大限度发挥其有益作用，减少其对生产、生活、工农业生产中的负面影响，是人类不断探讨的课题，相信未来的你一定会为人类的和谐发展、社会的进步做出更大贡献！那就让我们从了解化学开始吧！

第 **1** 节

金属与锈

孩子们刚刚在花园里发现一把老旧生锈的刀片。如果是几个星期前，他们根本就不会注意到这块无用的废铁：它不值得一看，更不用说捡起来了；但是自从他们的叔叔告诉他们金属会燃烧的事之后，他们看待事物的眼光就不同了，所以他们认为这块生锈的铁可以拿来做实验。没有什么比知识更能给思维提供养分的了。无知的人不屑于看的东西，博学的人会去捡起来检查，并且经常认为它们值得认真研究。于是，朱尔斯捡起这个老旧的刀片，他立刻注意到了微红的铁锈和铁在氧气中燃烧时产生的覆盖在瓶子内壁上的细小粉末之间的相似之处。他提醒弟弟注意这种相似之处。

"这是一块铁片，"他们交流着，"谁也想不到它是可以在一个装满氧气的瓶子里燃烧的铁，并且它已经生锈了，就像钟表弹簧被火烧过一样。怎么会这样？我们去问问保罗叔叔吧。"

他们的叔叔在上课时回答了他们的问题：

"大多数金属经过抛光后，如果放任不管，它们就会逐渐失去光泽，表面会覆盖一层与原始光泽截然不同的东西。如果你用刀切一块铅，它的截面会显得明亮而有光泽；但这种亮度很快就会减弱，而且切割的部分会失去光泽，直到过一段时间它看起来和铅的其余部分一样暗淡。一些灰色的东西覆盖了发光的表面。钢或铁也是如此：刚从制造商手中抛光出厂时，它多么闪亮，而暴露在空气中一段时间后，它的光芒又是多么的微弱！起初，它的光辉几乎可以与银媲美，后来每天逐渐被不断变大的红色锈迹所覆盖，直到最后锈迹扩散到整个表面并侵蚀到金属中。这个过程我们称之为生锈，迟早这块金属会完全变成一种红色泥土般的物质。这就是为什么你们在花园里发现的刀片会变成这样。

"铅也有自己生锈的方式。它不是变成一种红色的土状物质，而是变成一种灰色的土状物质。灰暗迅速地覆盖铅的新切面，使其失去光泽，这就是铅开始生锈的表现。不久，这层锈就会变成一层厚厚的土状覆盖层。锌生锈的方式相似：表面呈暗灰色，内部呈亮白色。铜的光泽也保持不了多久，由于生锈，过一段时间铜就会被一层绿色的锈覆盖。因此，我们最常见的金属都有一个严重的缺陷：它们失去了令人赏心悦目的光泽，变成了一种衰败土状的物质。总之，它们生锈了。"

第 **2** 节

金属为什么会生锈

"事实就是这样。原因是什么？我们根本不需要找，就能发现原因。你们已经看到铁在氧气中燃烧，在瓶子的内部撒上一层微红色的粉末，看起来像生锈一样。事实上，这不是别的，就是锈。前几天，当我们把几块锌放进铁勺子里，把勺子插进一层燃烧的煤里时，你们可以看到锌熔化了，着火了，变成了一片片白色物质。这种物质是锌锈。铅，如果在一个气体流通的熔炉中熔化足够长的时间，就会变成黄色的土状物质，即铅锈。一片铜在火的灼烧中会褪去红色，变成黑色，同时让火焰染上少许美丽的绿色。这样形成的黑色物质是铜锈。简而言之，这些不同的锈都是燃烧后的金属，它们是由这些不同的金属与氧气进行化合反应形成的。换句话说，它们是氧化物。

"到目前为止，我们对这些东西已经很熟悉了，多亏了燃烧金属的实验，但现在我们又有了新的发现。这些氧化物是在如此耀眼的光芒和如此庞大的热量中产生的，这些锈迹是在华丽的焰火中产生的，它们与那些慢慢使金属表面失去光泽的普通锈迹毫无区别。当一块铁埋在潮湿的泥土里，慢慢地被微红色的物质覆盖，当另一块铁在充满氧气的瓶子里被明亮的火焰灼烧，这两种情况下发生的化学反应是一样的。当一小块锌呈现灰色锈迹，而另一小块锌在铁勺子中熔化后燃烧，焰色绚丽，燃烧后剩下白色薄片，这两种情况下的过程基本相同。两者都是空气中的氧气与金属结合。普通的铁锈是一种氧化物，等同于燃烧后的金属，无论锈迹在何时何地形成，不管热量是否明显，就有一场真正的燃烧过程。这里再举几个例子也不过分。

"一块木头长时间暴露在空气中，会逐渐被腐蚀掉，它会变黑，最后碎裂成褐色的尘土。这种木材的坍塌就是真正的缓慢燃烧，只是它平缓的过程不同于由火引起的燃烧。腐烂的木头和空气中的氧气结合在一起，就像在壁炉里燃烧木头一样，它甚至像燃烧木头一样释放出热量。我们都见识过这样产生的热量。粪堆的内部绝对是温暖的，潮湿的干草堆可能会变得很热，以至于着火。在这两种情况下，在空气中氧气的作用下，植物都会缓慢燃烧。腐朽的木头也是如此，它处于缓慢燃烧状态，并释放出热量。"

第　3　节

缓　慢　燃　烧

　　"这样一来，为什么感觉不到这种热就变得好解释了。假设一根原木在缓慢的腐烂过程中需要十年才能被腐蚀掉，而一个类似的原木在一小时内就会烧成灰烬。在这两种情况下，都会产生热量，但腐烂的木材这边，热量会释放得非常缓慢，因为它必须在十年间不断散发热量。自然，那样的热量太微弱了，所以我们感觉不到。然而，用在壁炉里燃烧的木头，热量会迅速产生，十分充沛，因为释放热量的过程被挤压在一个小时的时间里，人不会感觉不到。因此，显然，虽然化学反应总是一样的，但物体燃烧的速度有快有慢，各不一样。一棵老朽的树干，一堆热气腾腾的粪便，一堆内部闷热潮湿的干草堆，一根在炉子上燃烧的木头，所有这些都是缓慢燃烧或快速燃烧的例子。在所有这些例子中，空气中的氧气与可燃的固体物质结合在一起，唯一的区别在于燃烧速度。燃烧有快有慢，当物质燃烧时，有很强烈的热和光，燃烧过程就很快；当物质逐渐被腐蚀时，没有任何火焰或光，并且通常没有明显的热量，那么燃烧过程就很缓慢。第一种燃烧是明亮而短暂的，第二种燃烧是隐秘而持久的。

　　"那么，生锈对金属的影响就像腐烂对植物的影响一样，它是缓慢燃烧的结果。暴露在空气中，特别是潮湿的空气中，金属会与氧气结合，如我们所说，会被氧化，也就是说，它会变成被我们称为'氧化物'的化合物。这就解释了为什么老旧的刀片有着微红色的锈层，为什么刚切下的铅几乎立刻就会失去光泽，为什么锌内部有光泽而外面被一层灰色覆盖。红色的锈层是氧化铁，铅上的暗沉薄膜是氧化铅，灰色的覆盖物是氧化锌。与潮湿空气的长时间或短时间接触足以氧化金属，至少金属的外表是这样。"

几乎所有的金属都是这样的。它们被空气中的氧气腐蚀后，会变成铁锈，铁变成黄色或红色，铜变成绿色，铅和锌变成灰白色。不是所有金属都会生锈。在常见的金属中，铁生锈最快，其次是锌和铅，再次是铜和锡，最后是银，它们可以长时间不用打磨。黄金是个例外，它永不生锈，正是这种始终保持光泽的品质使它如此珍贵。古时候的金币和金饰就如同昨天刚制造出来似的干净明亮，尽管它们已经躺在可以让其他金属消失或生锈的潮湿土壤里好几个世纪了。

16

在铁匠铺

导读

王凤文

亲爱的小伙伴们！水在我们生活中非常重要，江、河、湖、海、瀑布、小溪随处可见。我们的生活中也没有哪一天曾经离开过水，如洗衣、做饭、日常洗漱、每天饮水等，想象不出如果离开水，我们的生活是什么样的。

如果让你说出水的一些性质，应该也不是什么难事，因为我们都知道，常温下水是无色、无味的液体，在常压下，温度低于0℃会结冰，高于100℃会变成水蒸气。水还是很好的溶剂，能溶解很多种物质，形成溶液，比如，糖水、盐水、苏打水、酒水……如果让你说出水的一些用途，你一定能说出用于洗衣、洗澡、饮用、灌溉农田……还有灭火。对的，水能灭火，可是如果告诉你水能生火你信吗？

今天，保罗叔叔要证明"水含有一种极易燃烧的物质，比磷和其他我们所见过的易燃元素更容易着火"。难道能把火扑灭的水，现在成了火的燃料？到底是怎么一回事呢？

铁匠铺是今天保罗叔叔工作的主战场，一位从事多年又经营过多种金属加工工艺的老铁匠，今天成了实验的助手，铁匠有着纯熟的金属加工经验，这种经验是千百年的传承，是勤劳智慧的结晶！他却从没想到过他所从事的工作中蕴含的化学道理，保罗叔叔揭示了其中的奥秘。

在日常工作中，铁匠经常把赤红的铁放入水中，会发出嘶嘶声；铁匠为了焊接金属，单凭风箱吹炉火不能达到想要的高温，就会在煤火上洒上少量的水；墙角斜放的长把儿破墩布，破旧的水槽，原来都是铁匠工作中不可或缺的装备！为了使炉火燃烧更旺，用墩布沾水把燃料淋湿？相信你也一定和两位小伙伴一样困惑异常了吧？

看啊，"起初火舌饱满而修长，底部光辉最盛，顶部赤红，伴有青烟，它突然低矮下去，仿佛要消失在燃烧的煤堆中。然后，从煤堆的缝隙里，到处迸发出一股股短促的火焰，发出清晰的白光"。水竟然能使炉温上升，铁棒达到白炙化程度，"抽出铁棒，伴随着噼噼啪啪的声响，它恣意挥洒着火花"。"金属燃烧"的壮观景象再次展现。

孩子们，中学化学中我们将学习到，水是由氢、氧两种元素组成的，类似于镁、铁、磷、硫、碳等燃烧的产物，也是一种氧化物。只不过从今天开始，我们专注于水中的另一组成元素"氢"。

水如果和某些物质在特定条件下发生化学反应，生成一种叫作"氢气"的物质，这种物质和氧气、氮气一样是无色、无味、不溶于水的气体，同样看不见摸不着，但是我们可以通过实验获知其强大威力。其在文中被邻居铁匠称为"防水火药"，点燃时，朱尔斯和埃米尔惊呼"微型连环炮"。氢气是怎么从水中生成的呢？氢气又有哪些性质呢？

原来铁棒在高温熔炉里加热成红热状态下，插入水中，反应就能生成氢气，我们可以表述为：

$$铁+水 \xrightarrow{高温} 四氧化三铁+氢气$$

同样，红热的木炭放入水中，会发生如下反应：

$$碳+水 \xrightarrow{高温} 一氧化碳+氢气$$

两个反应中都有氢气生成，可以通过排水法收集到瓶中，如果任其缓慢释放出一个一个氢气泡，就可以在水面点燃气泡，氢气燃烧会放出大量热，因而氢气燃烧时，火焰温度也会很高，如果氢气不纯，燃烧时就会发出尖锐的爆鸣声。

炽热的煤炭上淋水的反应生成了新的燃料，帮助提升炉温，因为木炭和水在高温条件下反应生成的气体并不只是氢气，这也正是碳与水反应点燃氢气时，朱尔斯察觉到火焰中有一种淡蓝色的颜色的原因，看来没有什么能逃过朱尔斯敏锐的目光。

第 1 节

防水火药

有一天，保罗叔叔带着他的两个学生去了村里的铁匠铺，那家烟熏火燎的店铺将成为他们的实验室，用来做化学课程中最奇怪的实验之一。他想向他们证明，水中含有一种极易燃烧的物质，比磷和其他他们所见过的易燃元素更容易着火。把火扑灭的水，现在成了火的燃料。朱尔斯和埃米尔他们自己对成功没有多少信心，他们只能把这看作是一件相当愚蠢的事。铁匠自己——做了半个星期的铁蹄匠，有时做锁匠，有时给马看病，必要时做餐具，空闲时做水管工，需要修老平底锅时是锡匠，要紧的时候是银匠，甚至珠宝匠（因为一个人必须设法谋生，他说），我们叫他铁匠。当我们告诉他要做什么时，他翻遍了他丰富的阅历，也找不出任何话来鼓励他的邻居，祝他的事业能够获得成功。尽管如此，他还是很有风度地参与了必要的准备工作，为对方提供了他的锻炉、工具和私人的帮助。煤灰蒙住了他的脸，在一定程度上掩盖了他那因怀疑勾出的坏笑。

在工作台上放了一个装满水的大陶碗和一个玻璃杯，一根沉重的铁棍被塞进锻炉里加热直至赤红。铁匠打开风箱，保罗叔叔观察着铁棍。当它足够热时，他指导其他人接下来该如何做。

"往杯子里倒满水，"他对朱尔斯说，"然后用一只手握住杯子，把杯子倒放在碗里，杯口一如既往，浸在水里。我要把铁棍烧红的一端插到水里，伸到倒置的玻璃杯下面。别担心你的手指，我会小心不烫到它们的。不要让杯口露出水面，把玻璃杯倾斜，这样赤热的铁就可以伸到杯子下面。"

一切都交代清楚后，保罗叔叔迅速地把铁棍加热到极限的一端扎进玻璃杯口下。水沸腾了一会儿，剧烈地冒着泡，同时，有人看到气泡上升并聚集在倒转的玻璃杯底部。

"这还不够，"保罗叔叔说，"继续握住杯子，我再进行三次同样的操作，直到我们的玻璃杯里有几指高的气体。"

一次又一次地，铁棍被放回熔炉里，然后闪着热腾腾的荧荧火光，再次扎进水里，每重复一次，气体的体积就增加了。它增加得很慢，但还是在增加，铁匠孜孜不倦地拉着风箱，和孩子们一样渴望看到这个奇怪的实验的结果。玻璃杯里会有什么东西？它似乎是一种空气，当然，它是看不见的。但是它和外面的空气有什么区别呢？在日常工作中，铁匠经常把赤红的铁放入水中，他已经对随后发出的嘶嘶声非常熟悉了，但他也只是做到这一步，仅此而已。只有那些读过书的人，比如邻居保罗才会想到用玻璃杯收集赤热的铁接触水后，水沸腾产生的气泡。烟灰蒙蒙的脸上流淌着汗水，看起来像是一滴滴墨水，此时已经没有了怀疑的微笑，取而代之的是一种明显十分感兴趣的表情。在这位值得尊敬的人看来，这个不会向他隐瞒任何秘密的锻造炉似乎真的有什么秘密，只不过他很快就能得到解释。

最后，保罗叔叔自己一只手拿着杯子，稍微倾斜一点，让气体一点一点地逸出，气泡一上升到水面，另一只手就拿着一张点燃的纸放在了气泡上方。刹那间，一个爆裂的气泡发出一声巨响，一团火焰突然窜起，但它的颜色太苍白了，以至于为了看到它，人们不得不背对着门。不过这家黑暗的店铺本身就很适合把燃烧的气体衬托得鲜明可见。砰！第二个气泡破了！砰！砰！其他泡泡也接连迅速爆裂，个个都发出微弱的闪光。这像是一种微型的连击炮。

"防水火药！"铁匠惊讶地叫道，"它一浮出水面就会爆炸。请再做一次，这样我才能看得更清楚。"

保罗叔叔又把玻璃杯倾斜了。砰！砰！气泡不停地爆裂，直到杯子里的气体耗尽。

"你说，"铁蹄匠问道，"这种空气，这种比火药更容易着火的气体，是从水里来的？"

"它来自被赤铁分解的水。它还能来自什么？正如我们现在亲眼所见，在制备气体的过程中，我只用了水和铁，甚至后者也并不是不可或缺的。所以，就是水为我们提供了易燃气体。"

"化学是多么美好的事情啊！"铁匠困惑地晃晃脑袋说，"它能使水燃烧。如果有时间的话，我也想学点化学。"

"你每天都从事化学工作，"保罗叔叔回答说，"而且也是非常有趣的化学。"

"化学……我？我给雅克的骡子钉铁蹄，还给西蒙磨犁头，这是化学吗？"

"是的，这些东西里面含有化学，你每天都在实践，只是你不知道而已。"

"好吧，我还真不知道！"

"我希望不久就能让你完全理解化学。"

"什么时候？"

"现在，就在今天。"

"还有一个问题想请教你，我学识渊博的邻居。你把这种来自水的可燃气体叫作什么？"

"这叫作氢气。"

"氢气。好，我会记住那个词的。某个星期天，做完晚祷后，我想要让我的朋友们也见识见识你给我看的东西。继续吧。像我这样一个可怜无知的人，当你想教你的侄子们的时候，不应该提问打断你。他们很幸运有你当他们的老师。哦，要是我和他们一样大，你就能收我当学生了！但是太晚了，太晚了。我的脑袋已经老了，弄不明白书里的任何东西。现在，我和我的铁匠铺还能为你做些什么呢？"

第**2**节

氢气的制取

"我的好朋友，再把火点起来，用赤热的煤做一个坚实的床，温度尽量高，不要火焰。我要再分解一些水，这次是用燃烧的煤代替赤红的铁。我们将得到同样的易燃气体，证明这一过程中，是水产生了这种气体，而不是我们用到的煤或铁。你，朱尔斯，抓牢准备就绪的玻璃杯。这项实验和铁的实验一样。"

他们等了几分钟，让炉子的温度尽可能地升高，然后，保罗叔叔用钳子拿起一块灼热的煤，把它投入水中，放在玻璃杯口下。随后水便冒起泡来，小气泡的数量甚至比用铁时的数量还要多。重复几次后，玻璃杯几乎充满了气。他们发现，收集到的气体一碰到燃烧的纸片，就腾起一团火焰，不过火焰和以前一样非常苍白；每次火焰迸发时，都能听到轻微的爆炸声。简而言之，燃烧的煤与赤热的铁作用完全相同，这足以说明，保罗叔叔所说的可燃气体氢就是由水产生的；赤铁和燃煤，两种完全不同的东西，都是通过一点一点地分解水来释放气体的。

第 **3** 节

水 中 的 燃 料

面对他刚刚目睹的事情，铁匠似乎陷入了沉思。他想起了他在铁匠铺工作的每一天都会遇上的一件事。他的邻居保罗叔叔也察觉到了。

"告诉我，"他对铁匠说，"当你想把一块铁烧得尽可能的热，比方说为了做焊接时，你会怎么做？"

"我会怎么做？我这会儿才想起来这其中与氢气的联系，我好像可以用它来解释我每天都会做但又想不通理由的事。那儿，那个角落里有一个装满水的小水槽，我在里面放了一个把手很长的破墩布。我用它在炉子里的煤上洒水，这样一来，我就能获得用别的任何方式都达不到的温度。"

"所以，你在火上洒水，使得它的温度更高；你用似乎更能够扑灭火的东西，来使火烧得更旺。"

"我就是那么做的。我总觉得很奇怪，我竟然没有思考过这个问题。现在，有了你所说的氢气，也许……"

"请再等一下。我们一会儿再回过头看这个问题。我看到了我的侄子们震惊的目光，为了使煤烧得更旺而将它淋湿，这令他们很困惑。希望你能给他们演示一下这是怎么做到的。"

"没问题。为了回报我在这节课上所学到的东西，我很高兴为你们做任何事情，今天，我有幸做了一天你的学生。"

再一次熟练地拉起风箱，铁匠升起一堆火，在上面添了新的煤块。一根铁棍被插进煤堆里，当它被加热一段时间，达到当前所能加热到的最高温度时，铁匠将它抽了出来。

"看，"他说，"它已经烧红了，光是把它放在那儿，拉风箱，已经没有办法让它的温度更高了。它已经达到了通常我所需要的温度。但如果我还想让铁棍的温度更高，以便于在铁砧上把两段焊接在一起，我拿起我的淋水装备在火上甩几滴水；但不要甩太多，你们懂的，那样会把火扑灭。"

铁棍又被放回炉子里，铁匠朝煤块上洒了些水。男孩们像两个学徒似的站在铁匠两边，一边一个，专注地看着铁匠所做的一切。一个他们密切关注且一定看过很多遍的细微操作，现在使他们产生了浓厚的兴趣，他们的叔叔已经让他们把目光投向了氢气这个蕴含于水中的易燃气体的性质。想要引起你对任何事物的兴趣，没有什么比吸引你的注意力更重要的了。知识赋予我们周围每一件事物迷人的魅力。

水对煤火的影响立竿见影。看哪，起初火舌饱满而修长，底部光辉最盛，顶部赤红，伴有青烟，它突然低矮下去，仿佛要消失在燃烧的煤堆中。然后，从煤堆的缝隙里，到处都迸发出一股股短促的火焰，发出清晰的白光。这些白色的火舌和在阳光下很难看清的氢气火焰没什么不同。它们的温度明显更高，因为冒出火焰的煤堆发出的光使人眼花缭乱。铁棍再次被抽出来，这一次，它不再是赤红色，而是刺眼的白色。伴随着噼噼啪啪的声响，它恣意挥洒着火花。

"就像我们用氧气时一样，"埃米尔一边说，一边往后退，以避免碰到炸开的金属烟火，"铁会燃烧。"

"是的，我的小朋友，"铁匠回答说，"铁可以燃烧，而且如果我把它像这样放在炉子里放得太久，它会一直烧着，你就会看到我的铁棍越来越小，直到没有剩下多少了。看看铁砧附近的地面，你会发现很多烧焦的小铁块。我们称之为碎片，是铁锤从炙铁上把它们敲落的。"

"我知道你的意思，它们是氧化铁。"

"我不知道那个词，但那些小碎片是烧过的铁。当我在炉子上洒水使之温度尽可能高时，它们就成群结队地出现。但现在让我们听听你们叔叔要告诉我们什么。邻居，水怎么会引发出那样的火来？没有水，铁在锻炉里只会烧成红色；有水，它会变成耀眼的白色。这我搞不明白。"

"当我告诉你氢气是产生热量最多的燃料时，"保罗叔叔回答，"你就明白了。木头、煤、木炭或任何其他燃料都不能像氢气那样燃烧起来温度那么高。它是最好的燃料，在点火和产生热量方面无与伦比。"

"现在我明白了，无论如何我觉得我明白了，"铁匠回答说，"我泼一点水在锻炉里燃烧的煤上，水就像你所说的那样分解了，就像我看到你把一块赤热的煤放进玻璃下面的水里一样。氢气产生了，它与煤混合并燃烧；由于它是最好的燃料，它们产生巨大的热量，使铁白热化，从而使它可以焊接。用我的洒水装备，我能制造比煤更好的燃料。是这样吗？"

"没错。水被煤火分解，为火提供额外的上好的燃料。我不是告诉过你，你每天都在从事化学，而且你从事的化学事业也很科学吗？"

"我保证，你是对的！但我从没质疑过这件事。我怎么知道我把煤弄湿是在制造氢气？邻居啊，一个人要知道这些事，必须读书；但我没什么文化，必须把时间花在锤子和铁砧上，而不是舞文弄墨。还有一件事，现在我们要思考思考。我听上过学的人说过，当火势非常好时，除非你有足够的水，否则，设法用水灭火就是个馊主意。如果你没有足够的水，最好用——比如土，来灭火。氢气和这个有关系吗？"

"我非常肯定，是这样的没错。如果在炙热的火焰上洒水，水就会分解，从而产生氢气作为火的补充燃料，火不但没有熄灭，反而燃烧得更猛，就像你的锻造炉在泼一点水时会放出更多的热量一样。但是，如果你不是轻轻地洒点水来湿润煤，而是浇上一大桶水，火就会被扑灭。所以，必须用不止一杯的水扑灭火，不然就如大家说的，像是把油倒在了火上。"

"和你交谈不超过五分钟就能学到新东西，"铁匠说，"如你所知，我的锻造炉将随时供你使用。由于我的生意很不景气，所以它常常闲置。如果你的化学反应需要我的装备，请自便。我的工具就是你的，你可以做任何你想做的事。"

保罗叔叔向他的朋友道谢并告辞。朱尔斯带走了一把他在铁砧周围捡的铁屑，想要闲暇时研究。

第 **4** 节

简 易 燃 烧 实 验

回到家后，孩子们请求自己做一遍在铁匠铺里看到的美妙实验。从水里冒出来的可燃气体使他们大为吃惊，他们想再看一次，最重要的是，要在没有叔叔帮助的情况下自己做一次。事实上，这是最简单的实验之一，也不需要使用任何危险药物。诚然，铁匠表现出了极大的热情，但他们不喜欢占用他的时间，消耗他的善意。此外，可能有一些骡子在门口等着钉蹄子，或是一些需要修理的工具可能正在炉子里加热。在这种繁忙的时刻，化学只会给脾气好的铁匠带来困扰。家是比起铁匠铺来更好的地方。在不打扰任何人的情况下，他们可以随心所欲地一次又一次地进行氢气实验。但这件事行得通吗？

"当然行得通，"他们的叔叔向他们保证，"找一个火盆，点些木炭；这和煤的作用一样，甚至更好。你要打满满一盆水，倒满满一杯水，照着我们在铁匠那里所做的去做。等你的炭烧红了，就用钳子把它们一个接一个地拿起来，迅速地放在玻璃杯口下的水中。这样你就能得到易燃的气体，就像用熔炉里灼热的煤制出的气体一样。为了确保大获全胜，你们要确保炭火在风箱的帮助下达到力所能及最高的温度，因为它们的温度越高，它们分解的水越多。最后，我提醒你们小心，不要烫伤手指。"

"哦，不用担心，"朱尔斯说，"埃米尔拿着玻璃杯，我来管煤。我可不至于粗枝大叶，把我助手的手都烧坏了。"

"我想要告诫你们的是，如果你们试着用烧热的铁来操作，你不一定能成功，因为你的火盆不够大，不足以使任何大小的铁棒加热到变红。但如果你愿意，就试试吧，还有，再提醒一次，小心别烧伤自己。"

保罗叔叔给了他们这些指示之后，就任凭他的侄子们动手操作。他们在火盆里放好木炭，火烧得很旺，两个年轻的化学家很快就拥有了一盆燃烧的木炭。实验比预期的还要顺利，氢气变成小泡泡不停地升腾。什么也逃不过朱尔斯敏锐的目光，当他们点燃氢气时，他甚至能察觉到火焰中有一种淡淡的蓝色，这是在铁匠店里用烧红的铁时产生的氢气火焰中所没有的。埃米尔被提醒注意这一区别时，看出了端倪。

然后他们用热铁做了同样的实验。但他们只能用一根窗帘杆大的铁棍，而且事实上，即使他们有更大的铁棍，他们也不可能将它加热到变红。因此，他们不得不一次又一次地加热这根细长的铁棒，在他们用这种方法得到少量的氢之前，他们必须耗费大量的时间和耐心。有几个氢气泡，燃烧时迸发的火焰几乎透明，这是让他们两个汗流浃背、费尽心力得到的全部成果，为了这份成果，他们不得不重复多次相同的操作。但是，毕竟，他们已经做得足够好了，因为他们的叔叔告诫过他们不要指望会有什么大的成功。

17

氢气

导 读

王凤文

铁和水反应得到了氢气，尤其是点燃氢气泡时发出的噼啪声，真的是连环炮一般，这种极易燃烧的气体让孩子们兴奋不已。可是氢气的制备着实有些困难，铁棒要烧至红热，就得有高温条件，需要利用煅烧炉。如果能有一种快速、简易的制备氢气的方法，一定是大家所期待的。今天保罗叔叔就要交给大家随时可制备氢气的方法喽！

把废旧的锌制水壶碎片放到容器中，倒入适量水，没有明显变化，再加入少量浓硫酸，就会看到水开始剧烈地"沸腾"，喷出无数的气泡，这些气泡在到达水面时爆裂。点燃，微型炮弹在液体表面爆炸，火焰在水面上舞蹈，呈现出一幕奇异的景象。

为了能够制取并收集到氢气，满足我们对氢气性质的研究，保罗叔叔小分队利用了废旧的锌制水壶、铁皮桶、自制纸片漏斗、腌菜坛子等。保罗叔叔用氢气吹起肥皂泡泡，又将这些氢气泡泡点燃，这比在水中点燃气泡更具观赏性，使实验趣味性与科学性并存，大大满足了孩子们的好奇心和求知欲。

更让人好奇的是：

稀硫酸和锌反应没有加热，瓶壁却发热了；

氢气瓶的瓶口向下却没有塞子而不用担心氢气会跑掉；

这么易燃的氢气竟能像氮气一样熄灭蜡烛的火焰；

氢气吹起的多彩肥皂泡会飞向湛蓝的天空。

这里面蕴含的化学知识我们一起来学习一下吧。

实验室制备氢气的原理：活泼金属锌与酸反应，这是中学化学中重要的置换反应（单质和化合物反应生成另一种单质和另一种化合物的反应）。

$$锌 + 稀硫酸 \longrightarrow 硫酸锌 + 氢气$$

　　锌和稀硫酸接触，会看到的现象是锌片逐渐溶解，表面产生气泡，由于该反应是一个放热反应，所以容器外壁摸起来是热的。点燃产生的氢气泡，能看到微弱的淡蓝色火焰并听到爆鸣声。

　　要想制备并收集氢气，要考虑气体的发生装置和收集装置。这个反应是块状固体和液体不加热制备气体，所以发生装置和氧气是不一样的，而收集方法既可以用向下排空气法（因为氢气的密度比空气的小，是最轻的气体），也可以用排水法（氢气难溶于水）。如果制取少量的氢气，需要注意：

　　①制氢气用到的酸一定是稀硫酸或盐酸，而不能用浓硫酸或硝酸，因为浓硫酸和硝酸具有特殊性。

　　②浓硫酸稀释为稀硫酸的操作不能出错，一定是把浓硫酸沿烧杯壁缓慢地倒入水中，并不断用玻璃棒搅拌，以免出现危险。原因是浓硫酸溶于水会放出大量的热，并且浓硫酸密度远大于水的密度。

　　③制备气体时，长颈漏斗下端管口一定要深入液面下，装置的气密性一定要好。

　　④因为氢气的密度比空气的小，所以可以用向下排空气法收集，收集的气体要容器口向下存放。

　　⑤氢气是易燃气体，如果和空气混合点燃，有可能发生爆炸，所以点燃氢气前一定要检验氢气纯度（用排水法收集一小试管氢气，拇指堵住试管口，移近酒精灯火焰，松开拇指，如果发出尖锐的爆鸣声，说明气体不纯，如果只听到轻微的"噗"的一声，说明纯净）。如果我们以后再玩氢气球，一定要远离火源哦！

　　⑥燃着的蜡烛会因为氢气的介入而熄灭，原因是氢气燃烧会迅速消耗掉氧气，离开支持燃烧的氧气，蜡烛自然就会熄灭。

　　有上面的分析，孩子们品读文章时一定要注意年代差异，用发展的、科学的眼光去欣赏，虽然锌、铁与硫酸的反应是分解水的说法不太准确，但是在原理的分析、装置的设计、仪器的选择等方面凸显出的分析问题和解决问题的方法与能力，是核心素养形成的必备。

第 1 节

快速制取氢气

　　用赤热的铁从水中获取氢气的过程缓慢而令人焦躁，即使是制备少量的气体，也需要多次重复相同的操作。用燃烧的煤代替滚烫的铁，可以更快地达到目的，但所制备出的氢气并不纯净；它与从煤中产生的其他气体混合，导致火焰呈现出蓝色，这是朱尔斯发现的一个怪异之处。由于现实的原因，如果只是证明水中含有易燃气体，这两种简单易行的方法当之无愧是极好的方法，而如果希望在短时间内获得大量氢气，就必须用其他方法取代这两种方法。

　　"我们现在就换个方法，"保罗叔叔说，"换个方法从水里获取氢气，我的意思是不用燃烧的煤。因为我们真正得到的是各种气体的混合物，如果我们要避免混淆，就必须分别检查。我们也不要再用赤热的铁，虽然用它制备的氢气是纯的，但是量特别少。我们要寻找的是一种简单的方法，我们能用它获取所需要的全部氢气，而且不需要熔炉、锻造炉或火盆这些并不总是随取随用的东西。我要告诉你们，铁只要有少量硫酸的帮助，不必事先加热就可以分解水。有了这两种东西一起合作，水中的氢就可以轻而易举地被释放出来。我还要告诉你们，另一种常见的金属锌分解水的能力比铁还强，当然，还是需要硫酸的帮助。那么，我们就可以用手头有的两种金属中的任何一种，锌是首选。如果没有锌，我们就用铁屑，因为铁屑是由微小的颗粒组成的，当它们与其他物质接触时，很容易产生化学反应。

　　"我把水和旧水壶剩下的一些锌片放进这个玻璃杯里，前几天我还向你们展示这种金属会燃烧。目前还没有明显的反应，因为冰冷的锌本身对水没有影响，所以玻璃杯里很安静。但我加了一点硫酸，搅拌均匀。现在一切都不再需要外界帮助。水开始剧烈地沸腾，喷出无数的气泡，这些气泡在到达水面时爆裂。这些气泡来自分解的水，它们是氢气，正是我们在铁匠店里用赤热的铁得到的易燃气体。现在，看，我拿着一张点燃的纸靠近水面，每一个气泡在爆炸时，纸片都会伴随着轻微的爆炸而腾起火来，燃烧的火焰苍白得只有在黑暗中才能看到。气泡彼此紧密地跟在一起，砰砰的爆裂声几乎没有断过。"

微型炮弹在液体表面爆炸，火焰在水面上舞蹈，呈现出一幕奇异的景象。但对于年轻的观众来说，还有一件事似乎更有意思：水在没有火焰加热的情况下已经开始沸腾，玻璃杯也变得如此烫手，以至于大家几乎不敢碰它。保罗叔叔已经预料到了这次奇异的发展将引起的惊疑。

"看看玻璃杯里，"他说，"你会看到氢气泡首先出现在锌的表面，因为正是在那里发生了化学反应，导致水的分解。这些气泡通过液体向上运动，引起相当大的骚动，就像火上沸腾的水被正在形成的蒸汽气泡搅动一样。实际上，这个玻璃杯里的水并不是作为一个整体在翻涌，而仅仅是像你用吸管把空气吹入其中一样，被上升的气泡搅动。水只是看起来在沸腾，翻涌的水欺骗了眼睛而已。"

"但是玻璃杯太烫手了，"埃米尔说，"我都没法碰它。"

"是的，但是现在的温度还远比不上沸水的温度。如果你们要我证明这一点，我只需要拿起钳子，把锌片拿出来，这样，液体就会立即安静下来，不再产生氢气，引起骚动。"

"尽管如此，那里还是很热。这温度是从哪里来的？没有火，它是怎么做到这么烫的？"

"看来埃米尔很难习惯没有火就产生热量。我们需要用火把硫黄粉和铁屑的混合物加热到燃烧的温度吗？泥瓦匠在石灰上浇冷水做水泥时，温度高得手都没法碰，他用火了吗？没有火，没有燃烧的煤，没有任何明显的原因，在这两种情况下都会产生巨大的热量，这是化学反应的结果。这里，在我们的杯子里就有一个活生生的例子。水正在分解，但同时，相反，酸和金属之间正在进行化合反应，并且这个过程会产生热量。我们稍后再回到这个有趣的知识点上，那时你们会看到，我们的玻璃杯中液体的升温其实有迹可循，因为锌确实在燃烧，或者说正在被灼烧。"

第 **2** 节

收 集 氢 气

"仅仅知道如何用锌和硫酸来获取氢气是不够的，你还必须用一些东西来接收和保存气体。万事开头难。我们需要三种物质：提供氢气的水，以及用来分解水从而释放氢气的锌和硫酸。实验中所用的水和锌可以一次性全部倒入玻璃杯中，但硫酸应根据需要一点一点地加。如果一下子倒入太多，就会引发难以控制的混乱。在这种情况下，操作节奏太快，操作人员会有被溅到沸腾液体的危险。因此，我们应当逐步地倒入硫酸，当气体释放减缓时，再添新的。此外，连续添加硫酸的过程中，不能打开或弄乱制备氢气的容器。这样，我们可以防止空气进入，它与氢混合会形成一个非常危险的混合物。

"这种实验中常用的容器是一种有两个瓶口的瓶子，一个瓶口在通常的正中心的位置，另一个在侧边。在这个瓶子里放一把切成小块的锌，或者，最好是一小片卷起的锌，以便穿过瓶口。然后倒入足量的水将金属完全覆盖。通过其中一个瓶口，不管是哪个都可以，连通一个玻璃管，用一个大小正合适的塞子开个孔，将玻璃管固定到位，玻璃管在外面的部分弯曲朝下，就像我们用来制氧的塞子一样。最后，用一根直的玻璃管插入另一个瓶口，伸进液体中，与它的同伴一样，它被以相同的方式固定在适当的位置。仪器现在可以使用了，只需添加硫酸。为此，直管顶部装有一个小玻璃漏斗，通过漏斗逐渐倒入所需的酸。只要气体的释放进展顺利，就没有别的可担心的了；但如果气体的释放减缓，就得注入新的酸。这套装备非常简单巧妙。如你们所见，伸入水中的直管使得空气与氢气无法混合，因为我们必须小心避免这样的事发生；但无论何时需要，都可以由此引入硫酸。另外，释放出的氢气由于水的阻碍，不能从这根直管排出，因此，氢气唯一的出路是弯曲的那根管子，其较近的一端在瓶子的第二个颈部，远远高于水面。换言之，气体制造工厂有两扇门，也只有两扇门，当装置运行并释放氢气时，直管，只进不出；曲管，只出不进。

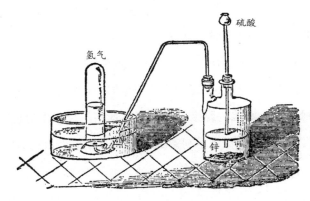

制造氢气的装置

"还有一件事。假设曲管以某种方式被堵住了，或者它太细了，不能足够快地排出由于水的分解而释放出来的气体，会发生什么？瓶内收集的气体无法排出，会向下压杯子里的液体，直到液体通过直管溢出顶部的漏斗。直管中水的上升就警示我们，我们的设备出了问题，气体出口有堵塞。但是，除非我们一次倒太多硫酸，否则，我们不必费心观察直管是否有危险的迹象。

"这就是实验室里使用的制备氢气的装置，很遗憾，我不能给你看一个真正的装置来补充我的描述，因为在我们村里，要买到一个双口瓶可不容易。"

"没错，"埃米尔打断道，"我在附近从来没见过这种东西。你不可能在任何地方找到一个一口进一口出的双口瓶。因此，不管怎么说，我们都无法拥有我们自己的氢气制造厂。"他以哀伤的口吻总结道。

"假使我事先不知道我能满足这些条件，我是不是不应该和在铁匠铺时一样给予你们期望？用一个老腌菜罐加上点小智慧，我们还是没有希望成功吗？你们的叔叔不这么认为。朴素的罐子在成为一套有用的装置方面还差什么？两个瓶口？我们现在就能做到。"

说着，他拿了一个属于某个坛子的大软木塞，用锉刀把它仔细地磨成一个形状，使它恰好可以塞进腌菜罐的大瓶颈。然后他在塞子上打了两个孔，他在其中一个孔上固定了弯曲的玻璃管，只让它超出瓶塞一点儿，而在另一个孔上，他插了根直管，使它伸进瓶塞的部分更长些。接着，把一些锌和足够的水放进瓶子里，然后把塞子塞进去，在罐口边缘放一点潮湿的黏土，以防气体逸出。埃米尔对形势的转变感到高兴，他将看到氢气如人所愿地被大量制备出来。一切安排都和他叔叔以前描述的一模一样。

"这是直管，"男孩急切地指出，"到时候你会把酸倒进去，还有一根曲管，用来放出氢气。老腌菜罐会成为很好的制备氢气的装置，现在它在大软木塞上相当于有两个瓶口。但有一件仪器我们还没有找到，那就是往里倒酸的小漏斗。"

"我没有漏斗。"他的叔叔回答道。

"那我们该怎么办？管子太小了，没有漏斗我们什么都倒不进去。"

"让我们问问朱尔斯，看看他是否会让这样的小事打击我们的决心。"

"你会嘲笑我出的主意的，"当朱尔斯被询问意见时，他说，"但是为什么我们不能用一张卷成圆锥形的小纸片呢？"

"你的建议获得全体成员一致通过。缺少正规的化学仪器漏斗，我们也没有更好的选择了。你的小纸漏斗将取代小玻璃漏斗，但我得提醒你，它很快就会碎裂，因为硫酸的腐蚀性极强。不过，在这种情况下，这并不重要，因为我们可以根据需要经常更换新的纸漏斗。这方面我们不需要节约。"

保罗叔叔说着就动手操作起来。纸漏斗插在直管的上端，就可以毫不费力地倒入硫酸，于是罐子里的水就立即开始沸腾，就如我们亲眼所见，氢气从曲管里出来，管子的另一端伸进盆里的水中。孩子们赶紧将一张点着的纸片放在因此产生的气泡上方。火焰迅速闪烁，噼啪作响，发出一道淡白色的光，所有现象都在气体冲出腌菜罐子被点燃之时出现。它是真真正正的氢气，与用一套正常的实验室设备所做出的实验结果相差无几。

用纸漏斗代替玻璃漏斗制备氢气

第3节
点燃氢气

"你们现在已非常熟悉这样的水下连击炮了，"保罗叔叔说，"让我们干点儿别的，比如点燃大量的氢气。我在水中溶解一点肥皂，然后把释放气体的管子的末端降低。如果此时我们拿一根吸管吹气，我们会得到很多肥皂泡。而现在瓶子就在以自己独特的方式吹着泡泡：它将一股气体喷射到肥皂水中间，形成一团充满氢气的气泡。这样我们就得到了一定量的储存在薄壁小气泡里的易燃气体。我用一张烧着的纸点燃气体。此时尽管发出的光仍然非常苍白，但爆炸声更大，火焰更旺。"

年轻学生们对此次展示特别感兴趣，在他们的要求下，实验重复进行，产生了更多爆炸效果极好的气体。

"我们在玩耍的过程中该学的已经学的差不多了，"保罗叔叔总结道，"它向我们展示了氢是多么易燃的气体：只要点燃的纸片一接触到气泡，被囚禁的气体就会爆炸。现在让我们继续进行另一项实验，这项实验会告诉我们，虽然氢气本身高度易燃，但仍然可以用它来灭火。它的燃烧方式与其他任何东西都不一样，但它会掐灭任何骤然冲入气体中央正在燃烧的东西。它会像氮气一样迅速扑灭点燃的蜡烛。让我们来证实一下吧。我要把装置上曲管的一端插入一盆水里，像制备氧气时一样，用量筒或一个宽口的高高的瓶子接满氢气。"

第 **4** 节

氢气灭火实验

量筒被装满后，保罗叔叔接着说：

"这是我们的量筒，现在，它里面装满了氢气。我把它从水里提出来。"说着，他拎着量筒底部，把它从盆里拿出来，正面朝下，像是人们想要倒空其中的液体一样拿着它。在孩子们看来，这一幕显得他们的叔叔有些健忘。

"你这么抓着它，"他们喊道，"气体会跑出来的。开口是朝下的，也没有用软木塞塞住。"

"不，伙计们，氢气不会跑出来的。它比空气轻得多，所以它会上升而不会下沉。为了不让它逃跑，我们必须挡住上面，而不是下面，所以我要把量筒倒过来。由于没有向上的出口，气体就被困住了。至于下面敞开的筒口，我们不必担心；我们的氢气不可能下沉，从那里逃出去的。我把点燃的蜡烛放进量筒里，把它几乎推到倒转量筒的底部，看看会发生什么。最底层紧挨着外面空气的氢气，随着一声轻微的爆炸，立即起火，火焰逐渐蔓延到气体柱的顶部。但至于蜡烛的火焰，它一开始就熄灭了，迅速而彻底，和氮气扑灭它时一样。"

男孩们似乎觉得这很奇怪，他们想知道，一种本身这么易燃的气体怎么能扑灭已经燃烧的火。但他们的叔叔很快就

烛火在氢气瓶中爆鸣

给出了一个简单易懂的解释。

"所有的燃烧，"他说，"让我们重复、不断重复，直到大脑完全习惯这个基本原理，我说过，所有的燃烧，只不过是某种物质与氧气的化合反应，氧气一直都存在于空气中。在没有氧气的地方，什么也不会燃烧。好了，那么，蜡烛一被推入充满氢气的量筒就会熄灭，是因为它在那里找不到火焰燃烧所需的气体；如果没有找到氧气，即使另一种气体本身非常易燃，也无法代替它。这种气体——氢气，着火了，但开始只是在底层，因为只有在那里，在筒口旁边，有空气供火焰燃烧。然后随着火焰从下到上缓慢地向上蔓延，消耗的氢被从下面挤进来的空气所取代。

"空气的重量大约是氢气的14倍。这是通过化学家的天平测量出来的，它精确到可以称量一根头发的重量。尽管氢是一种非常轻的气体，但它仍然有一些重量，大约每升1分克[1]。没有任何其他物质，即使是最轻盈的气体，重量也不会像氢气这么轻。1升水重1千克，是氢气的1万倍。已知最重的物质是一种叫作铂[2]的金属，它的重量是水的27倍，因此是氢的27万倍。在这两个极端之间是我们已知的所有其他物质，根据它们在这个范围内的位置，有些重，有些轻。为了接受这些前人证实过的说法，我们将通过实验证明氢气确实比空气轻得多。

"你们刚刚已经看到了该如何手持量筒，也就是说，它的口应该朝下，以保证氢气留在筒内。因为它极轻，这种气体只会向上跑。由此，我们可以通过在上方设置一些障碍来限制它不要乱跑。现在让我们来证明，在相反的条件下，氢气会逃走。我们把量筒正放，开口在上，就和我们处理氮气、氧气或空气这三种重量差不多相同的气

---

1 分克（dg）：是一种质量单位，1分克=0.1克。

2 截至目前，地球上已知最重的物质是一种叫作锇的金属，其密度为22.59g/cm³，而铂的密度则为21.45g/cm³（20℃）。

体时一样。你们很快会相信，如果没有任何东西挡在它的上方，氢气会很快逸出。"

再次装满氢气后，量筒被正立放在桌上。他们等了几分钟，没看见有东西出来或进去。最敏锐的眼睛也不可能看得出一种气体离开的过程，更不可能看到另一种气体立即替代了前一种气体。

"我们等得够久了，"保罗叔叔说，"现在那里已经没有氢气了。它消失了，空气取代了它的位置。"

"你怎么知道？"埃米尔问道，"就我而言，我看不出发生了什么事。"

"我也是，如果只有我们三双眼睛来判断这件事的话，量筒就可能保守秘密，不告诉我们发生了什么。但点燃的蜡烛会告诉我们的眼睛看不见的东西。如果蜡烛可以在量筒中继续燃烧，则表明后者含有空气；反之，如果把点燃的蜡烛放进去后蜡烛熄灭，则表示量筒里存在氢气。"

一支点燃的蜡烛被放进量筒里，照旧在那里继续燃烧，这证明氢气已经不见了，空气，一种更重的气体，已经取代了它。

第 **5** 节

肥皂泡

"如果我们把一桶水放进一罐油里，"保罗叔叔接着说，"会发生什么事呢？水比油重，会迫使后者离开罐子并取而代之，而油比水轻，会上升并漂浮在水面上。当量筒正立时，空气和氢气就是这样进行替换的。但我有一个更好的实验来证明氢气比空气轻。用几根吸管和一点肥皂水，我们就能很好地演示氢气较轻。就是这样。你们比我更清楚，如果我们把吸管的一端用肥皂水打湿，然后轻轻地吹吸管，会发生什么？不久前，埃米尔还经常参加比赛，他玩得很开心。"

"你是说吹肥皂泡？"埃米尔迅速反应过来，"哦，没关系，叔叔！从吸管的末端吹出一个泡泡，它膨胀得越来越大，如果你吹得好的话，泡泡可以有苹果或橘子那么大。你还可以看到彩虹的所有颜色，蓝色、绿色、红色等，比我们花园里最好看的花还要美。你会因为害怕巨大的泡沫破裂而不敢挪动吸管。但没过多久，它就突然爆开了，你还不知道为什么会这样。很多次我都觉得非常遗憾，因为我的肥皂泡不会飞到空中，带着它们绚丽多彩的色彩四处翱翔！"

"我的孩子，你这次不会有任何理由觉得遗憾了，"他的叔叔向他保证，"因为你将会看到你的泡泡优雅地向上飞扬，我不骗你。"

"我的漂亮的肥皂泡？"

"你的漂亮的肥皂泡。"

"那我就更喜欢它们了。"

"先让我们看看你是怎么吹泡泡的。"

埃米尔拿起一根吸管，把一头插进事先准备好的肥皂水中，抽出吸管，轻轻地从干的那头吹气，吹出一串泡泡，最大的一个大约有拳头那么大。当气泡的薄膜随着持续的吹气变得越来越薄时，它们都显示出彩虹般的灿烂色泽；但是，当它们离开吸管时，就都轻轻地飞到了地板上，没有哪个会飘浮在空中。

"为什么它们不会飘浮呢？"保罗叔叔问道，"泡泡内部的空气与周围的空气没有什么不同，因此也不会因为这种气体而上升或下降。但它们的覆盖物是用肥皂水制成的薄膜，比空气重，所以会导致它们坠落。因此，如果我们希望我们的气泡上升，我们就必须用比空气轻的气体来填充它们，这种气体十分轻盈，不仅可以抵消泡泡外膜的重量，而且还可以把泡泡提起来，并把它带向天空。这种气体就是氢气。"

"但是我怎么能用它来填满我的泡泡呢？"埃米尔问道，"我又不能用嘴把氢气吹进去。"

"我们可以让瓶子吹泡泡，就像我们吹泡泡一样。首先，我取出曲管，换上一个直管和用来倒硫酸的管子并排，再向上拉出一点。但是，由于管子相当大，我在顶端设计了一个较小的出口，插入一根下端用湿纸包好的吸管。氢气从吸管的上端喷出，形成肥皂泡。我把瓶子竖起来，好让那些小气泡，在被轻盈的气体顶起来时不会碰到什么障碍物。现在我们所需要做的就是拿一小片纸或别的什么东西，不时地在吸管的末端放一滴肥皂水，这样我们就会看到充满氢气的气泡形成。"

说做就做。在不断有肥皂水供给的吸管末端，出现了一串串透明的球状物，有时大，有时小，但总是直立在吸管的顶端，并使劲挣脱吸管。许多泡泡一旦个头足够大，就成功飞走，迅速上升，很快就到了房间的天花板上，它们一碰到天花板，就爆裂了。还有些泡泡还没来得及搞清楚它们应该待在哪儿就爆炸了。孩子们不可能错过这壮观的场面。他们诧异地注视着每一个气泡，从头到尾每一刻都目不转睛。他们先是看它从一个小气泡不断膨胀，到闪着夺目绚烂的色彩。它会在吸管的末端摇动一下，然后把自己从吸管上撕开，然后飞到天花板上。哦，它升起时多么优雅动人呀！但很快它们就碰到天花板了，壮丽的球体也被震碎了。然而，很快又有一个泡泡接踵而至，还有一个，还有一个，想要多少有多少。朱尔斯陷入沉思，埃米尔欢呼雀跃。

"我要让你们的化学游戏变得更加有趣。"保罗叔叔说，"把一小支蜡烛绑在一根长棍子上，点燃蜡烛，然后

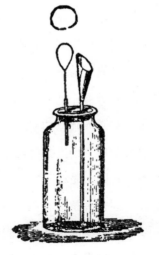

会吹氢气泡的装置

把它举到一个正飘浮在空中的气泡上。"

埃米尔执行这些指令时动作可并不慢。他把蜡烛拴在芦苇上，追着其中一个上升的气泡。小泡泡发出"轰"的一声巨响，半空中突然燃起了火焰，然后一切归于平静，泡泡和火焰都消失了。埃米尔吓了一跳，他没有料到会有火焰突然一闪，持续的时间这么短。

"吓到你了吗？"他的叔叔问，"你不知道氢气极其易燃吗？点燃的蜡烛在碰到充满这种气体的气泡时，肯定会瞬间火焰爆发。这就是让你如此惊讶的冲天小火焰的全部奥秘。"

"是的，很简单，但我没想到。"

"既然现在你知道会发生什么，那我们再试一次。"

实验重复了好几次，气泡在飞向天花板的半路上，被埃米尔用蜡烛碰掉。不管上升速度多快，它们中没有哪一个能逃脱机警的纵火者的追捕。因此，这种特别具有娱乐性的方式展示了氢气是多么易燃。从不问闲话的朱尔斯最终打破了沉默。

"我们的肥皂泡，"他说，"撞到天花板上，就这样结束了它们的旅程。如果它们有足够的空间，它们会飞得很高吗？它们会去哪里？"

"露天情况下，如果不过早爆裂，它们可能会毫无阻碍地升到一个很高的高度；但是，只要一点点刺激，一点点微风，就足以摧毁它们，肥皂泡就是如此脆弱的东西。尽管如此，如果空气非常平静，气泡可能会维持足够长的时间，在我们视线范围之外自由飞扬。我们现在就可以在户外试一试，刚才空气非常平静。花园里的树上没有一片叶子晃动。"

实验装置被移到室外，它还在继续吹泡泡。许多泡泡飞不到屋顶的时候就破裂了，而其他泡沫虽然它们数量很少，却飞出了视野之外。在很短的时间内，就连埃米尔锐利的眼睛也无法在蓝天下分辨出它们来。

"它们飞得很高吗？"朱尔斯问。

"我想不是。100米吧，或多或少，但是在那个高度，如此小，如此透明，它们变得隐形了。它们极其薄、极其精致的泡泡外膜不久也会爆裂。你现在看着的上面那个泡泡，想要再看它一眼时，可能它已经不存在了。"

"但如果泡泡外膜从未破裂，泡泡会升到多高？"

"在这一点上，我确实还有些东西要讲。希望探索大气层的上部以及那里发生了什么的学者们，用一些结实的布料做成巨大的气球，然后在其外表涂上清漆，再用氢气填充，就像我们现在填充肥皂泡一样。有了这些持久耐用的气球，他们可以上升到任何他们喜欢的高度。最勇敢的那个人已经上升到了一万米的高空。"

"为什么不再高些呢？"朱尔斯问，"如果我是他们，我就想要去很高很高的地方。我想看看在天空的深处有什么。在云朵之上的话，景色该有多美啊！"

"换成你，你也会和他们一样，我亲爱的孩子，也许还不一定有他们飞得高，因为探索那些高空领域通常需要超人的勇气。当你上升到空气不足、无法呼吸的地方，你不得不立马下降高度，否则你就会在几分钟内死去。这就是为什么到目前为止，人类所达到的最高点是大约一万米。"

"但是如果驾驶氢气球的人没有危险，氢气球还能飞得更高吗？"

"毫无疑问，要高得多。"

"有多高？"

"我不能告诉你确切的高度，但依我看，得有目前的两倍高。我所能确定的是，无论气球有多轻，结构多精巧，气球的上升都有一定的极限。据说，大气层的厚度只有15里格左右。从地球上由于比空气轻而升起的任何东西，都不能超过这个极限，因为超过极限就不再有空气来支撑它飘浮。因此，任何物质，即使是最轻的气体，在离地球表面大约15里格外的地方，上升也会停止。"

"只要我的气球有一个足够结实的外表，像肥皂泡那样，一点也不碎，我就只要上升到一万米，甚至一万米不到的地方就够了。"

"你最迟明天就可以得到你想要的结实的气球。"

"我能把它送上去，想让它飞多高都行吗？"

"是的，想要多高就有多高。"

听到这句承诺，埃米尔高兴地直拍手，而朱尔斯嘴角挂着的满足的微笑也表明，他对他们叔叔的诺言并不是漠不关心的。那片美丽的蓝色空间的神秘感使他着迷，如果他无法亲自探索，他至少可以把一个氢气球送上去。

"在我们停止吹肥皂泡之前，"他说，"还有一个问题。当泡泡里充满我们呼出的气时，它们有各种鲜艳夺目的颜色，但当它们充满氢气时，它们看起来也一样，所以不是气泡中的气体使泡泡表面呈现出这些美丽的颜色吗？"

"不，我的孩子，那些颜色和你在彩虹里看到的一样，不是来自空气或氢气，也不是来自制造泡沫的肥皂水。它们不过是极薄的外膜上的光的游戏。任何透明物质，无论其性质如何，只要以极薄的薄膜形式存在，照射在其上的光就会产生这种绚烂的色彩。例如，在静止的水面上滴一滴油，油滴就会扩散到你所能想象到的最薄程度，然后你所说的丰富多彩的颜色就会出现。肥皂泡、薄薄的一层油或任何透明物质的薄膜被称为虹彩，因为它有着彩虹般的颜色，所以古人称之为'伊丽丝'（Iris）。"

伊丽丝：Iris，为希腊神话中的彩虹女神。

18

一滴水

导 读

王凤文

对于气球，小朋友们一定都不陌生，甚至在公园门口不止一次地要求爸爸妈妈买过。拿到气球，随着你的手牵引着细绳，高高地在头顶上方跳动，拿到家中，小心地把线绳固定在屋内，可是第二天气球就会变小，就像是饿了一般，没精打采的，气球为什么会变瘪？

每当节日或大型活动现场，经常会有彩球放飞的环节，五颜六色的气球一起升空，或者巨型氢气球的出现，为节日增添喜庆的气氛。那么孩子们有没有想过，这些气球如果真的充入氢气，有可能带来什么样的后果？

埃米尔的玩具箱中就有一只红色的橡胶膜气球，即将被派上用场，大家一起想办法在气球中收集氢气，首先准备好氢气的发生装置，加入锌片和稀硫酸，插入导管的软木塞一定要塞紧，不能漏气，然后把气球中的空气挤压排出，连接氢气出口，不大工夫，圆鼓鼓的饱满的氢气球就充好了！

可是一旦放飞，这只漂亮的红气球将和它的小主人埃米尔分离，埃米尔真是舍不得，怎么办呢？系绳放飞？绳子要如何选择？换猪膀胱衣替代？还是……

快快加入讨论，说出你的想法吧？

我们知道"点燃升到水面上的氢气气泡，会听到轻微的爆炸声"，为什么会爆炸？能不能让爆炸的物质安静地反应？氢气和氧气反应生成了什么物质？如何保证实验安全？

为解答以上疑问，让我们深入认识一下氢气：

①氢气是一种密度比空气小很多的气体，所以气球能升空。氢气分子体积较小，即便是橡胶薄膜制成的气球没有任何可见的破洞，仍然会穿越薄膜。所以氢气球放置时间长了就会变瘪。

②氢气和之前学过的碳、硫、磷等一样是非金属单质，能在氧气中燃烧生成水，同时放出大量的热。

$$氢气+氧气 \xrightarrow{点燃} 水$$

③纯净的氢气在点燃时，是氢气分子与氧气分子在点燃处接触，即在导管口处接触，而导管里只有氢气分子没有氧气分子，导管内不发生化学反应，所以能安静燃烧。

④当氢气不纯净时，导管内的氢气分子与氧气分子已经充分接触（接触面积增大，会导致反应速度增大），当达到爆炸极限范围内时（氢气和氧气的比例范围），导管内及容器内的氢气分子和氧气分子就发生剧烈的化学反应。由于此时的化学反应发生在有限的空间内，并且此反应要放出大量的热，使产生的气体迅速膨胀而产生爆炸。

⑤为了安全，点燃氢气之前一定要检验氢气的纯度。

接下来保罗叔叔给我们带来的"瓶式手枪"实验，将"危险的爆炸"以安全的方式展现，实验由"氢气与空气1∶3"开始，毛巾包裹住瓶身，去掉瓶塞，移近烛火，爆炸随之而来，声音大得足以惊动两个孩子。随着实验的一次次进行，不断调节氢气的比例，爆炸程度也各不相同。实验升级，收集氢气和氧气的混合气体，"瓶式手枪"变身为"火炮"。威力骤然增大！爆炸使窗玻璃嘎嘎作响。如果"氢和氧按照2∶1的比例混合"，爆炸威力将达到最大。

随着实验的一次次进行，烛火被一次次熄灭。孩子们变得越来越镇静，越来越勇敢，因为保罗叔叔已为我们做好安全测试，也采取了安全保障措施。埃米尔和朱尔斯也将亲自参与保罗叔叔指挥的战斗，大胆地举起"氢氧爆炸混合物"点火发射！

孩子们，听听"氢气的歌声"，尝尝"一滴水"的味道。让我们也来参战吧！

第 1 节
充满氢气的红气球

"我答应过，"保罗叔叔接着说，"给你们看一个外表十分坚韧，上升时不会很快就破裂的氢气球。是时候兑现我的诺言了。埃米尔的旧玩具里应该有我们所需要的东西。他一定还记得他以前花单价两苏[1]买的漂亮的红气球。只要用一根长长的绳子牵着其中一只气球，他能高兴很久。"

"哦，是的，我记得它们，"埃米尔很快又加入交谈，"它们比别的玩具更有趣，比如所有动物都成双成对的诺亚方舟，或是我以前在桌子上放着的一个连的铅兵。但它们现在都被揉成一团，放在我的旧玩具盒里。从我拿到它们的第二天起，它们就一直在那儿，已经放了很长一段时间了；因为它们虽然有一小段时间精神饱满，飞向空中，但是过了第一天以后，它们根本不会再向上升起，而是直接落到地上。"

"你难道从来没有想过，为什么那些第一天要升空的红色小气球第二天升空的速度会这么慢呢？"

"哦，是的，我经常琢磨这事儿，但我不知道为什么会这样。"

"我来告诉你原因吧。那些气球充满了氢气，和我们昨天用来制造肥皂泡的气体一样。它们的外表是一层薄薄的橡胶膜，非常有弹性，因此在内部氢气的压力下可以自由拉伸。尽管它非常薄，但是如我们所见，这种外表是密不透气的，它在这方面甚

---

1 苏：法国原辅助货币单位，1法郎=20苏，现在法国已改用欧元作为流通货币。

至比最细密的编织物要好得多，因为编织物的网格之间有无数的小空隙；然而，氢气是如此狡猾，它设法穿过薄膜并逃跑。所以，气球一点一点地坍塌；或者，虽然保持饱满圆润的状态，但是氢气已经换成了空气，这两种气体通过橡胶外膜的方向相反。因此，无论是漏掉一部分氢气，还是氢气与空气进行了交换，气球不久都会失去大部分浮力，所以24小时后根本无法升空。为了赋予它新的生命，我们必须再次向气球里注入氢气。"

"哦，如果我以前知道的话，我一定会调侃你，让你把新生命放进我的气球里。"

"小小的化学反应有它的好处，不是吗？我的孩子，它可以把新的生命放进已经逝世的玩具气球里。如果你的气球情况还不错，我的意思是如果橡胶上没有洞，没有什么比让它们像以前一样浮起来更容易的了。去把它们拿来吧。"埃米尔跑出房间，很快就回来了，手里拿着两个小小的、皱皱巴巴不成型的红气球，气球里面一点氢气也没有。已经过去好一阵子了。但是这个孩子把自己的东西照顾得很好，在安置玩具方面特别讲究，所以他所有的旧玩具都还完好无损。曾经是活泼小气球的橡胶膜，现在都松懈、了无生气了，不过气球上一个洞也没有，保罗叔叔很快在给气球充气时就知道了这件事。

"我们的小气球毫无破损，"他说，"现在它们派上用场啦！我第一个拿到手的是一个普通的瓶子，大约有一升的容量，然后我往里面放了一些水和一大把小锌块。再用一个穿孔的软木塞紧紧地塞住瓶口，在孔中插入一根玻璃直管，或者，如果没有玻璃管的话，插入一根管杆，又或者，更好的是，一根鹅毛管。接下来，我将鹅毛管末梢插入气球的开口，并用绳子将其绑紧，以防气体泄漏。现在我把硫酸倒进瓶子里，当混合物开始正常冒泡，氢气大量释放时，我用手挤压气球，把空气从鹅毛管中挤出，并不断挤压，然后我把软木塞用力塞好。完成这些操作后，我放开气球，让一切顺其自然地进行。皱褶的气球接收气体，逐渐膨胀，从瓶子排出的氢气将其撑大绷紧。现在你看到它是球形的，如果我让更多的气体进入，它就有爆炸的危险。最后，我用一根结实的线在气球和鹅毛管相接处上方一点系紧。这样被囚禁的氢就能被保留至少一段时间。然后，我把气球从鹅毛笔上取下，这样瓶子里形成的氢就可以逸出，而不会积聚到液体被挤出塞子外四下滴溅的程度。"

"现在让我们看看它是否会向高处飞。"当气球左右摇晃着，竭力挣脱束缚，但被他的叔叔紧紧握在手里时，朱尔斯提议。

"我不想失去它，"埃米尔说，"我们把绳子系在上面吧。这里就有一个很长的绳子。"

"在谈论绳子之前，"他的叔叔建议，"让我们先考虑一下这件事。我们的小气球能装多少气体？最多一升。因此，充满它的氢的重量大约是1分克。同样体积的空气重量是原来的14倍，因此两者之间的差别约为13分克。我们会说橡胶膜重1格令[1]，也许有10分克。然后，剩下3分克，托住我们的小气球向上拉动绳子。如此微弱的能量，你让我们的气球拖着长长的绳子。那为什么不用粗绳或船上的缆绳呢？"

"你说得对。这个气球不能把一根长绳子吊起到空中。那么假设我们有一根细线。"

把气球系在这种线的末端，气球上升了，但是，令孩子们失望的是，它无法飞得很高。

"它已经停止上升了，"他们说，"为什么？"

"因为它升得越高，后面的线就得拉得越多，而这个重量又加在气球本身的重量上。因此，很快，当橡胶膜、氢气和被提起的绳子的重量加起来等于被氢气置换的空气的重量，从那一刻起，气球就不可能再上升了。由于埃米尔希望留下这个气球，我

---

[1] 格令：重量单位，1格令=0.064 8克。

们将给另一个气球充气，让它在没有绳子的重量拉住它的情况下飞起来。没有这个阻碍，它会飞到你想要的高度。"

事实上，没有线增加气球的重量，缩短其上行的距离，这个小气球一被放飞就迅速上升，很快就看不见了。它会飞多高？谁知道呢？但无论它达到什么高度，迟早会下降，因为气体通过薄薄的橡胶膜不断交换，氢气流出，空气进入。气球因此变得越来越重，渐渐地落回地面。但与此同时，谁能说得准，风把它吹到哪里去了呢？

第 2 节

猪 膀 胱 气 球

"如果埃米尔没有保留我们以前玩过的红气球，我们就不能用猪的膀胱代替吗？"朱尔斯问道，"我们将拥有一个已经制造好的、容易得到的、大小合适的气球。"

"我应该试一下猪的膀胱，如果我没有其他更好的选择。它会给我们一个大气球，这是真的，并且它由一层坚固的膜构成；但它到处都是脂肪，这一点令人讨厌。你不能忘了我们气球的外膜应该尽可能轻，这样氢气就不会因为负载太重而失去飞行的能力。1升这种气体最多提起1克的重量。我们假设膀胱能容纳4升氢气，可以提起4克重的东西。如果膀胱超过这个重量，气球就不能上升。因此，如果我们打算放飞这种气球，首先必须清除膜上的脂肪层，将其刮掉，使膜的厚度减小，并去除所有多余的物质，以便尽可能减轻重量，同时，必须注意不要在膜上留下任何孔。采用了这些需要极大耐心和技巧的准备措施，我们就有可能成功。"

第**3**节

氢气与空气混合后

　　"在我们村庆祝节日时有一件有特色的事情就是放气球，气球里面装满的不是氢气，而是热空气。它在人群的欢呼声和村里火炮的齐射声中升空，炮弹都同样由装着满满的火药的迫击炮组成。为什么我们不在化学游戏中伴随气球上升也放一堆炮火呢？瓶子就是迫击炮，氢气是火药。每次我们点燃氢气，甚至是一个升到水面上的小气泡，你都会听到轻微的爆炸声。只需要找出引起这次爆炸的原因，然后就可以制造出更大的爆炸。这里可能需要空气，或者更准确地说是空气中的氧气。那么，让我们看看氢气和空气混合在一起时会怎么样。

　　"我在这个四分之一升的细颈瓶子里倒入足够的水，灌满瓶子的三分之一，然后把瓶子倒放在盆里，这样就可以用它获取氢气，再次使用曲管，像以前一样开始用硫酸释放气体。空气填满瓶子的三分之二，水填满另外三分之一。氢气从我们的装置中排出并取代了水的位置。因此，瓶子里含有空气和氢的混合物，前者占三分之二，后者占三分之一。我把瓶子塞紧，用几条毛巾把它包起来，露出瓶颈。我们的枪上膛了。现在就开枪。"

　　保罗叔叔说着，用一只手抓住裹着毛巾的瓶子的中间，打开瓶盖，把它的瓶口凑到在桌上燃烧的蜡烛火焰上。爆炸随之而来，声音大得足以惊动两个孩子。

　　"小氢气手枪万岁！"埃米尔叫道，"大名鼎鼎的火药做成了。请来一次，叔叔，求你了！"

瓶式手枪和之前一样，这个充入了氢气和空气混合的透明火药又一次被引爆。保罗叔叔应要求重复了多次这个过程，根据所用氢气和空气的比例，爆炸的剧烈程度各有不同。有的声音饱满而短促，像是枪声，有的只是一阵嘈杂的风声，还有的，对埃米尔来说，听上去像是狗被踩了尾巴发出的叫声。

"我的火炮，"保罗叔叔接着说，"向你们展示氢气和空气会形成一种爆炸性混合物，一碰到火焰就会立即着火，并产生大爆炸。这种混合物虽然看不见，但并不缺乏能量，如果没有足够大的出口，它可能会把容器炸成碎片。这就是为什么我用毛巾把瓶子包起来，以便在瓶子破裂时裹住碎片；出于同样的原因，在这些实验中，最好选择一个体积较小的瓶子，最多四分之一升。如果是大一点的，会有严重的受伤风险：枪可能会爆炸，伤到枪手。

"正如你们所知，空气是活性气体氧气和惰性气体氮气的混合物。在氢气爆炸中，氮气显然不起任何作用；或者，更确切地说，由于它的惰性和相当大的体积，它阻碍了化学反应并抑制了爆炸。氧气本身是活性气体。那么，让我们去掉氮气，使用纯氧，爆炸声就会大得多。我们需要的东西已经在这里了，因为今天早上我事先准备了一瓶氧气。它倒立在角落里，瓶口埋在一杯水中。在进行下一步之前，我必须告诉你们，为了得到最大的爆炸声，氢和氧应该按照2：1的比例混合。

"我往一个广口玻璃瓶里装满水，把它作为盛放爆炸性混合物的容器。将它倒过来，瓶口没在水中，我用手头的第一个瓶子向它输送一份氧气。然后我加两份或两瓶氢气进去。完成了，我们的火药准备好了。看看广口瓶，你们看到了什么？什么都没有。尽管如此，它还是装有危险的炸药，如果不采取适当的预防措施就点火，是不明智的。玻璃瓶会被炸碎，飞散的碎片可能会让我们毁容。但只要不划火柴，就没什么好怕的。如果你自己做过这样的实验，请记住，仅仅是手头有水，并不能保证你不会因为粗心大意而产生的严重后果。这种炸药一点也不怕湿，它可以无限期地待在水旁边，而不会失去任何可怕的爆炸力。干燥潮湿与否对它来说都一样。

"借助漏斗，我在我们刚刚用过的瓶子里装满气体混合物，塞上瓶塞，然后小心地用布包起来，以防破裂，这东西比我们之前的实验中遇到的更可怕。现在我只需要打开我的火炮，把瓶口靠近烛台。注意，说'开火'！"

"开火！"孩子们齐声喊道。

砰！子弹出膛，房间里响起了一声枪鸣。埃米尔跳了一跳，没错，他几乎吓坏了。

"谁能想到看不见的东西会发出这么大的声音！"他叫道，"我简直不敢相信。如果我事先知道会发生什么，我会捂住耳朵的。"

"啊，没错！捂住耳朵会好很多，不是吗，埃米尔捂住了耳朵就听不到化学手枪爆炸的声音了！别退缩，孩子，不然我就不开枪了。"

蜡烛被重新点燃了，因为每次从瓶子里喷出的气体都会把蜡烛吹灭，保罗叔叔又做了一次这个实验。爆炸使窗玻璃嘎嘎作响，但这一次，为了改变他以前表现出的恐惧，埃米尔站得像块石头一样坚定。他甚至强迫自己目不转睛地注视着整个过程，他看到一个几乎一米长的火舌从酒瓶口中猛冲出来。实验重复几次之后，他变得十分勇敢，他甚至请求像他叔叔那样自己拿着枪开火。

"我很乐意答应你的请求，"叔叔回答说，"现在没有什么好怕的了。瓶子经过了很好的测试，它经受住了施加在它身上的压力，而且它能持续承受这样的压力。但是，作为额外的预防措施，要把它牢牢地用布包裹住，即便万一它破了，碎片仍然留在布里。大胆地把它拿在手里。没有什么好怕的。"

埃米尔指挥着这场曾由他叔叔发起的战斗，毫不退缩。他面无表情，僵直地站着，像一个炮兵发射大炮一样开了玻璃枪。下一个轮到朱尔斯了，他那纤细的手兴奋得微微颤抖。就这样他们轮流开枪，直到爆炸性气体全部用完。反复的枪声让家里其他人都想知道，保罗叔叔和他的侄子们到底在用他们的化学物质、瓶子以及其他装备做些什么。

第 4 节

氢气在氧气中燃烧

"既然我们的枪因缺少弹药而归于沉寂，"保罗叔叔说，"那就让我们看看在氧气中燃烧氢气留下了什么。爆炸时，两种气体结合在一起，你可以看到，这种化合反应伴随着一道并不十分明亮的火焰从瓶子里射出。一种新的物质诞生了，氢和氧的化合物，它在爆炸发生时形成，但肉眼不可见，因为它是一种透明的蒸汽。如果我们想进行检测的话，必须将蒸汽浓缩。但是，我们不会一下子点燃大量的气体，因为这会有点危险，而且也不利于仔细研究的目的，相反，我们会采取别的措施，使我们的氢和氧一点一点地进行化合。也就是说，我们会点燃一束氢气，让它在空气中燃烧，以便我们能仔细观察它。

"让我们从准备仪器开始。这次的实验装置与我们用来吹肥皂泡的装置相同，上端插着吸管的直管将被另一根顶端逐渐变细的锥形管代替。以前的管道太粗了，现在的就不会；管道必须变细，直到出口的直径不超过一根大头针。这种管子是这样制作出来的。一根易熔玻璃管被放在酒精灯的火焰中，用手指旋转以便它受热均匀。当它看起来足够柔软时，开始拉扯，加热部分延伸成一条线，使玻璃管中段变细。在细玻璃管中间剪一刀，我们就得到了两个锥形管，其中任何一个都能用来实验。因此，我们选择其中一个，并将粗的那头插入瓶塞的两个孔之一。第二个孔和以前一样，插入引入酸的直管。我要补充的是，如果有必要的话，可以用陶制烟斗代替锥形玻璃管。当然，如果你有一个双口瓶，就在其中一个瓶口插上锥形管，另一个插上引入酸的管子。

"水、锌和硫酸被放入广口瓶中后，释放氢气，氢气以喷射的形式流过锥形管的小出口。我提议点燃这股喷射的气流，但在这里我们必须谨慎操作。我们刚刚看到过氢气和空气会形成爆炸性混合物。现在，当氢气开始释放时，广口瓶里就开始有空气，因此刚开始不可避免地会产生爆炸性混合物。如果我们十分粗心，在这个阶段拿着一根点燃的火柴靠近喷射的气流，危险的混合物就会在广口瓶里爆炸，而广口瓶无法承受这样的冲击，它可能会被炸成碎片，或者至少软木塞会弹出，随之酸液飞溅，我们的衣服会沾上红色的斑点，更糟的是，酸液也许会飞进我们的眼睛。我提醒你们要小心这种爆炸性混合物，如果你们自己制备氢气的话，要时刻保持警惕。你们必须时刻注意，不要让空气与你们要点燃的气体混合。

"在我们面前的实验中，空气的存在一开始是不可避免的。那么，该怎么办呢？必须让气体释放一段时间。氢气从广口瓶里出来的时候带着空气，而瓶内的空气没有更新，所以广口瓶里最终会没有或几乎没有空气。但是，由于此时没有明显的迹象，所以我们只能等一会儿，我们等待的时间宁愿长些，也不要过短，这样才能保证我们的安全。耐心就是谨慎。"

他们等待着。氢气继续释放，释放出来的气体呼啸着穿过管子的小出口。几分钟后，大家认为可以安全进行实验了。

"这是我们应该做的，"保罗叔叔说，"这个时候广口瓶里几乎没有空气了。但我们也可能弄错了，所以，为了防止意外，我用毛巾把广口瓶包起来，以便在必要时阻止任何碎片或液体飞溅。有了最后的预防措施，我拿着一张点燃的纸靠近着喷射的氢气气流。气体立即被点燃，极淡的黄色火焰安静地燃烧着。所有危险都过去了。因为我点燃氢气时没有爆炸，所以以后就都不会爆炸了。所有的空气都已从瓶中排出，只有氢气从锥形管中流出。我们不需要毛巾，但只要我们怀疑广口瓶里可能有爆炸性混合物，就应该用毛巾。为了便于我们观察瓶子里发生了什么，我现在就把那块毫无用处的保护布取下来。与其担心不会发生的爆炸，不如让我们仔细观察一下氢气火焰。

"在锥形管的顶端，我们看到一团燃烧稳定的火焰，不断流出的气体为它提供着燃料；这团火焰是非常淡的黄色，它几乎不发光。这就是氢气燃烧时的现象，到目前为止，你们之前只有过稍纵即逝的一瞥。这团火焰不甚明亮，但极其炽热。试试看。"

男孩们各自拈着指尖靠近那微不足道的小火焰，又各自迅速地把手缩回来。火焰温度太高，不堪忍受。

"哦，哦！"埃米尔痛得大叫起来，"那火焰看起来微不足道，没想到温度竟然这么高。"

"燃烧的氢气，是最好的燃料。你们还记得铁匠给我们看的东西吗？"

"你是说他把炉子里的煤弄湿，把铁烧得白热吗？"

"是的。燃烧煤分解的水产生氢气，氢气燃烧，从而大大增加了热量。"

"那么尽管这团火焰又小又苍白，我们仍可以用它把铁烧成红色？"

"你不仅可以让铁烧得赤红，还可以让它烧得发白。看这里。我把一根铁丝的末端放在火焰中，它立刻变得耀眼夺目。这就和铁匠在浇湿煤炭时，铁棍在锻炉里被加热的情形一样。"

第 **5** 节

氢气在唱歌

"氢气火焰还有一个不太重要但更奇怪的特点：它会歌唱。没错，我的小朋友们，它会唱歌，而且只要我给它提供了合适的乐器，你就能听到它的歌声。这个乐器是一根玻璃管，长得和手杖一样长、一样细。但随着管子越来越短、越来越粗，音调也会相应变化，管子越粗，音调就越低，管子越细，音调就越高。因为没有这样的仪器，我们就用灯罩，或是纸板，甚至是纸筒来代替它。它们有几种长度和口径。我已经准备了许多这样的管子，其中一个是玻璃的。我从这个开始。"

保罗叔叔手持玻璃管使之保持竖直，慢慢放下，把火焰围起来，这时大家听到了一种和风琴管的声音一模一样的连续而饱满的乐声。随着玻璃管的降低或升高，管内火焰的范围增大或减小，音符从一个音高跳向另一个音高，从一个八度滑向另一个八度，即使是最缺少艺术细胞的耳朵，也受到了冲击。有时音符颤动，然后恢复平稳，然后又颤动。有时，听起来像某个小教堂中庄严肃穆的经文吟诵，有高音假声与之呼应。简而言之，不管是什么音符，它总是带着点刺耳的音调，像令人讨厌的嗡嗡声侵袭着我们的耳朵。通过反复更换管子，一会儿选择长管子，一会儿选择短管子，这次选择大口径的管子，那次选择小口径的管子，有时选择纸管子，有时选择玻璃、金属或硬纸板做的管子，保罗叔叔用大量刺耳的音符奏出了整个音域。

"哦，多疯狂的歌曲大联唱！"年轻的听众们大声呼喊，前仰后合，他们再也招架不住这纷乱的和弦了。他们堵上耳朵想要缓缓。"哦，要是公牛在这儿就好了！任何人演奏长笛或小提琴时，它都会嗷叫，让它加入这个氢气交响乐团该多么有趣！我们去找它吧。"

他们很快就找到了那只狗，它十分心甘情愿地跟了过来，也许它以为能得到一根骨头。在疯狂音乐的第一个音符响起时，它变得兴奋起来，开始嚎叫和呻吟，用最奇特的声音表达惊疑，应和着氢气乐曲高潮的伴奏。埃米尔和朱尔斯在这场器乐和声乐交织的音乐会上突然大笑起来，甚至他们沉着的叔叔也没能保持他一贯的严肃。

"马上把那个不听话的学生从教室里赶出去，"他命令道，"否则我就和你一起胡闹，氢气课就没完了。"

当狗被放出去，欢乐的气氛平息下来后，保罗叔叔继续说：

"你们应当明白，我把氢气火焰装进一根管子里，并不仅仅是为了让你们大吵大闹刺激我的神经；这场疯狂的音乐会的背后有一个严肃的目的，我会在回答完你们两个肯定都会问的一个问题后解释清楚。是什么让氢气火焰歌唱？气流在管内与空气相遇，因此不断形成一种爆炸性混合物，引起一连串的微小爆炸，一个紧接一个，使管内的空气柱振动。我们听到的声音就是由这种振动发出来的。"

第 **6** 节

氢气燃烧后变成了什么？

"但现在让我们放一放这个话题，看看氢气燃烧时产生了什么。燃烧的氢气会变成什么？我又拿起玻璃管，用卷成棍状的吸墨纸把管内擦干净。所以现在我们有一根非常干净的管子，里面没有一丝水分。我再一次把它放到氢气火焰上。但是现在不要听气体的歌声，注意管内的变化。一颗细小的露珠很快在玻璃的内壁上凝结而成，逐渐变大，直到它变成无色的水滴流出来。这种液体是燃烧后的氢气，是氢气与大气中的氧气结合而成的化合物。从外表上看，人们可能会把它当作水，但在我们确定之前，必须先尝一尝。

"我用的管子里流出的水滴很难润湿指尖，所以让我们做一点小小的改变，用一个大广口瓶代替管子。我仔细擦拭瓶子内部，然后引入氢气火焰。露水又出现了，水滴聚集下来。如果我们等的时间足够长，其中一些会聚集在瓶口，你们可以用它们把手指蘸湿。"

火焰在倒着的广口瓶里燃烧了一段时间后，凝结的液体会聚集在一个有点倾斜的地方，事实上，有些水滴确实在瓶口某处聚集了起来。听叔叔的吩咐，孩子们赶紧用这里的液体浸湿指尖，尝了尝它的味道。

"它没有味道，"朱尔斯说，"也没有气味或颜色。我几乎可以说它是水。"

"把'几乎'去掉，它就是水。这就是我让火焰歌唱时，想教给你们的美妙的事情。水是燃烧后的氢，由氢和氧组成。水通常被视为火的直接对立面，实际上，它结合了最炙热的火所必需的元素，即最好的燃料氢气和促使置身其内的金属甚至是铁燃烧的氧气。两种气体的占比不同，一份氧气对应两份氢气。这就是为什么，当我准备爆炸声很大的混合物时，我在瓶子里放了两份氢气和一份氧气。混合物的爆炸产生了一点水，水被高温蒸发，随着爆炸和噪声冲出瓶子。从爆炸的响度来看，每一次爆炸都会使窗玻璃发出嘎嘎的声响，你们可能会认为已经有大量的水被制造出来。但连你们自己也想不到，虽然噪声很大，但产生的水量很少，很少，也许只有一滴。你应该根据化学给出的数字自己判断。它告诉我们，要制造1升的水，我们必须有1 860升的爆炸性混合物，其中620升是氧气，1 240升是氢气，氢气是氧气的两倍。那么，我们装四分之一升的小瓶子里会有多少水？几乎没有。一场多么喧闹的化学婚礼庆典啊！然而这场婚礼上却只有一滴水诞生！

"现在我们就能明白在分解水时使用硫酸和金属，不管是锌还是铁的原因了。我们知道，如果金属首先转化为氧化物，酸就会与金属结合。盐是由酸和氧化物结合而成的。锌、硫酸和水一起放进广口瓶里。金属首先变成氧化物，酸对金属有天然的好感；而金属则对氧气有好感。这两种喜好的共同作用导致了水的分解，水中的氢元素逸出，氧元素被送给锌。因此，金属的燃烧是以水的消耗为代价的，缺少了水中的某种元素，什么东西都烧不起来。锌燃烧，或者换句话说，锌变成氧化物后，它会立即与硫酸结合，生成一种称为硫酸锌的盐。简而言之，锌在水的帮助下经历的，正是它在空气的帮助下燃烧时在火盆中经历的。金属燃烧，就是变成氧化物。实验时，正是因为金属的燃烧使我们的氢气装置在运行时产生了热量。你会惊讶于没有火，液体就会变热。现在这个谜团解开了。

"我说过锌被转化成了盐。这种盐，硫酸锌很容易在实验使用的水中溶解，很小一部分被分解后，体积就略有减小。然后金属就像糖溶化消失一样，消失在视野中。现在让我们来看看我们的氢气装置。它已经有一段时间不制造气体了。除了金属中的杂质留下的黑色薄片，锌都不见了。它先被转化成盐，然后溶解在液体中，液体本身仍然和最初一样清澈透明。我们把瓶子放在角落里，慢慢地，溶解的物质会析出结晶，我们会得到气味刺鼻的难闻的白色沉淀物。这种白色物质就是硫酸锌。"

19

一支粉笔

导　读

王凤文

今天保罗叔叔将带领我们探索学习"碳酸"相关的知识。一支粉笔、一块石灰、大理石、石灰石、石灰水、硫酸、二氧化碳、碳酸这些物质之间会发生怎样的故事？漏斗、滤纸又要用来干什么？

不要着急，我们先来补充一些相关知识吧。

◆木炭不论是在足量的空气中还是在纯氧中燃烧，都会生成二氧化碳。

$$碳 + 氧气 \xrightarrow{\text{点燃}} 二氧化碳$$

◆二氧化碳是一种无色、无味、密度比空气的大的气体。二氧化碳能溶于水并与水反应生成碳酸。

$$二氧化碳 + 水 \longrightarrow 碳酸$$

◆二氧化碳气体通入澄清石灰水中会使澄清石灰水变浑浊，生成白色不溶于水的碳酸钙，因此实验室常用这种方法检验二氧化碳气体的存在。

$$二氧化碳 + 氢氧化钙 \longrightarrow 碳酸钙 + 水$$

◆碳酸钙是"千锤万凿出深山"的大理石、石灰石中的主要成分。"烈火焚烧"碳酸钙会发生分解反应。

$$碳酸钙 \xrightarrow{\text{高温}} 氧化钙 + 二氧化碳$$

◆氧化钙又叫"生石灰"，遇水会放出大量的热，发生反应生成"熟石灰"氢氧化钙。

$$氧化钙 + 水 \longrightarrow 氢氧化钙$$

◆氢氧化钙是一种微溶于水的白色粉末，因此检验二氧化碳的石灰水就是把熟石灰溶于水得到的一种稀溶液，通过过滤掉不溶物得到澄清石灰水。

◆碳酸是一种弱酸，遇石蕊指示剂显示浅红色。又是一种极不稳定的酸，通常以分解产物二氧化碳和水的形式存在。硫酸、盐酸、磷酸的酸性都比碳酸的强，化学上有一条规律——遵循"强者的残酷法则"，强酸能从碳酸盐中把弱酸替换出来，碳酸就分解生成"碳酸气"——二氧化碳。

◆二氧化碳的实验室制备原理：碳酸钙+盐酸 $\longrightarrow$ 氯化钙+二氧化碳+水。

注意：碳酸钙和稀硫酸虽然也能产生二氧化碳，但实验室并不用硫酸，是因为碳酸钙和硫酸反应生成的硫酸钙是微溶物，会附着在碳酸钙表面，阻止与硫酸的继续反应，不利于二氧化碳的生成。如果是其他的碳酸盐，比如草木灰中的成分（含碳酸钾），既可以和硫酸反应，也能和盐酸反应，生成二氧化碳气体。

"碳"和"钙"两个家族成员的关系真的是"剪不断，理还乱"。今天保罗叔叔"用石灰水给我们上了一堂古怪的课"，要验证"最黑的物质存在于最白的物质中"。化学真的像魔法，原本来自木炭燃烧的气体却可以从石头中找到。

◆过滤——固液混合物分离的方法。滤纸的折叠好像我们的折纸手工课一样有趣，"过滤器"的组装如图所示。

◆用石灰水可以检验含碳酸盐的物质，如果产生能使澄清石灰水变浑浊的无色无味气体，就说明含碳酸盐。

◆二氧化碳的检验方法：之前，我们曾通过纸张、蜡烛燃烧产生的"黑色残留物"或"黑烟"断定里面含有碳元素，实际是不太可信的，因为黑色物质不只有碳，更何况含碳物质燃烧也不一定都产生"黑烟"或"黑色残留物"。

今天保罗叔叔会通过过滤得到的澄清石灰水检验产生的二氧化碳，**如果无色无味的气体能使足量的澄清石灰水变浑浊，可证明二氧化碳的存在**。这可是中学化学重要的二氧化碳检验方法。

生活中，化学物质家族无时无刻不在展现其性质及变化的过程。"一支粉笔"和碳酸饮料有何关联？你是不是也期待深入"碳、钙"家族，了解发生的精彩故事？

第1节
制备二氧化碳

　　"孩子们，今天我们将没有雷鸣般的大炮，没有猛烈爆发的火焰，没有玻璃管和纸筒上震耳欲聋的音乐会，没有庆祝一滴水诞生的喧闹节日。但这一课也同样重要，因为它很安静。我们将探索一下煤块或者木炭燃烧时会变成什么样？我们已经看到过它在氧气中燃烧得多么灿烂，我们不会这么快就忘记那场壮观的表演。在燃烧过程中，煤炭会产生一种看不见的气体，一种我们称之为二氧化碳的碳酸气体，之所以知道它是一种酸，是因为它和其他酸一样，使蓝色的石蕊溶液变红，即使只是轻微变红。这种到目前为止我们只知道名字的气体值得进一步研究。首先，我将告诉你如何认出它，无论它从哪里来。

　　"这是一块石灰。我把水洒在上面把它弄湿，像泥瓦匠们说的那样，它会变热，冒出水汽，坍塌成粉末。我加了更多的水，非常多，使它变成稀稀的糊糊。你们应该还没有忘记石灰是微溶于水的，我想要的溶液是完全透明的，没有任何未溶解的石灰的痕迹。我在漏斗口放置一个滤纸来过滤糊糊。你知道的，当我们想把混合物中的细颗粒和粗颗粒分开时，我们就用筛子，前者可以通过筛子，而后者则会保留下来。滤纸也是一种筛子，上面都有看不见的小孔，这些小孔可以通过溶解后极细的颗粒，挡住未溶解物质。药剂师和杂货店有这种滤纸出售，它多用于过滤浑浊的葡萄酒和醋，或任何其他要去除残渣的液体。它可以是圆形的，根据需要可大可小。折叠一次，我们得到一个半圆，再折叠一次，我们得到一个四分之一圆，继续折叠一次，得到一个八分之一圆，依此类推，直到它很难再次折叠。然后，通过部分展开折叠的圆盘，我们得到一种起皱的漏斗，如果手边有这种漏斗，我们把它放在化学家的玻璃漏斗中作为辅助；另外，普通的锡漏斗也是可以的。漏斗管子放进用来盛放过滤后的液体的瓶子。

"我的过滤器准备好了，我用它滤掉石灰浆。我们可以看到过滤器上方的液体有多厚，有多浑浊，下面的液体有多清澈。瓶子里的水看起来是最纯净的水。这能把溶解的石灰和未溶解的石灰完美地分开的圆纸难道不是极好的过滤器吗？通过的液体不只是水，虽然我们看到的是清澈透明的，但是它含有一点溶解的石灰，正如我们通过品尝发现的那样。它叫石灰水，我们用它来测试二氧化碳。

"我们现在必须通过在纯氧或我们称之为大气的氧和氮的混合物中燃烧木炭来获得一些二氧化碳。我们采用后一种方法，这样既简单又快捷。这里有两只同样大小的瓶子，都充满了空气。我把其中一个放在一边，在另一个瓶子中放入一块燃烧的木炭，一直放在那儿，直到它熄灭，很快木炭就熄灭了，形成了一点二氧化碳。二氧化碳此时就在瓶子里和瓶子里剩下的空气混合在一起，但我们看不见它。石灰水会暴露它的存在。我往瓶子里舀了一两勺石灰水，摇了摇，它就不再清澈，而是变成了模糊的白色。是不是二氧化碳引起了这种突然的变化？瓶子里还有一些空气，含有氮气和燃烧木炭时没有消耗掉的少量氧气。这些气体中的一种或另一种不会导致石灰水变成乳白色吗？我们必须在断言任何事情之前保证它是对的。所以我把石灰水倒进一个没有烧炭的瓶子里，摇了摇，但没有任何变化发生：瓶子里的石灰水仍然非常清澈。因此，只有碳酸才能使石灰水变白，氧气和氮气都与之无关。我要补充的是，除了碳酸之外，没有任何气体具有使石灰水变白的能力。"

第 2 节
二氧化碳的特性

"那么，通过这种液体，我们有一种实用的方法来区分二氧化碳和所有其他气体。例如，假设一个瓶子里有一种我们一无所知的气体，我们想知道它有没有可能是二氧化碳。观察瓶子里的石灰水震荡时会变成白色还是不受影响，就能立刻解决这个问题。通常在我们不知道的情况下，碳进行了燃烧，我们可以通过石灰水来做判断，即使我们认为不可能有二氧化碳存在，石灰水的证词也不容置疑。我们将有机会在最重要的关头援引这一证词。因此，让我们牢记这一事实：二氧化碳使石灰水变白，反之，每当石灰水被气体变白时，这种气体就是二氧化碳。

"我把瓶子里因二氧化碳变白的液体倒进玻璃杯里，把它举到光前，透过光观察它。你们看到什么了？旋转的白色薄片，像凝乳中的微粒。我们让液体静置一段时间，白色的颗粒慢慢沉淀在底部，液体再次变得清澈起来。我把液体倒掉，把沉淀物留下。沉淀物没有多少，几乎一小撮都没有。它会是什么呢？从外观上，人们会说这是面粉、淀粉或粉笔灰。粉笔，没错，用来在黑板上写字的那种粉笔。

"不过，一刻也不要想着写字用的粉笔和这一撮白粉是用同样的方法制成的。如果为了制造粉笔，必须先烧掉木炭，然后把二氧化碳和石灰水摇匀，那就要花一大笔资金。普通的粉笔在自然界中是现成的，它只需要从杂质中分离出来，压成固体，然后切成一根一根的。不过，我们刚刚通过人工手段获得了真正的粉笔。这是怎么回事？是这样的：水中含有溶解的石灰；碳酸来占有了其中的石灰，与石灰结合形成了一种盐，称为碳酸钙。因此，你看到的白色粉末是一种盐，是石灰和碳酸的混合物，就简单来讲，是碳酸钙。

"在自然状态下，这种物质虽然总是由碳酸和石灰组成，但其细度、稠度和硬度可能有很大的不同。如果比较软，容易破碎，则是粉笔；如果坚硬粗糙，则为石灰石、建筑石材、方石；如果更坚硬，且结构细密精致，则为大理石。这些不同种类的石头，在名称、外观和用途上都有很大的不同，但它们说到底是相同的东西，是石灰和燃烧后的木炭的结合体。化学，不注重外观，只考虑内部结构，给它们起了碳酸钙的名字。因此，如果有必要的话，我们可以从粉笔、大理石或任何石灰石中获得碳酸，与燃烧木炭所获得的碳酸完全相同。

"现在我请你们注意，这瓶石灰水给我们上了一堂古怪的课。假设我们想研究燃烧木炭产生的气体。我们在壁炉里堆燃料，生一堆熊熊燃烧的大火吗？绝不是。我们不需要燃烧的木炭，不需要壁炉，也不需要火炉。几块石头能给我们提供同样的气体，绝对完全一样。化学中有很多类似的例子，这些例子打乱了我们现有的传统观念。对无知的人来说，这一切都像是魔法。你在寻找最好的燃料吗？化学告诉你要在水中寻找。你想要某种比如从燃烧的煤中升起的气体吗？化学告诉你它是在石头里发现的。"

第 3 节

最黑的物质存在于最白的物质中

"粉笔里有碳。最黑的黑色物质存在于最白的物质的结构中。连埃米尔也不可能质疑这一点，虽然每当任何新颖的说法使他吃惊时，他总会一次又一次要求进行证明。我在瓶子里燃烧的是真正的以木炭形式存在的碳；于是，产生了一种叫作二氧化碳的碳酸气体；然后，石灰水与这种碳酸接触产生的细小粉笔灰在溶液中打着转，而接触碳酸之前，石灰水并不是这样的。粉笔中有碳，但它处于燃烧过后的状态，除非它与氧气的现有伙伴关系解除，否则，它不可能再次燃烧。因此，粉笔是不可燃的。与此同时，许多其他物质中都含有丰富的，而且处于未燃烧状态的碳，因此它是可燃的。在这些物质中，肉眼看不见碳，也没有任何东西能使人想到它的存在。以制造所谓蜡烛的材料为例。这种蜡烛外表美丽洁白，但它含有大量的碳，从燃烧的灯芯冒出的黑烟就可以证明这一点。但是，抛开这种烟雾不谈，让我们检测物质本身，看看它是否真的含有碳。我们的课程已经事先做好了安排：我们只需要点燃蜡烛，看看是否有碳酸形成。如果有的话，这就是证明蜡烛的白色物质中含有碳的无可争议的证据。让我们试试看。

"我把瓶子里灌满纯净水，然后倒空，以更新里面的空气，正如你们看到我做的这样。然后我把一支点燃的蜡烛放进瓶子里，系在一根金属丝上，一直放在那里，直到它熄灭。有没有形成二氧化碳？我们的石灰水会告诉我们的。我往瓶子里倒了一点石灰水，摇一摇。哈！看那里，石灰水呈现出浑浊的白色，因此我们知道蜡烛的燃烧产生了二氧化碳，证明蜡烛的白色物质中含有碳。这没什么难的。

"让我们再举一个例子。纸中含有碳，我们只需要把它烧掉一块，检查烧焦的碎片，根据其黑黑的颜色判断出纸中含有碳。但我们不会参考这一迹象，毕竟，它可能具有欺骗性，因为不是所有的黑色物质都是碳。重新在我们的瓶子里装满纯净的空气，卷一张大小合适的纸放进瓶子里燃烧，注意不要让灰烬掉下来，因为它们会干扰剩下的操作。然后，我用石灰水作证，石灰水再次变白。所以瓶子里一定有碳酸，因而也有碳。你们看，不言而喻。

"再来一次。燃烧的纸所产生的黑烟和它烧焦的碎片呈现出的黑色，在没有石灰水的帮助下让我们确信，纸中含有碳，就像从已燃的烛台升起的黑烟使我们觉得蜡烛中含有碳一样；尽管纸和蜡烛都是白色的，我们还是推断出了这一点。但现在我们又发现了第三种物质，它没有类似的表现碳的存在的迹象。它是酒精，或者说乙醇。尽管它和水一样清澈，但是其浓烈的酒味立刻证明了它不是水。它很容易着火，并且燃烧时没有黑烟。这种易燃的无色的液体里有碳吗？无论是在火焰中还是在它附近，我们都没有发现任何黑色的痕迹。没有呛人的黑烟，没有深色的残留物。现在只有石灰水才能解决这个问题了。我把一根金属丝的一端弯成环状，用来拖住一个小杯子，在杯子里倒上一点酒精，点燃它，把它伸进瓶子里，瓶子里的空气我事先更新过。一旦酒精停止燃烧，我就进行石灰水实验。石灰水变白了，问题就迎刃而解了。我现在完全可以肯定，酒精，一种无色透明如水般的液体，含有一种紧实的黑色不透明物质——碳。

"用这种方法，我们可以测试各种各样的物质。所有燃烧过程中产生使石灰水变浑浊的气体的物质，它们的成分中都含有碳。如果我在这一点上有什么需要强调的，那就是通过实验告诉你们，在确定一种化合物的真实属性时，表象具有欺骗性。我刚刚向你们证明过，事实也一目了然，表面上看起来不含有碳的物质中其实有碳的存在；你们接下来还会看到更令人惊讶的证明，一块石头可以产生我们称之为二氧化碳的碳酸气体。"

第 4 节
强 酸 与 弱 酸

"粉笔、大理石和所有石灰石都含有碳酸。碳酸是一种强度很小的酸，它的位置可以随时被任何其他更强大的酸所取代。在化学中，强者的残酷法则占了上风：滚出去，给我腾个地方。如果我们在碳酸钙上倒一些强酸，碳酸就会释放出来，被新来的酸取代，新的酸会和石灰形成一种新的盐。例如，硫酸将碳酸盐变成硫酸盐，磷酸则将碳酸盐变成磷酸盐。在这两种情况下，碳酸伴随着石头表面产生的泡沫被释放出来。

"这件事值得我们研究研究。在燃烧过木炭的瓶子里倒入石灰水，震荡，从而得到白色粉末，现在我们用这撮白色粉末进行实验。玻璃瓶底部的粉末，尚未干燥，但这丝毫不会影响我们实验的成功。我把一滴硫酸滴在白色的糨糊上。混合物立刻沸腾，覆满泡沫。正如我们所说，它会起泡。这种泡沫是被另一种酸驱赶出来的碳酸形成的。现在让我们试试真正的、用来在黑板上写字的粉笔。我拿起一根粉笔，用一根细长的玻璃棒在上面滴了一滴硫酸。当酸一接触到粉笔，粉笔表面就产生泡沫，这无疑是碳酸被赶出来的标志。

"从我的话和两者外观的相似性来判断，你们已经倾向于认为这种白色粉末的性质与粉笔一样了，现在，有一个非常具有决定性的测试可以证明这一点。这两种物质在与酸接触时都会产生泡沫，并且都会产生相同的气体，这通过在更大规模的实验中收集形成泡沫的气泡，轻而易举地就可以确定。它们的相似性不仅仅局限于外表，还有更深层次的，基础的，也就是说，被测试的两种物质是同一种东西。

"石灰石也是一样的东西。但是，当我们看到石灰石时，我们如何认出它，如何把它与其他类型的石头区别开来？这些问题亟待解决，因为我们要用这块石头来制备足够的碳酸，以便进行下一步的实验。我们决不能随随便便，先试试我们遇到的第一块石头，如果它不符合我们的要求，就去试试另一块石头。我们必须一开始就在我们的仪器中放入正确的原料，以制备碳酸。在哪里可以找到这种材料，这种储存气体的仓库呢？我们怎么样才能从这么多不同种类的石头中挑出我们需要的那一种呢？一滴强酸就能告诉我们答案。这是在河床上捡到的一块硬石头。我在它上面滴一滴硫酸，没有反应，没有泡沫，因此，这块石头不含碳酸，不是碳酸盐，它对生产我们所需要的气体毫无用处。我们把它扔掉。这是第二块石头，和第一块一样硬。我采用同样的方法测试它，它刚碰到一点儿酸，就产生了泡沫。所以这块石头中含有碳酸。石头是碳酸钙，是石灰石。如果一个人对自己所在地区的岩石不太熟悉，从外表上看也无法区分它们，正如你现在所看到的，我希望有一种非常便捷的方法，可以解决什么是石灰石和什么不是石灰石的所有疑问。"

"很明显，"埃米尔同意道，"如果接触强酸时，产生泡沫了，那就是石灰石；如果没有，那就不是石灰石。起泡沫的石头会产生碳酸，不起的则不会，因为它不含有碳酸。"

"在我们的定义中，"保罗叔叔继续说，"我只改变一个词，我这样做是为了使我们的术语尽可能是化学术语。当我用'起泡沫'（foaming）表述气体释放时产生的冒泡或沸腾的现象时，更恰当地说法应该是'起泡'（effervescing）。在化学语言中，我们说石灰石在强酸的作用下起泡（effervesce），这实际上等同于说它冒泡泡（bubble）、起泡沫（foam）或产生气泡（froth），而不冒泡的石头就不是石灰石。"

第 **5** 节

碳酸钙的特性

　　"'石灰石'一词是指碳酸钙，但是还有许多其他碳酸盐，每种金属都有一种碳酸盐，有时不止一种，因为同一种金属偶尔也有几种碳酸盐。铁、铜、铅、锌，不用说，就像钙一样，都有自己的碳酸盐，钙的碳酸盐当然是碳酸钙或者说石灰石。这种碳酸盐的数量比其他任何一种碳酸盐都要丰富得多，在我们这个世界上起着十分重要的作用，因此我特别提醒你们注意。一大半的土壤是由它构成的。巨大的山脉就是大块大块的碳酸钙。无论是稀有还是丰富，所有的碳酸盐都无一例外地具有与酸接触时起泡的特性。因为它们都含有碳酸，否则它们就不是碳酸盐了。当一种更强的酸取代碳酸时，它们都会释放出这种酸。这种气体的释放必然伴随着气泡或起泡。不久你们就会明白从这种怪异的性质中我们可以学到什么。

　　"我在壁炉里拈一两撮灰放进这个玻璃杯里。如果我问你们这些灰烬里有什么，你们会怎么回答？你们没法告诉我，因为从视觉、味觉和嗅觉上，它都没有给我们任何信息。但通过巧妙迂回的方法，我们可以得出有证据支持的答案。我往灰烬里倒了一点硫酸，很快它就起泡了，酸和灰烬的混合物剧烈地翻腾起泡。因此我们推断出……谁来告诉我？"

　　"我知道，"埃米尔急忙回答，"灰里有碳酸钙。"

　　"我想，"朱尔斯说，"埃米尔下了一个相当仓促的结论。所有的碳酸盐都会因酸而起泡，所以泡沫只能说明灰烬中有碳酸盐，但我们并不知道这是哪种碳酸盐。"

"你说得对，孩子。灰烬中含有碳酸盐，但这不是碳酸钙，它是另一种金属钾的碳酸盐，你们听过这个名字。如果我刚才对灰烬所做的一切并没有告诉我们它们所含金属的性质，至少它告诉我们，在这些壁炉的灰烬中含有碳酸。在这一点上你们应该知道，化学家就是通过这样的测试来确定物质的性质的。你把一块石头、一种矿物、一把泥土或任何你认为值得认真检测的东西交给化学家。他用一种化学物质测试，告诉你这其中含有铁；他用另一种化学物质测试，说它含有铜；他用第三种化学物质测试，证明其中存在硫；依此类推。然而，我们看不见铁、铜、硫，在各种实验的过程中也不曾见过。但是各种化学物质的作用表明，它们确实存在，证据确凿。当一块白色大理石在接触硫酸时冒泡，我得出结论：大理石中含有碳酸，因此大理石中含有碳。同样，化学家从他所做的实验进行推理，不需要眼睛去看就能通过实验弄清一种物质中含有这种成分，另一种含有那种成分。

"现在，让我们开始制备碳酸。我们这里有大量的石灰石的碎块。我抓一大把放进玻璃杯里，然后加水以缓和酸的作用，使气体释放的速度保持平稳，不要太快，防止起泡剧烈，一发不可收拾。我现在要用的酸不是我在你们刚才看到的实验中用过的硫酸，不用硫酸是因为：用硫酸，碳酸钙会变成硫酸钙，或者说熟石膏。熟石膏是一种不溶性物质，会给碎石块包上外壳，阻碍酸的进一步作用，从而使气体的释放停止。实验虽然一开始会很成功，但很快就会结束了。为了使气体不间断地释放，石块的表面必须保持清洁，而不能覆盖上保护层。换而言之，用酸形成的新化合物一旦形成，就得离开石块。如果新化合物溶解在周围的水中，就满足这个条件，使用盐酸就是这样。"

"你说什么酸？"埃米尔问。

"我说是盐酸。"

"真是稀奇古怪的名字！我肯定记不住。"

"别怪我，又不是我发明的。如果你愿意的话，我们可以叫它盐精，工厂和车间里就这么称呼它。我的朋友铁匠，同时也是锁匠和铜匠，他用它来清洗他的旧铜器，他给了我这瓶盐精。跟他讲盐精，他就能明白你在说什么；叫它盐酸，他只会翻你个大白眼。"

"但为什么叫盐精呢？这个名字也很奇怪。"

"之所以这么叫它，是因为它是用盐做的，普通的厨房用盐。至于'精'这个字，这一点似乎让你们很疑惑，它是早期化学的古老语言的残留物，所有不可见的物质都起了这个名字，比如我们现在称之为气体的物质。对那些很久以前的化学家来说，从热葡萄酒中冒出来的看不见的、易燃的蒸汽就是葡萄酒的酒精，而以某种方式从普通的盐中提取出来的刺激性的酸味蒸汽就是盐的精华。'酒精'这一术语仍然通用，而'盐精'，只有从使用它的工匠那儿有机会听到这种叫法。

"这种酸还有另一个值得注意的特点：它不含氧，不像硫酸、碳酸、磷酸还有我们或多或少有机会提到的其他酸那样，是一种燃烧后的非金属。盐酸是由氯元素和氢元素组成的，因此你才很难记住它的名字。氯，我希望你们没有忘记，是在盐和氯酸中发现的非金属。至于氢，没必要再提醒你们那是什么了吧？

"简单地说，盐酸或盐精，无论你喜欢哪一种叫法，它都是一种带有酸味的淡黄色液体，蒸发在空气中时是一种极其刺鼻的白色烟雾。我在装有水和石灰石碎块的玻璃杯里倒入一些盐酸，接着，由于碳酸从石头中释放出来并被盐酸所取代，杯子里开始沸腾和冒泡。这个化学反应我们将在下一节课中讨论。"

20

二氧化碳

导　读

王凤文

　　黑黑的木炭燃烧产生的气体，竟然和白色的石灰石高温分解或石灰石与盐酸反应生成的气体一样。二氧化碳能使石灰水变浑浊，能和水反应生成碳酸，这种被压缩到雪碧可乐中的气体，引起了小伙伴们的极大兴致。

　　今天保罗叔叔就将在实验室制备并收集二氧化碳，研究二氧化碳的性质。看看二氧化碳有哪些故事呢？

　　受当时条件和资源的限制，保罗叔叔总能合理利用身边的物品因陋就简为孩子们创造更好的条件，以满足实验要求，看看吧，老腌咸菜坛子代替储气瓶、纸片折叠成的纸锥代替漏斗重新派上了用场。一切准备就绪，急坏了埃米尔小朋友，原来他发现收集气体的水盆还没有准备，担心气体会浪费掉呢。是保罗叔叔的疏忽吗？当然不会，一位资深的化学科学引领者怎么会犯如此幼稚的错误呢！显然二氧化碳的收集方法不同于氢气和氧气的收集方法。

　　在空气中倾倒无色无味的二氧化碳气体竟然和倾倒液体一样，或者说像在油中倾倒水一样。果真如此吗？如何验证二氧化碳已经被倒入另一个充满空气的瓶子之中呢？保罗叔叔会用澄清石灰水帮我们验证。随着大理石表面气泡的产生，孩子们又有新的疑虑产生了。怎么知道无色无味的二氧化碳气体已经充满集气瓶？保罗叔叔沉稳地用燃着的纸片放到集气瓶口就能轻松搞定。纸片火焰的熄灭致使二氧化碳的又一个性质被发现了。孩子们瞪大眼睛看着眼前的一切，竟然比氮气中火焰熄灭得还要迅速！其实，现代社会消防安全设施随处可见，汽车上、公告场所、小区楼道里，都能见到的灭火器，大部分灭火原理都是产生的二氧化碳起灭火作用。是不是觉得二氧化碳很神奇啊？

　　更神奇的还在后面，保罗叔叔即将利用手中的实验为我们还原"狗窟洞"的不解之谜。一个略显悲伤的古老故事，一个把利益建立在动物的痛苦之上取悦于人的可怕故事，为了防止狗跑掉，捆绑狗的四肢并将狗放在洞穴地上，人站在其旁边。后面发生了什么？狗痛苦万分，濒临死亡，而人却安然无恙。一次次的表演，就是一次次的折磨，这让忠实于主人的狗充满恐惧。到底什么原因？难道真有"屠狗妖"吗？还是让二氧化碳背了"杀手"之名？还是让我们先来了解一下二氧化碳吧。

首先我们分析一下二氧化碳气体的实验室制取和收集。

发生原理： 实验室制备二氧化碳的原理很简单，用大理石或石灰石和稀盐酸反应，不需加热。

$$碳酸钙 + 盐酸 \longrightarrow 氯化钙 + 二氧化碳 + 水$$

发生装置： 发生装置的选择要考虑药品的状态和反应条件，块状固体和液体反应制备气体时不加热，和实验室制备氢气的发生装置是相同的，反应容器可以选择广口瓶、锥形瓶，当然也可以选择大试管。还要用到长颈漏斗和导气管、双孔塞（一孔插入长颈漏斗，另一孔插入导气管）。

收集方法： 气体的收集方法要考虑气体的性质，二氧化碳气体密度大于空气密度，可以用向上排空气法收集。因为二氧化碳气体能溶于水，所以一般不用排水法收集。这一点与氢气的收集方法是不同的。

收集装置： 收集装置的选择要由收集方法来决定，向上排空气法只需把导气管伸入集气瓶底部即可。

验满方法： 利用二氧化碳不支持燃烧，能灭火的特点，可以将燃着的木条放在集气瓶口，如果木条火焰熄灭，说明气体已满。

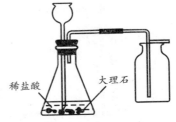

稀盐酸　　大理石

孩子们，故事中的"狗窨洞"也许离我们很遥远，可是生活中类似的窨洞并不少见。农村的菜窖，村边的干井，山里的洞穴……对科学的无知曾经让无数的人类体验过狗的痛苦，甚至被夺去了生命。通过今天的学习，你一定能找到更好的方法帮助那些可能身处危险之中的人们，还是让我们走进保罗叔叔实验室，和小朋友们一起来学习更多的知识吧！

第1节
制取二氧化碳

"昨天我们发现石灰石中富含二氧化碳，我们还发现，要从石头中释放并单独获得这种气体，我们需要做的就是把另一种更浓的酸滴在石头上，最好是盐酸，因为它很便宜，而且这种液体还有另一个优点：它可以一直保持石头表面干净清洁。我们今天的计划是从石灰石中提取这种燃烧碳而形成的气体。所需的仪器与制备氢气所需的仪器相同，也就是，需要一个广口瓶或双口瓶，如果我们的实验室里有这种方便的器具的话；或者，如果我们的资源比较有限，则需要一个瓶口很宽的瓶子，给瓶口装上一个大塞子，塞子上有两个从上到下贯穿的孔。在其中一个孔中，安装一个直达瓶子底部的玻璃管，在孔中插入一个小玻璃漏斗，如果没有漏斗，就用纸锥，一点一点地往里倒盐酸，以使起泡速度不足以使泡沫上升太高而溢出。在第二个孔插入一根曲管作为释放气体的导管。

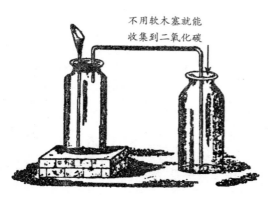

不用软木塞就能收集到二氧化碳

制取二氧化碳的装置

"这是我们要找的东西，一个带大瓶塞的普通瓶子，瓶塞上有两个孔。我在这个瓶子里放了一把最硬的碎石灰石块。如果我有一块大理石，比如说一块旧办公桌的碎片，会更好；但是，如果没有，我会尽我所能用普通的石灰石，它唯一的缺点是其中可能有杂质，会弄脏液体。我往瓶内加水，调整插入塞子的两根管子。当然，直管会被推入液体中，曲管不会。现在我倒进一点盐酸进去，我们立刻看到由于从石头中释放出气体而引起的骚动，像是沸腾一般。从这一点上说，一切会自行发展，我们只需放任装置不管，我们的活动仅限于偶尔添加一点酸，以防止实验停止。"

第 **2** 节

收集二氧化碳

"快，快，那盆用来收集气体的水呢？"埃米尔看着他叔叔明显毫不在意地把装置扔下不管，大声喊道。

"这里用不到那盆水，"他叔叔向他保证说，"我们不用那个累赘的东西就可以收集到二氧化碳。"

"但是气体会浪费掉的。"

"我们可以浪费一点，因为制备这种气体十分简单廉价。我们需要什么才能制备出我们想要的气体？只需要1便士的酸和路边捡到的一块石头。另外，我不在乎浪费是有原因的：瓶子里有空气，我正让碳酸把它赶走呢。

"现在它已经搞定了，或者说几乎搞定，也许，除了一点点痕迹，装置里已经没有空气了。所以，我把输送气体的管子导入一个广口瓶，并确保它伸到底部。过一会儿瓶子里就会装满二氧化碳。"

"但是它会从瓶子里跑出来的，没有软木塞，"朱尔斯不赞成，"或者至少它会和瓶子里的空气混合。"

"你不必害怕这种事，"他叔叔回应，"二氧化碳比空气重。当它通过几乎碰到瓶底的导管到达瓶内时，它聚集并形成越来越厚的一层气体，从而排出较轻的空气。空气形成一股看不见的气流，流出瓶口，而二氧化碳则一点一点地从瓶底到瓶口，取而代之。如果我们有一个装满油的容器，慢慢地从底部注入一股水流，会发生什么呢？水比油重，会积聚在容器底部，逐渐上升，把油，即较轻的液体排出。当二氧化碳被引入封闭的空气体底部时，也是类似的过程。"

"我明白了，"埃米尔说，"但我想问一个问题。油，我可以通过颜色判断它什么时候全部排除，它的位置什么时候全部被水取代；但在这里我们什么也看不见，既看不见二氧化碳，也看不见空气。那么，我们怎么知道什么时候所有的空气都被排出，什么时候瓶子里装满了二氧化碳呢？"

"我们的眼睛是无法告诉我们的，利用我们已经掌握的知识，火焰将帮助我们进行判断。二氧化碳是火焰的死对头，它不允许哪怕最小的火焰亮着。我将点燃一张纸，把它塞进瓶口。如果它继续燃烧，说明瓶子上部还有一层空气；但如果它熄灭了，则说明瓶子里除了二氧化碳，什么也没有。让我们试试看吧，现在时机正好。当点燃的纸还没没入瓶颈时，它就熄灭了——这是二氧化碳到达瓶口的确凿证据。现在我们有了下一步实验所需的气体。我把实验装置放在一边，因为我们现在用不到它了。当我们再次需要时，我们只要注入更多的盐酸，让它与石灰石进行反应。"

第 3 节

二氧化碳与空气

　　"这里是我们的二氧化碳。它像空气一样无色、透明、看不见。我们刚刚把它从石灰石中提取出来，在那里，化合物把大量的二氧化碳关押在一个狭小的空间内。一块还没核桃大的石头就能产出几升的二氧化碳。我们刚刚从岩石中放出了一些二氧化碳，现在我们要把它关回去，让它重新进入岩石，也就是与其他物质发生反应，生成石灰石。我往装有二氧化碳的瓶子里倒了些石灰水，用手掌紧紧地合上，然后充分震荡。液体变白变稠，像变质的牛奶。我们让它沉淀一会儿，小碎片沉到瓶底堆出厚厚的一层。你知道的这些白色的片状物和碳酸钙、粉笔以及我们从石灰水和燃烧的木炭中获取的二氧化碳混合震荡后得到的化合物是一样的。所以我们有新的证据，再加上其他证据，证明石灰石确实含有燃烧木炭产生的气体。

　　"气体消失了，再次被关进石头里，或者，更确切地说，在一种泥浆里，如果它被干燥和挤压，就会变成石头。我再次拿出我们的装置，重新在瓶内制备二氧化碳。你们认为一支点燃的蜡烛在这样的气体中会怎么样呢？"

　　"它会熄灭的，"埃米尔回答说，"就像那张点着的纸一样。"

　　"另外，"朱尔斯补充道，"所有东西都只能在氧气或空气中燃烧。"

　　蜡烛确实熄灭了，火焰到了瓶口就瞬间消失了。氮气也做不到比这更快、更彻底。蜡烛不仅立刻熄灭了，灯芯里的火光一刻也没有留下。

　　"不用做任何残酷的实验，"保罗叔叔接着说，"我们就可以确信，这种显然不适合燃烧的气体同样不适合维持生命。一只动物会死在里面，而且很快，就像你看到麻雀在氮气中死去一样。现在我们来证明二氧化碳比空气重。我已经在不用水盆收集气体时利用过这种重量差，所以，事实上，证据已经摆在我们面前了。尽管如此，我还是要给你们展示一个更鲜明的证据。

"我们要用到两个容量相等、瓶口大小相同的瓶子。在我右边的这个，充满了二氧化碳。我把点着的蜡烛放进去，蜡烛马上就熄灭了。另一个在我左边的瓶子，充满了大气。我放下一支点燃的蜡烛，火焰会继续燃烧。现在，取出蜡烛，我拿着右手边的瓶子，慢慢地把它倒过来，同时使它的瓶口和另一个瓶子的瓶口吻合在一起。事实上，我要把水从一个瓶子倒到另一个瓶子里时所应该做的，正是我现在所做的。我把二氧化碳看作液体倾倒而下。我们看不见任何东西从上面的瓶子流到了下面的瓶子中，也看不见任何东西从下面跑到了上面；然而，正如我们不久将要证明的那样，交换已经完成了。较重的气体二氧化碳下降，进入下面的瓶子中，而较轻的气体大气则上升，进入上面的瓶子里。等几分钟，我把两个瓶子放回原处，再试试点燃的蜡烛。蜡烛在右手的瓶子里继续燃烧，因此这个瓶子装的不再是二氧化碳，而是空气。它在左边的瓶子熄灭，证明后者已经把原来的大气换成了不能维持燃烧的气体。由此可见，瓶子里的二氧化碳下沉了，空气上升了，它们俩在交换位置的过程中没有混合在一起。"

第 **4** 节

狗 窟 洞

"现在听听这个。在许多地方，尤其是在火山附近，二氧化碳不断地从地面逸出。有二氧化碳的地方，也有泉水。最有名的是那不勒斯附近的波佐里。它被称为'狗窟洞'，得名于一只狗因人们的好奇心而被当作消遣工具的悲伤故事。洞穴是从坚硬的岩石中挖空出来的，洞中的空气带有泥土的芬芳，潮湿而温暖。泥浆里到处都在冒泡。

"这个洞穴有这么一个看守人，为了钱，向人们展示我接下来要给你们描述的可怕的实验——为了防止狗跑掉，他把狗的腿都绑在一起，然后把它放在洞穴中间的地上，他自己也站在那里。没有什么东西能让人察觉出丝毫的危险，没有恶臭，空气也十分清新。再说，那狗的主人不是就一脸毫无畏惧地站在山洞的正中间吗？狗却发出阵阵痛苦的哀鸣。它剧烈地抽搐扭动，眼神黯淡无光，头重重地垂下，就好像正在死亡的门口徘徊。此时它的主人将它带出洞穴，松开它的腿，让它呼吸纯净的空气。渐渐地，这只动物苏醒了，它挣扎着站起来，但仍然头晕目眩。它呆呆地、迟钝地环顾四周，然后撒开腿飞快地跑开，显然它很害怕受到第二次折磨。

"狗所做的是主人教的吗？它是不是受过在洞穴里装死的训练，在它的主人站在它旁边丝毫不觉得不舒服的那块地方？不，这条狗真的快死了，因为它很清楚，每天都要重复几次这样的动作来度过它悲惨的一生。它非常清楚这一点，以至于它很不情愿地接受了这个实验。当它看到一个陌生人从远处靠近时，它就变得闷闷不乐，当然，它还会呜呜低吼，预示它会咬人。它的主人带它去洞穴的时候，不得不用皮带把它拴起来，拖着它走，而可怜的野兽则用耷拉的耳朵和尾巴来表示它的不情愿。但当苦难结束，陌生人离去时，它明显表现出满是荒谬的快乐。这只悲惨的动物很高兴被允许复活。

"这个著名的洞穴中所有的东西都很好解释。就像我说的，二氧化碳从地下冒出来。这种气体不适合呼吸；动物呼吸几次就会死亡。此外，它比空气重；因此，它不是均匀地分散在整个洞穴中，而是靠近地面，形成一层大约半米厚的气层。当一个人站在洞穴中间时，气层只到他的膝盖处，而那只趴在地上的狗则完全沉浸在其中。主人不必呼吸有害气体，也不会觉得有什么不舒服的地方；狗什么也呼吸不到，结果就会濒临死亡。但是，如果狗的主人像狗一样躺在地上，他的命运将会与这只可怜动物一样。

"较重的气体不断地进入洞穴中，并不断地从洞穴口逸出，像一条溪流似的流了出去，而空气毫无波澜。没有人看到这条小溪，没有人会怀疑它在那里。它既不发出咕咚咕咚的声音，也不会流过鹅卵石床，而是在草地上轻轻地、安静地奔跑。但是，它的存在可以借助一支点燃的蜡烛检测出来：在这股看不见的气流的范围之外，蜡烛可以燃烧，不过一旦它的火焰浸入气流之中，它就会熄灭，就像掉进水里一样。通过这种方式，气流可以被追踪到距离洞穴一定距离的地方，而在那里，它会被大气的气流冲散。"

第 **5** 节

狗窟洞的实验真相

"如果不是很远的话，"当他的叔叔讲完故事时，朱尔斯说道，"我想去看看那个美妙的洞穴，但我不会让那只狗遭受那样可怕的折磨。我只想用点燃的蜡烛做一个测试，先是在洞穴里把它举得高高的，然后放在地面附近，看看它被放下时是否会熄灭。"

"如果你只想做这样的测试，"他的叔叔回答说，"完全没有必要去波佐里，因为我们可以在这里复制'狗的洞穴'里的一些基本条件。一个玻璃广口瓶就是我们的洞穴，用石灰石和盐酸在我们的仪器中制备出的气体代替从地底冒出来的二氧化碳。这就是我们所需要的广口瓶，容量足够大，瓶口很宽。我把曲管的长臂插入瓶子底部。二氧化碳流经管道，积聚在瓶底，并因其重量滞留在那儿，形成厚度不断增加的气层，代替了等量的空气。没有什么能告诉我们这层二氧化碳在不同的时刻有多深，因为二氧化碳和空气这两种气体都是看不见的。尽管如此，根据我们仪器中气泡的活动，我们可以对广口瓶何时充满大约一半的二氧化碳做出准确的猜测。然后我断开瓶子和仪器的连接，停止气体的供应。

"如果我的判断不是特别离谱的话，现在可以断开连接了。断开连接之后，我们看到的是一个人工的'狗窟洞'，也就是说，一个下面充满二氧化碳，上面是大气的玻璃广口瓶。仔细看看。它看起来都是一样的，下层的二氧化碳和上层的空气一样无色，一样看不见。我们的眼睛不能告诉我们哪里是致命气层结束和可呼吸气层开始的地方。虽然两者之间有一个鲜明的界限，但眼睛看不出任何蛛丝马迹。

"我慢慢地把点着的蜡烛放进罐子里，测试里面的东西。刚开始烧得很旺，随着蜡烛的位置不断降低，火焰还在燃烧；但最后到了一个临界点，它开始变暗。这就是两层气体之间的分界线，如果我再把蜡烛放低一点，它就会立即熄灭，完全沉浸在二氧化碳气体中。就是现在，我们有朱尔斯想看的东西——一个'狗窟洞'的复制品和点燃的蜡烛在里面的表现。根据蜡烛的位置的高低不同，它会继续燃烧或熄灭。

"现在想象一下，我们的广口瓶里有两种大小迥异的动物，较小的一种完全浸入底层，较大的一种头部位于顶层。前者会在短时间内死亡，因为它吸入的气体无法维持生命，而后者则不会感到任何不适，因为有足够的纯净空气可供呼吸。这是狗和人在洞穴中的相对位置，洞穴的下层是二氧化碳，上层是纯空气。"

21

不同种类的水

导　读

王凤文

　　孩子们，你喜欢喝雪碧、可乐、汽水吗？当经过摇晃后，再打开这些饮料瓶的时候会看到什么现象？对的，会有大量泡沫喷溢出来。也就是说，有气体从中逸出。这种气体不是别的，就是前面我们用石灰石和稀盐酸反应制备的二氧化碳，也是存在于"狗窟洞"中让狗备受折磨、险些夺走生命的气体。说到这儿，你也不必担心，二氧化碳并非毒气，我们喝过的饮料并不是毒水。那么，我们就继续听保罗叔叔讲有关"碳"和"钙"的故事吧。

　　首先，"我们经常喝的水不管看起来多么清澈，从来都不是纯净的"，烧过水的水壶内壁常常有一层白色的水垢。"当我们喝下一杯水的时候，我们也同时喝下了一小块建筑石材。""如果溶液中没有这种物质，主要由这种物质构成的骨骼就不能正常发育，我们会变得孱弱无力。"听起来是不是有些荒谬？

　　"石灰石"本是白色坚硬的不溶于水的矿石。却能溶解在含有二氧化碳的水中，这种溶有碳酸钙的清水静置几天，又可以出现白色的石灰石成分。

　　水会有软、硬之分，硬水给生活带来哪些困扰？我们的饮用水又该具备什么条件？健康的水是什么？

　　碳在空气中燃烧生成的碳氧化物有二氧化碳和一氧化碳，这对孪生兄弟性格差异如此之大，简直让人费解。人的呼吸竟然是二氧化碳的来源之一。

　　生活中司空见惯的煤炉的燃烧取暖是与危险并存的行为，那么如何正确使用煤炉、使用煤气应该是我们的必备常识。

　　要解决这些问题，就让我们先来分析一下吧：

　　◆空气中含有二氧化碳，二氧化碳能溶于水，所以自然存在的水中总是溶有二氧化碳气体的，因此水也是略显酸性的。我们喜欢的碳酸饮料就是在加压条件下把二氧化碳更多地溶解在饮料中，我们在开启这些饮料时，因压力减小，气体会从中逸出一部分，所以会产生大量泡沫。我们饮用这些饮料，会由于气体逸出带走热量，产生凉爽的感觉，让口感更好。当然，我们也会吞下一些二氧化碳气体，所以有时会打饱嗝。但是不用担心，二氧化碳气体不会危害到你。

◆二氧化碳不能供给呼吸，所以，在二氧化碳浓度较大的环境中，会因为缺少氧气而导致窒息，严重情况下会死亡。所以我们要为二氧化碳正名，它不是有毒气体。

◆二氧化碳水溶液能溶解碳酸钙，发生的反应为：

$$碳酸钙+二氧化碳+水 \longrightarrow 碳酸氢钙（可溶于水）$$

天然水中含有碳酸氢钙，受热分解会生成碳酸钙，因而水垢形成的反应可以表述为：

$$碳酸氢钙 \xrightarrow{加热} 碳酸钙+二氧化碳+水$$

◆水中适量的钙、镁离子的存在，对人体是有益的。含有钙、镁离子较多的水，叫硬水，不适合饮用。同时，在用肥皂洗衣服时还会产生浮沫，这是肥皂中的成分和钙离子形成的难溶物，因而浪费了肥皂却洗不干净衣服。

◆碳及含碳的有机物燃烧，在氧气不充足的情况下会产生一氧化碳气体，一氧化碳是一种无色、无味、不溶于水的有毒气体，和氢气一样，可以燃烧并放出大量热，所以是很好的燃料。它和人体血红蛋白的结合能力远大于与氧气的结合能力，所以吸入一氧化碳会影响血液中氧气的吸入，造成缺氧死亡。可见一氧化碳是一种有毒气体，我们在生煤炉时一定要注意通风，以防发生"煤气中毒"事故。使用"煤气"时，一定要注意避免泄漏，一旦发生泄漏，首先关闭气源，及时开窗通风。切记不可打开任何电源，以免电火花打火引发爆炸事故。

好了，孩子们，还是让我们回到保罗叔叔实验室吧。更多实用、有趣的知识等着我们去探索，加油，未来的小化学家们！

第1节

二氧化碳水溶液

　　"年轻的朋友们，把化学只当作我们闲暇时用来自娱自乐的一系列实验，那就大错特错了。我承认，几乎没有什么比看到一条铁丝带在氧气中明亮地燃烧，或是使一个充满氢气的小气泡上升，然后让它接触火焰而爆炸更有趣的了。如果这样的把戏能全面唤醒我们的思维，那就更好了，我们从中所学到的东西将更加深刻地留在记忆中。但要注意，不要认为化学会就此结束。对这门科学的追求并不是一件微不足道的事情，它是一项非常重要的事业，物质世界中与我们有关的一切都与化学有关。今天，它将向我们展示为什么葡萄酒、苹果酒、啤酒和其他发酵饮品会起泡。

　　"葡萄酒会冒泡，也就是说，葡萄酒会使瓶塞从瓶口砰地弹出，倒入玻璃杯时，会被满满的泡沫覆盖。想要获得这样的葡萄酒，我们得在发酵结束前将它们装瓶。这样一来，二氧化碳继续在酒瓶中形成；当它的出口被软木塞堵上时，它不得不留在液体中不断积聚，但它从未放弃尝试逃跑。正是这种气体，当把牢牢固定瓶塞的金属丝或细线剪断时，使得瓶塞砰地弹出来；也正是这种气体，使葡萄酒从打开瓶塞的瓶口冒出泡沫，并使玻璃杯中液体的表面产生泡沫，导致一连串轻微的噼啪声从持续破裂的小气泡中传来；也正是这种二氧化碳，使发酵的苹果汁酿成的苹果酒冒泡，使抽芽大麦制成的啤酒浮起沫。"

　　"起泡的白葡萄酒和苹果酒，"朱尔斯说，"有一种刺鼻的味道，但还可以接受。我从来没喝过酒，所以我对啤酒一无所知。这种刺鼻的气味来自二氧化碳吗？"

"是的。碳酸是一种非常温和的酸，这是事实，尽管程度适中，但它仍然具有所有酸所特有的味道。"

"当我们喝葡萄酒、苹果酒或啤酒时，我们会吞下一些这种气体，这岂不是会对身体有害吗？"

"如果二氧化碳被大量吸入肺部，才是有害的。在我们的发酵饮品中，它有着轻微的酸味，不难闻，甚至有益健康，助于消化。你们要明白，这样一种物质，虽然呼吸时是致命的，但对胃完全无害。没有人敢在水下长时间捂住嘴和鼻孔，因为会导致窒息而死，或者，就像我们所说的，淹死。水不适合用来呼吸，它不能给我们肺部提供空气，尽管如此，它仍是最好的饮品。二氧化碳有点与之类似：当它与饮料，比如葡萄酒或苹果酒混合时，可以饮用；但如果谁大口大口地呼吸它，他很快就会死去。

"几乎我们喝的所有水里都含有天然的二氧化碳；我们随水喝进胃里的钙质有一部分是来自这种气体及它的化学反应，它会帮助骨骼生长和保养。不管看起来多么清澈，我们经常喝的水从来都不是纯净的，有外来物质溶解在其中，这一点可以从玻璃水壶内壁上那层逐渐累积的薄薄的石质物质以及玻璃逐渐下降的透明度中得到证明。这层物质很难去除，因为它似乎与它所附着的容器溶为一体。有时我们必须用浓醋使它脱落，让水壶恢复原来的透明度。这层附着物非常坚固，因为它是石头，真正的石头，和泥瓦匠用来建房子的那种石头类似；简而言之，它是石灰石。因此，即使是最清澈的水，不含任何杂质的水，其溶液中也可能含有石头，正如糖水中含有糖，却看不见糖的影子。"

"那么，"埃米尔说，"当我们喝下一杯水的时候，我们也同时喝下了一小块建筑石材。我从来没想过竟然是这样。"

"我年轻的朋友，正如你所说，我们确实喝了一点建筑石材，但这是好事。为了长得又高又壮，我们的身体需要大量的石质物质来制造骨头，它对于我们来说，就像木材构架之于建筑一样。我们自身并不能产生这种对我们来说必不可少的物质，而需要从饮食中获取。水给我们提供了石灰石。如果溶液中没有这种物质，主要由这种物质构成的骨骼就不能正常发育，我们会变得孱弱无力。"

第 2 节
石 灰 石 的 溶 解

"我们会通过一个简单的实验看到，石灰石是如何溶解于水的。在这个小瓶子里有一些澄清石灰水。我把二氧化碳装置的出气管插进去，一直插到瓶底。当气体通过管子进入液体时，液体就会变得浑浊发白。原因我们都知道：二氧化碳与水中的石灰结合，形成碳酸钙。到目前为止还没有什么新的知识，但是如果让气体继续排放到石灰水中，当它找不到石灰与之结合时，它就将被水吸收，虽然不是全部吸收，但至少会吸收一部分。然后我们会看到液体褪去了它的乳白色浑浊状态，逐渐变得清澈，最后变得和起初一样透明。

"现在一切都结束了，浑浊消散，白色的碎片消失了。粉笔已经看不见了，水又变清了。然而，我们依然可以确定，虽然什么都看不到，但是在液体中，仍有几分钟前形成的碳酸钙，但它溶解在水中，因此我们看不见它。我们学到了某些新的东西：含有二氧化碳的水会溶解少量的石灰石。

"等我们再学点别的东西，我的演示就该结束了。如果让这种溶有碳酸钙的清水静置几天，二氧化碳就会逐渐跑出来，就像葡萄酒在玻璃杯中静置一段时间后，同样的气体也会逃跑一样；而因碳酸的存在一直溶解在水中的石灰，会重新以粉笔灰的形态出现，所以液体会再次呈现出乳白色的浑浊状态。不过这种恢复乳状的过程可以加快：我们只需加热液体就可以排出二氧化碳，这时我们可以再次看见粉笔以白色粉末的形态沉积下来。因此，一切对我们来说都清晰明了，首先，含有二氧化碳的水中溶解有少量的石灰石，其次，当水由于长时间暴露在空气中或由于高温的作用而失去二氧化碳时，这种溶解的石灰石就会重新出现并形成沉积物。

"现在，很多地方都有二氧化碳从土壤中逸出，比如'狗窟洞'里就有令人窒息的气流。在其他地方，大气中也一直含有部分这种气体，就是我们的壁炉和炉子中燃烧的燃料产生的气体。雨水降落，冲刷大气，泉水从地下涌出，在途中与二氧化碳相遇，其中一些气体被它们吸收并带走。之后，当它们在土壤上流动时，很可能含有大量的石灰石。这就是大多数水溶液中的碳酸钙的来源。如果现在二氧化碳因长时间暴露在空气中而一点一点地逸出，碳酸盐就会恢复其石质形态，并沉积在水中可能存在的任何物体上。这样就形成了钙质的水垢，或者说是石灰石附着层，有时它会在我们的水管和喷泉的管道内部形成水垢并造成堵塞。

"要想适于饮用，或者，换言之，要想变得能喝，水中应该含有一点溶解其中的石灰石；而且，在我刚刚告诉你们，我们的骨骼是如何形成的之后，你们应该能够清楚地明白这是为什么。但水中石灰石含量太多的话，就会难以消化，压迫胃。适当的比例是1升水中含有1分克到2分克石灰石，或者大约是一小撮。含量过多，我们称之为硬水；或者我们说水很重，因为喝了水以后它会压在肚子上。

"有时水中富含石灰石，任何浸入水中的物体表面都会迅速结出一层水垢。你们可能见过一种泉水或溪流，它们在流动过程中遇到的任何草叶或苔藓丛上都覆盖着石质物质，形成了一种叫作'钙华'的轻岩。其中一些钙质泉（calcareous spring）相当有名，例如，克莱蒙费朗市[1]圣阿利尔小镇[2]的泉水。从这个著名泉水流出的水落在一团灌木丛上，人们利用其溅起的水流按照自己的想法给物品附着上石灰石，如鸟巢、果篮、花束。有助于石灰石溶解的二氧化碳从水中逃脱，喷射的水流沉积形成一层石头，使鸟巢、果篮和花束看起来都石化了。人们几乎认为是一个聪明的雕刻家用大理石雕刻了这些东西。不用我说，这样的水不适合饮用。"

"我也是这么想的，"埃米尔同意道，"这种水喝下去会在肚子里形成一层石头，很难消化。"

第 3 节

饮用水的常识

"我们家里用的水从来不会含有这么多的石质物质，但其含量也足以带来不便，特别是在洗涤方面。你们一定注意到过，用肥皂洗过亚麻布的水或多或少是发白的。这种白色不是由于肥皂形成的，因为在纯净水，例如雨水中，肥皂溶解时几乎不会对液体的透明度产生任何影响，当然，也不会使液体变成乳白色。假如使用肥皂时，清水变白了，那完全是因为溶液中有石质物质。当水在洗衣过程中大量变白，水中充满

---

1 克莱蒙费朗市：Clermont-Ferrand，法国中南部城市，多姆山省的省会，奥弗涅大区的首府。

2 圣阿利尔小镇：Saint-Alyre-d'Arlanc，隶属于克莱蒙费朗第二县的一个小镇。

肥皂凝块时，这无疑表明它含有太多矿物质。接着，清洗就变得困难起来，肥皂溶解不良，形成肥皂片，造成浪费，却没有洗掉杂质。

　　"这种水对某些食材来说也不好，尤其是对于煮沸的蔬菜，如脱水豌豆、豆荚、扁豆和鹰嘴豆，尤其是最后一个。水里的石质物质使豌豆、豆荚或其他蔬菜包裹住，你就算把它们煮上一整天，它们都不会变软。当然，这类水不适合烹饪，也不适合饮用，过多的矿物质会使胃的负担过重。

　　"既然我们已经谈到了这个问题，那我们就把水利于饮用应该具备的品质列举出来。它应该有一点空气溶解于其中。我们加热一些水，当它开始变热时，我们将看到小气泡从底部升起。这些气泡不是蒸汽的气泡，因为此时的温度还不足以产生蒸汽。它们是空气气泡，是溶液中的空气，现在被热量赶出来了。对了，这种溶解的空气对饮用水来说是必不可少的。如果没有的话，水的味道就会有些不太妙，甚至可能让人恶心反胃。这就是为什么刚从沸点冷却下来的温水不好喝的原因。最好的水是泉水，流动的活水，因为它的不断运动使它接触并吸收尽可能多的空气。相反，我们口中的死水，静静的停留在某些沟渠中的水，虽然接触空气但很少与空气有交流，质量低劣，往往对健康有危害，特别是在其中发现腐烂的蔬菜时。

　　"正如我所说，清水的溶液中几乎总是带着一点二氧化碳。我要补充的是，某些泉水中含有大量的泡沫，散发出轻微的酸味。这些温泉被称为气泡矿泉（effervesce mineral spring），塞尔泽、维希[1]和其他著名的泉水也属于气泡矿泉。从中汲取的水常作医用。"

---

1 维希：Vichy，法国奥弗涅大区阿列省的一个城镇，位于阿列河河岸。

第 4 节
氧化合物与呼吸的关系

"但关于水中二氧化碳的话题我们已经谈得够多了。让我们以几句话来总结一下今天的课，谈谈由碳和氧组成的气体们隐藏的危险。我之所以说的是'气体们'而不是'气体'，是因为碳的燃烧产生两种化合物，它们所含的氧的量不同。燃烧得越彻底，或者说，氧化得越多，含氧量也越高，这就是我们现在所熟知的二氧化碳（carbonic-acid gas）；燃烧得越不彻底，含氧量也越少的，叫作一氧化碳（carbon monoxid）。毫无疑问，第一个是一种可怕的气体，我们需要防范它，因为它积聚的地方很可能对人类的生命构成威胁，酒窖中就有大量的二氧化碳积累。任何人被迫呼吸这样的空气，即使只呼吸了几分钟，也肯定会死，除非有援助措施能立即救活受害者。然而，二氧化碳并不是一种毒药。我们在普通的水中可以喝到一点二氧化碳，在气泡饮料中喝到更多；可以说，在我们的日常面包中也可以吃到它，因为面包中充满了面团发酵时因这种气体产生的气孔；我们不断地呼吸它，因为它总是存在于我们周围的空气中；最后，人体本身在呼吸时会释放出二氧化碳，这是二氧化碳的永恒来源。很显然，那不是毒药。当它在纯净的状态下被呼吸时，会导致死亡，这仅仅是因为它不能给空气腾出位置，二氧化碳本身没有有害的属性，而空气是我们所知道的唯一可呼吸的气体。氮也是因此导致死亡的。

"一氧化碳则完全不同，它是真的有毒，它是一种非常有害的气体，即使只吸入与大量空气混合的少量一氧化碳也会致命。更危险的是，它每天都会在我们家里形成，没有任何东西可以显示出它的存在。它无色无形无味，只有当伤害已经造成时，敌人才会让自己现身。我们时不时听说一些不幸的人，要么由于疏忽大意，要么故意为之。偶尔会发生这种事：因为没有勇气继续与生活作斗争，他们在一个装有木炭取暖器的封闭房间里早早结束生命。一氧化碳是造成这些可悲事件的罪魁祸首。即使少量吸入，也会首先引起剧烈头痛和全身不适，然后失去知觉，头晕、恶心并极度虚弱。当这种状态持续下去时，就会生命垂危，而死亡随时降临。

"了解这种可怕的气体是在什么条件下产生的对我们来说是一件好事。一氧化碳的形成是由于碳燃烧的完全程度低于产生二氧化碳时的完全程度，很明显，任何妨碍燃烧又不完全阻断燃烧的情况都会产生这种气体。如果通风不良，如果燃烧的燃料缺乏足够的空气供应，一氧化碳就会是这种不完全燃烧的必然产物。还记得当炉子里的煤火烧起来时发生了什么吗？起初，由于温度较低，大部分燃料较冷，空气流通缓慢，燃烧缓慢，出现了蓝色的小火舌。后来，当火烧得很旺的时候，这些蓝色的火焰就不见了。这些美丽的蔚蓝色火舌暗示着一氧化碳的存在，因为这种气体在完全燃烧并转变成二氧化碳时会显示出这种颜色。每当你们看到一堆燃烧着的煤上有蓝色的火焰时，你们可以肯定，一氧化碳正在助长这些火焰。

"我现在告诉你们的，已经足够让你们了解我们在燃烧煤或木炭时所面临的风险，燃烧的产物会逃到我们所在的房间里，而不是进入烟囱；如果房间又小又闭塞，风险就更大。这样一个房间决不能用火盆取暖，因为火盆里的燃烧总是缓慢的，总是或多或少地释放出这种致命的气体，但这种气体不会让任何蛛丝马迹暴露自己的行踪，而是诡谲地、突然地出现在我们面前。死亡可能在刚刚怀疑有危险之时就降临了。当一个人靠近火炉或火盆，甚至是一个燃煤的脚炉时，常常会感到头痛，这是这种可怕的气体发出的唯一警告。我们必须留心这一警告，时刻注意我们的安全。

"关上卧室炉灶的气闸，以便在夜间保持小火，是非常不明智的。烟管被气闸关闭，无法为燃烧产物提供足够的出口，造成通风不良，一氧化碳就这样形成了。它在房间内扩散，使熟睡的人窒息。如果一个房间很小且空气不流通，一个燃煤的脚炉就足以让人产生头痛，甚至导致更严重的后果。"

22

植物的工作

导　读

王凤文

碳、空气和水竟然被说成是所有美味菜肴的原料，这是怎么回事呢？

保罗叔叔的厨师朋友告诉我们，所有美味佳肴都可以说是由碳、空气和水组成的。

保罗叔叔还说最伟大的厨师竟然是"植物"。植物作为地球上所有的居民摆了一桌宴席；植物是负责保护大家身体健康的卫生官员；植物为伟大的艺术家，装扮着我们美丽的世界；植物是最勤劳的生产者，给全世界源源不断地提供粮食。世上几乎所有的食物，归根结底都来自植物对碳、水和空气的改造。除了极少数例外，动物和植物体内的一切物质都是由水、碳或空气构成的。听起来有些荒诞不经的话语，又蕴藏着怎样的化学知识？

今天就让我们来揭秘这些论断吧。

水、碳和空气包含的主要元素就是碳、氢、氧、氮四种，它们是世界上的动植物中有机物质的主要构成元素（还有硫和磷等元素）。在自然界中，二氧化碳、空气和水在动植物体之间进行着无限次的分解与合成的循环。

二氧化碳在自然界中有着广泛的来源，任何呼吸的、燃烧的、发酵的、腐烂的东西都会向大气中释放二氧化碳；遍布耕地的肥料，用于给房屋供暖的煤、木材、木炭和其他燃料以及工厂运转所需的大量煤炭，火山的喷发，这些都是二氧化碳的丰富来源。惊人的数字显示二氧化碳的排放量足以杀死世界上所有的动物，可事实上我们和所有动物从没有担心过生活在空气中会窒息，因为空气中二氧化碳的体积分数只占0.94%，这是植物在其中起着至关重要的作用！

植物在生长过程中要进行光合作用。光合作用就是植物、藻类和某些细菌利用叶绿素，在可见光的照射下，将二氧化碳和水转化为葡萄糖，并释放出氧气的生化过程。这个神奇过程，把人和动物不能吸收的二氧化碳，转化为动物赖以生存的氧气和营养物质。如植物的生长，收获的根、茎、叶、花、果实、种子等，富含糖类、油脂、蛋白质等，会直接或间接地成为人和动物不可或缺的食材。释放出来的氧气重返大气，供给呼吸和燃烧，因此说植物以二氧化碳为食，是负责保护大家身体健康的卫生官员，是动物的养料，还真不为过！

如果植物停止工作，所有的不能从自然状态的碳以及空气和水中获得营养的动物，终将因饥饿而灭亡。羊因为缺少草而灭亡，狼因缺少羊而灭亡，人因缺少各种各样的食物而灭亡！这是令人惊悚的言论，同时也是科学的论断！

通过上面的分析，二氧化碳被植物吸收，植物变成动物的食物，食物在消化的过程中又被动物呼出（或随着动物死亡、腐烂），重新进入空气中。这个过程是不断循环的。因此，我们在把植物当成食物的过程中，也要承认动物同样是植物的养料。一个木桩燃烧所产出的二氧化碳中的碳元素很有可能进入我们吃的美味面包和黄油中去。保罗叔叔会引领我们观察石灰水放置一段时间表面形成的硬皮，以及由石灰制成的水泥用在建筑高楼大厦时的硬化过程。相信今天的内容会让我们对空气中存在的二氧化碳存有更深刻的认识。

保罗叔叔还会通过"植物在水中"的实验以及大量有趣的事例，给我们展示二氧化碳和氧气的转化，揭示水生动植物的相互依存关系。

第1节
朋 友 与 厨 师

"我永远不会忘记，"保罗叔叔接着说，"我的一位朋友是如何受到一位有名厨师的粗暴对待的。"

一天晚会，他发现厨师站在热腾腾的锅碗瓢盆边，看着各种各样菜肴的准备过程，沉浸在自己成功的事业中。他有着一张宽大的脸庞，厚实的下巴一层又一层，其肥大的鼻头上满是痘痘，还挺着一个威严的将军肚，裤腰上塞着餐巾，头顶雪白的亚麻帽子——他就是这样一位男士。

平底锅放在炉子上用文火炖着，从锅盖下面飘出一股香气，闻着味道就好像已经吃到肚子里了似的。叉子上烤着一只塞满蘑菇的肥美阉鸡和一只装饰着培根的小火鸡。一边，一只散发着刺柏香味的胖鹌鸟将自己最鲜美多汁的部分献给了一片黄油吐司。

"对了，"我的朋友按惯例问候了一下，然后指着一只平底锅说，"这里面有你的杰作吗？"

"野兔千鸟杂烩。"这道诱人菜肴的设计者答道。他打开锅盖，舔舔手指，心满意足地笑起来。房间里立刻飘出一阵香气，香到足以唤醒饮食最节制的淫欲之魔。

我的朋友大大赞扬了一番，然后继续说：

"大家都承认,你的厨艺很好。不过,如果一开始就有好材料,做一道好菜并不难;如果有一只肥美的阉鸡随时可用,想让人流口水不难;还有,用千鸟肉制造最诱人的香气也不难。最理想的成就是做出一份没有阉鸡、没有野兔、没有鸟或任何野兽的烤肉或杂烩。老方法过于严苛,要做野兔肉酱,就必须先抓住一只兔子。野兔到处跑来跑去,不是谁都能抓住的。如果我们能拿点别的东西,普通的容易弄到手的东西来做烤肉或杂烩,那就方便多了。"

厨师一时间不知道该如何回答,因为我朋友的话显然很严肃。

"什么!"他叫道,"一份没有兔子的兔子肉酱,一份没有阉鸡的烤阉鸡?你的意思是说你能做到?"

"不,我做不到,我远不够聪明。不过我认识一个相当聪明的人,同他相比,你和你的厨师同行们不过是些笨手笨脚的笨蛋罢了。"

厨子的眼睛闪了一下,这位艺术家的自尊心受到了严重的伤害。

"请问,这位大师中的大师用的是什么?因为我想,没有东西的话,他很难做出美味佳肴来。"

"他使用的材料非常不起眼。你想看看吗?都在这儿了,齐了。"

我的朋友从口袋里掏出三个小瓶子。厨师拿了一个,瓶子里装着一种黑色的粉末,他摸了摸,尝了尝,然后把它放在鼻子前闻了闻。

"是炭,"他说,"你在骗我。你的木炭阉鸡一定很好吃!让我瞧瞧你的另一个小瓶子。哈,这是水,如果不是的话,就是我猜错了。"

"你说得对,这是水。"

"现在第三瓶。哎呀,里面什么也没有!"

"别这么快下结论,里面有东西——空气。"

"空气！你的空气阉鸡应该骗不过胃吧？你是认真的吗？"

"非常认真。"

"不开玩笑？"

"一点也不。"

"你的大厨用木炭、水和空气，不加任何别的东西来做阉鸡？"

"是的。"

厨师的脸变青了。

"你是说他用水、木炭和空气做出这道栗子鸡？"

"是的，没错。"

厨师的脸由青变成了紫色。

"用木炭、空气和水，他就能做出这摊鹅肝肉和这锅炖鸽子？"

"是的，一百盘都可以！"

厨师的脸已经变成了深红色，他爆发了。厨子断定我的朋友是个拿他开玩笑的疯子。于是他抓住我朋友的肩膀，把他转过来，将他推出了门外，随后把他的三个小瓶子也扔了出去。然后，他的脸色由深红色变成紫色，由紫色变成青色，最后变回了原来的颜色；但是证明可以用木炭、空气和水做出一只阉鸡的演示从未开始过。

第 2 节

三种美味菜肴的原料

"你的朋友拿着那三个小瓶子，当然是在开玩笑，不是吗？"朱尔斯问。

"完全不是。他的三个小瓶里确实装着美味菜肴的原料。我不是已经向你们展示过木炭，或者碳，构成面包、肉、牛奶和无数其他我们食用的东西了吗？想想那片烤过了的面包，那块忘在烤架上的烤羊排。"

"我明白了。你朋友说的是化学元素。碳是其一，是三个小瓶子中的第一个小瓶子里装的东西。那另外两个是怎么回事？"

"第二个也很容易解释。当面包片刚开始在炉子上烤时，用一块玻璃挡住从上面冒出来的烟，你们很快就会看到这块玻璃覆盖上了一层薄薄的水汽，就像你们对着它呼吸一样。这种水汽来自面包。因此面包中含有水分，无论它看起来多么干燥，它事实上都含有相当多的水分。如果我们能从一口面包中提取出它所有的水分，你们会惊讶于它的分量之多。你们要是知道我们每顿饭吃多少水，一定会大吃一惊的。"

"但是我们不吃水，我们喝水。"埃米尔反对说。

"我说我们吃水，是因为它在面包里，不会流动，不会浸湿任何东西，也不解渴。它是固体而不是液体，是干的而不是湿的，是咀嚼的而不是喝的东西。或者，更好的说法是，它不再是水，而是某种与空气和碳结合在一起，构成面包的其他东西。"

"好吧，"男孩表示同意，"我承认面包里一定有水，因为开始烤面包片的时候，从那块玻璃上可以看出来。但还有另一个瓶子需要解释，装着空气的那个。"

"仅凭我们所掌握的简单手段，是无法提供证据的。食物中出现的三种物质中，我只列举了两种：碳和水；第三种物质的存在，你们必须不假思索地接受。"

"一致同意：面包里有空气。你还想告诉我们什么其他奇妙的事情吗？"

"我们将会看到。首先，这点是我们一致认同的：面包是由碳、空气和水组成的，这三种物质以某种方式结合在一起，互相融入彼此，它们不再单单是碳、空气和水，而是变成另一种完全不同于三者中任何一个的东西。白色已经变成黑色，香味已经变成无味，营养成分已经变成无营养的东西。

"在火炙烤下的肉也教给我们同样的道理：它会转化成碳，并释放出含有空气和水的烟雾。我们不再深入研究，因为我们再怎么探寻下去都只会得到同样的答案。所有我们吃的或喝的，所有滋养我们的东西，都可以简化为水、碳和空气。除了极少数例外，动物和植物体内的一切物质都是由水、碳或空气构成的。让我们更直截了当一点。碳作为一种单质，一种元素，一直是碳而不会是别的东西；而水是由氢和氧组成的，空气是由氧和氮组成的。因此，碳、氧、氢、氮，这四种元素是构成植物界和动物界几乎所有事物的原材料。

"所以我那拿着三个小瓶子的朋友说的是实话，因为厨师做的所有美味佳肴都可以简化为由碳、空气和水组成的。那些小瓶子里装着的就是烤阉鸡、炖鸽子、鹅肝馅饼、奶油塔等当中所包含的元素、主要原料；但是要把它们放在一起，做成食物，这样的艺术家，也就是我朋友所说的伟大艺术家十分稀缺，因为化学简单粗暴，只知道如何搞破坏。"

第 3 节

最 伟 大 的 厨 师

"那你的朋友说的那位艺术家是谁？"

"植物，我年轻的朋友们，尤其是草。在世界范围内盛行的豪华宴席上，只有三道菜，然而它们的形式千变万化。从享用世界各地提供的最优质美食的美食家，到用海浪冲刷上岸的满肚子黏液的牡蛎；从树根吸收一英亩地养分的橡树，到一块奶酪上的霉菌，一切的来源都是一样的，都依靠碳、空气和水。唯一的区别在于这些原料的制作方法。狼和人，后者在食物和其他方面与狼没有什么不同，都吃羊身上提供给它们的碳，羊从草里吃到碳，而草……啊！我们说到点子上了，植物给全世界提供粮食，狼、羊和人完全任其摆布。

"在人和狼的肉中含有碳、空气和水，它们紧密地结合在一起形成美味，而羊也在草中发现了它们，尽管没有那么美味，也没有那么紧密，它们还是被巧妙地烹饪过。但是对羊来说，如此营养的植物，如此适合构成羊肉来维持人的生存和身体健康的植物，其本身蘸什么酱料吃掉碳、空气和水呢？

"它吃它们时不加任何酱料，而是保持它们自然的状态，或者近乎自然的状态。植物拥有一个能力非凡的胃，它可以消化碳，吸收空气和水。没有任何其他形式的生命会把它们当作营养，自降身份去触碰，而植物会从这三种物质中提取它所需要的碳、氧、氢和氮，所有都自此转化成营养被它吸收。羊将草叶中发现的这些元素进行加工和配送，进一步改进元素，将其变成肉，通过最不起眼的变化，根据食用者的不同，最后成为人的肉或狼的肉。"

"我开始明白这一切是怎么发生的了，"朱尔斯说，"人的肉来自羊肉和其他各种吃下去的东西，羊肉来自它吃的草，而草是由碳以及空气和水中的元素组成的。所以一开始是植物为我们准备了食物。"

"是的，植物，只有植物有这样重要的任务。人从植物本身，或者从羊和其他含有经过加工的这些物质的动物身上，获得身体所需的物质；羊或其他食草动物从植物中获得它们，它们在植物中被发现时已经进入了加工的后期；只有植物才能从最初的来源获得它们，吸收不可食用的碳以及空气和水中的元素，并通过一个只有植物知道其奥秘的神奇过程，把它们转化为动物赖以生存的养料。所以，最后是植物为地球上所有的居民摆了一桌宴席。如果它的工作停止，所有形式的动物，绝对是所有的不能从自然状态的碳以及空气和水中获得营养的动物，将因饥饿而灭亡，羊因为缺少草而灭亡，狼因缺少羊而灭亡，人因缺少各种各样的食物而灭亡。"

"我现在明白了，"埃米尔说，"为什么你称植物为伟大的艺术家，因为它知道如何用你的朋友的小瓶子里的东西来制作一切。一切都是由碳、空气和水做成的。"

"植物吃东西和我们不一样：它浸泡在食物中。比如说碳，它不是在你们所知的细黑粉末的自然状态下被吃掉的，而是在它从固体形态转变并溶解之后被吃掉了。而碳的溶剂是氧，氧将碳转化为二氧化碳，这才是植物的主要食物。"

第4节
植物与二氧化碳

"你说植物靠二氧化碳生存，是那种如果我们呼吸几口气就会杀死我们的致命气体？"

"是的，我的孩子，植物依靠会杀死我们的东西生存，如果我们身边有足够的二氧化碳的话，就意味着死亡，而植物却用它来为我们烹饪食物。记住，任何呼吸的、燃烧的、发酵的、腐烂的东西，都会向大气中释放二氧化碳。因此，如果其他中介不阻止这些致命气体的聚积，接收这些致命气体的大气层在经历了数个世纪后，就会变得不宜呼入，所有的动物都会窒息而死。首先，让我们看看关于不断产生的二氧化碳的数量的统计数据怎么说。

"据统计，一个人在24小时内呼出的二氧化碳大约有450升，这就是说，为了进行这种燃烧，消耗了240克的碳和空气中450升氧气。按照这个速度，整个人类家庭一年所产生的二氧化碳将达到1 600亿立方米，也就是燃烧862.7亿千克的碳。如果把这些碳堆成一堆，就会形成一座底部周长1里格，海拔在400到500米之间的山。这是维持人体自然热量所需的燃料数量。我们所有人都按这个程度消耗着碳，在一年的时间里，我们呼出它，每一次都以二氧化碳的形式呼出。然后我们开始消耗另一堆同样大小的东西。那么，自地球诞生以来，人类要向大气中排放多少碳呢？

"我们还必须考虑到陆地和海洋中动物的多样性和生活范围以及它们对碳的需求，一年的需求可能相当于一座勃朗峰。动物的数量远远超过我们，它们遍布地球，包括海洋和大陆。要让生命的火焰继续燃烧，那得需要多少的碳啊！想想看，这些东西迟早会变成我们呼吸几口，就会很快死去的致命气体！"

这也不是故事的全部。发酵的物质，如葡萄汁、焙制成面包前的生面团以及所有腐殖质，比如，遍布耕地的肥料，这些都是二氧化碳的丰富来源。即使肥料释放气体的能力不强，一天内每英亩地的肥料也能释放出100立方米或更多的二氧化碳。

"用于给房屋供暖的煤、木材、木炭和其他燃料以及工厂运转所需的大量煤炭，这些不也会向大气中排放我们所说的有害气体吗？想想，从一整车一整车消耗煤炭的大工厂的烟囱中排向空气中的二氧化碳数量！再想想火山，那些巨大的天然烟囱，一次喷发就会喷出足够多的气体，让工厂火炉喷出的气体看起来仅仅像一阵微风似的。

"显然，二氧化碳源源不断，像无数洪流倾泻到大气中；然而，无论现在还是将来，动物都没有理由害怕窒息。不断被污染的大气，也在不断被净化：它一旦吸收了碳，碳就会被净化。请注意，小朋友们，负责保护大家身体健康的卫生官员是植物，它以二氧化碳为生，以防我们因呼吸二氧化碳而死亡，并用它来准备维持我们生命的食物。一切事物的腐烂大都会产生这种致命的气体，而这种气体是植物的主要养料。对于植物神奇的胃来说，腐烂意味着能吃饱。死亡砍倒的东西，草叶又将它重建了起来。"

第**5**节

空 气 与 石 灰 水 的 接 触

"显而易见，我们呼吸的空气中从来不缺少二氧化碳，并且即使按照当初从它巨大的产量所推断的那样，它也无法累积到能威胁生命生存的地步。我昨天倒了一些石灰水在这个盘子里，当时它完全是澄清的。仔细观察水面，你会发现一层易碎的透明硬皮，用大头针的针尖轻轻一戳就会裂开。人们可能会把它当成一层薄薄的冰。那么它会是什么东西呢？答案很简单：空气与石灰水有接触，其中的二氧化碳与后者反应，最终形成了碳酸钙，这一次它不再是白色的粉笔末，而是一层晶莹透明的薄片。"

"我经常注意到，"朱尔斯说，"在石灰上加水制造水泥时，水面上有同样的硬皮。我原以为那是冰，但由于它在炎炎夏日的太阳下都不会融化，所以我断定它是别的东西。"

"那是碳酸钙，和大气中的二氧化碳与溶解在水中的石灰在盘子里相结合形成的碳酸钙是一样的。我们既然谈到这个话题了，就再谈谈泥瓦匠的水泥吧。你们知道它是怎么样制备出来的吗？烧石灰的工人首先把一堆破碎的石灰石放在石灰窑中加热，高温将二氧化碳从中赶出来，只留下石灰本身。泥瓦匠将这种石灰加水、混合沙子，从而制成水泥，用铲子将水泥糊在石头中间就可以建一栋大楼。一开始柔软的水泥填充了所有的空隙，它逐渐与大气中的二氧化碳结合，这一过程，在分散在水泥中的沙粒的帮助下，其中的石灰与二氧化碳结合，形成了坚硬的石头，就和石灰被制造出来前的状态一样。随着时间的推移，水泥硬化，石头和水泥的整个结构变得坚固，以至于如果有人想把它们分开，石头常常在水泥放手之前就已经裂开了。因此，是大气中的二氧化碳通过将水泥中的石灰变回石灰石，从而使泥瓦匠的水泥变硬了。

"就像我说的那样，我们的身边一直有二氧化碳：硬化的水泥以及暴露在空气中时石灰水的表面形成的脆弱的硬皮就足以证明这一点。但是流动在我们周围的这种气体并不是很多；当一位化学家对空气进行精密的测试时，当然，其所用的资源比我们简陋的实验室里的要充足，他会发现无论哪个地方，每2 000升空气中的二氧化碳含量永远都不会超过1升。那么，源源不断、大量进入大气的二氧化碳都变成什么了呢？我们接下来就会发现，由于植物以它为食，导致了二氧化碳的消失。

"叶子的表面布满了极细小的称为气孔或气嘴的孔。一片叶子上就有上百万的小孔，不过，在这么小的空间里，气孔如此密集地聚集在一起，当然只有用放大镜或显微镜才能观察到它们。我没有办法将它的自然状态展现给你们看，只能给你们看看这张图。对了，植物通过这些细小的气嘴呼吸，但是不像我们呼吸干净的空气，而是呼吸有毒的气体，对动物来说致命的气体，对植物来说却是生命所需。通过数百万的气孔，它吸入分散于大气中的二氧化碳，用叶子中的物质进行吸收，在阳光的作用下，一个不可思议的过程就完成了。在阳光的刺激下，叶片对致命气体进行加工改造，使其完全剥离碳元素。换句话说，它们分解了二氧化碳，做了与燃烧相反的事，将与氧气结合在一起的碳分离了出来。

"你们不要认为将两种通过燃烧、通过氧化结合在一起的组织恢复到原来的状态是一件很容易的事。化学家如果想让形成二氧化碳，彼此紧紧拥抱的碳元素和氧元素分开，尚且需要最大限度地作用其才智，用上最烈的药剂，才能做到。喏，就是这样一项需要耗费化学实验室大量材料的任务，叶子悄无声息、毫不费力，一下子就完成了，只是需要太阳的帮助。

高倍放大下的气孔

　　"如果没有阳光，植物就无法消化它的主食二氧化碳。接着，它会在半饥半饱的状态下变得衰弱，它向前生长，好像在寻找急需的光明，它的叶子和茎失去了绿色，失去了健康的色调，最后它会死去。这种由缺乏光线引起的病态状态称为黄化或漂白。在商品蔬菜的栽培中，它的目的是使某些蔬菜更嫩，使它们的味道不那么强烈。如此，惯常的做法是把用来做沙拉的植物的茎或梗紧紧地绑在一起，以防止阳光照射到中间部分，从而使它变白变嫩。所以，同样的道理，我们通常在洋蓟和芹菜的茎秆周围堆起泥土，因为如果没有经过暗处理，常人难以接受它们的味道。在草地上平铺一块瓷砖，或者把花盆倒扣在一株植物上，几天后你就会发现阴影下的植物，其潮湿草叶变得病弱发黄。

　　"但是，另一方面，当植物充分地接受太阳光照时，二氧化碳会立即分解，碳和氧分离，各自恢复了原来的属性。脱离了碳的束缚，氧又回到了化合发生之前的状态；它再次成为一种可呼吸的气体，如果用氮气稀释，这种气体可以维持生命和火焰燃烧。在这种纯净的状态下，它被气孔释放出来，再次参与燃烧和呼吸。它进入叶子时是一种致命的气体，离开时是一种生机勃勃的气体。有一天，它会带着新的碳回来，把它的碳储存在植物的仓库里，然后再一次被净化，重新回到大气中。蜜蜂来来去去，一个接一个，从蜂巢到田野，从田野到蜂巢，一会儿卸下沉重的收获，急着去找新鲜的原料，一会儿又满载着蜂蜜，慢慢悠悠地飞回蜂巢。氧气就是植物蜂房里的大群蜜蜂：它带着大量的来自动物的血管、来自燃烧的燃料，或者来自正在腐烂的物质的碳，飞到气孔处，把这些碳留给了植物，然后离开，继续马不停蹄地来回跑。

"至于叶子从氧气中分离出来的碳元素，则被留在植物中，成为植物汁液的组成成分，最后变成糖、树脂、油、淀粉、木头或一些其他植物的东西。这些物质迟早都会分解，或是在因腐烂而进行的缓慢燃烧中分解，抑或是在转化成动物所需营养的过程中，在更加缓慢的燃烧中分解，然后碳再次形成二氧化碳，并返回到大气中喂另一代的植物，在大量形成的碳的帮助下，植物再次生长为动物的食物。

"现在我要问埃米尔，他是否还记得我们说过的那个老树桩，也许有一天，它的碳可以被用来制作一片面包和黄油吃。他还记不记得那棵释放碳来制造一条白面包或其他食物的橡树？我们今天吃的黄油卷，很可能是以前我们在壁炉里烧的木柴，难道不是吗？"

"我一点儿也没忘，"埃米尔答道，"当你告诉我们这些东西有一天可以给我们提供面包和黄油的时候，我是多么困惑啊！现在我开始明白这是怎么做到的了。一根木头在壁炉中燃烧，其中的碳跑出来与氧气结合，形成二氧化碳，散落在空气中。植物吸收这种气体作为食物，接下来我们知道，碳变成了小麦麦粒中的面粉，或者变成了被牛吃掉的草，最后变成了黄油；这样面包和黄油就都有了。来自这根木头的碳，在空气中周游一圈后，没有理由不再变成壁炉里燃烧的木头，它可以一次又一次地循环这个过程，没有人知道它可以循环多少次。"

"是的，我的孩子，它可以来来回回重复无数次，因为同样的碳永远都是从大气到植物，从植物到动物，又从动物到大气，而大气就是所有形式的生命获取主要构成原料的共同仓库。氧气是这种原料的常见载体。动物从植物或其他动物那里获得食物形式的碳，最后在氧气的帮助下制出二氧化碳，呼出它，使其进入空气。植物从空气中吸收这些不宜呼吸的气体，并反过来释放出纯氧，利用碳为人类和动物制造食物。因此，动物和植物两个王国互相帮助，前者制造二氧化碳来喂养后者，反过来，后者用这种致命的气体制造出可呼吸的空气和营养物质。"

"这些是你告诉过我们的最奇妙的事情了。"朱尔斯说，这些令人惊奇的变化给他留下了深刻的印象，"当你开始给我们讲那个厨子因为小瓶子脸都变青了的事时，我就想这一定是一个有趣的故事，不过我做梦也没想到会这么有趣，这么重要。"

"是的，我的孩子，我刚才告诉你的事情的确很有趣，也很重要，对像你们这么小的人来说，也许太难理解了。但我还是忍不住要让你们知道这其中巧妙的平衡，植物是动物的养料，动物也是植物的养料。"

第 **6** 节

植 物 在 水 中 的 实 验

"现在让我们暂时放下这些高难度的知识，进行另一个实验吧。我们要证明植物确实能分解二氧化碳。最简单的方法是在水下进行操作，这样我们就可以观察到气体的释放，即氧气，并将它收集起来。普通水的溶液中总是含有少量来自土壤或大气的二氧化碳，因此，我们不必向浸没在水中的植物提供二氧化碳。

"我们剪下一株长满叶子的植物，立即放入一个装满普通水的广口玻璃瓶中。水生植物是最合适的选择，因为用它可以得到更快和更持久的结果。接下来我们把瓶子和瓶口倒放在一盆水里，然后把整个装置放在阳光下。很快，树叶上就布满了珠状的小气泡，这些气泡上升到倒置的瓶子的顶部，并在那里积聚，形成气层。经实验证明，这种气体可以使刚刚熄灭的火柴重新燃起来，只要火柴上还有一点火星就可以。因此，这个气体是氧气。由此可以看出，溶解在水中的二氧化碳一定已经被树叶分解成原始元素，氧被释放出来，碳则留在叶子里。

　　"不过，让我们把实验室的设备放在一边，用最简单的证据来证明这件我们仍然抱有怀疑的事。让我们去最近的池塘，在某片平静的水域中，我们会发现一群蝌蚪在那里生活并茁壮成长，它们不是躺在水边的阳光下，就是游到深水处，自由地嬉戏玩耍。在这个池塘里，还可以看到各种各样的软体动物在独自缓慢地爬行，还有小贝类，它们用尾巴的末端猛地抽打水体，通过推力让自己前进；还有被包裹在细沙做成的小模子里的幼虫，还有潜伏在那里等待猎物的黑色水蛭；最后，还有刺鱼，一种风度翩翩，背部有刺的小鱼——鱼如其名。

刺鱼

　　"所有这些生物，无论什么种类，都呼吸氧气，只不过氧气溶在了水中。如果池塘里没有这种充满生机的气体，那么所有大量的动物毫无疑问都会灭亡。另一个危险也威胁着它。池塘底部是一层黑色的泥，是腐烂物质堆积的地方，如腐烂的叶子、死亡的植物、水生生物的排泄物、各种微小生物的尸体和其他废弃垃圾。池底的腐烂物质正不断地释放出二氧化碳，和对人类来说一样，对刺鱼和蝌蚪来说也一样，呼吸这种气体是致命的。那么，是什么清理了池塘水中这种无法呼吸的气体，并使得池水富含维持生命的氧气，以维持池塘里的生物群呢？

　　"水生植物以溶解的二氧化碳为食，在太阳光下分解它并释放氧气，从而使卫生部门正常运转。腐烂的物质供养植物，植物供养动物。在负责死水卫生状况的各种植物中，我要提一提水苔，就是那种纤细的、绿色的，呈丝状生长的生物，它为池塘或其他淡水水体的底部铺上了一层厚厚的天鹅绒地毯，或呈胶状碎片在水中漂浮。将其中一株放入一瓶水中，短暂地暴露在阳光直射下，你会看到植物上覆盖着无数微小的气泡。这些气泡是由分解二氧化碳而形成的氧气。这些气泡被这种水生植物黏黏的网丝黏住，不断增大，直到最后把被泡沫覆盖的它提到了水面上。

"这个实验并不需要什么特别的装备。只要从水生植物上撕下一块绿色的碎片，把它放在一杯水中，把玻璃杯置于阳光下，很快你就会看到你的小氧气工厂全面运转起来。当这一过程顺利进行时，把玻璃杯放在阴凉处，气体的释放就会立刻停止；但是，如果把玻璃杯放回到阳光下，就会立即重新开始形成气泡，这证明了这个奇妙的过程需要阳光。我想不到比这更美丽或更清晰的实验了。同时，它非常简单，你们自己去做一做。

"一小块绿色水生植物可以在一杯置于阳光下的水中制造可呼吸的气体，这将使你们理解，在大型水体中水生植物是如何完成卫生工作的，就像陆地植物对净化大气的影响一样。各种各样的绿色植物都生长在一个静止的淡水水体中，如果它们接受太阳光的照射来帮助它们工作，它们就会被微小的氧气珠覆盖，氧气会溶解在水中，给予水新生。正因为有了这种最低等的植物存在，静止的水才不会变得有害，才能保持养活无数水生生物的状态。

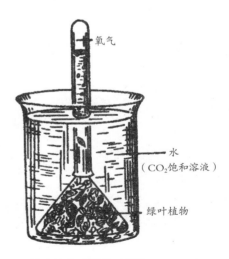

氧气

水
（CO$_2$饱和溶液）

绿叶植物

绿叶植物"制氧工厂"

"从这一切中，你们可以学到一点可能对你们有用的东西。多少次啊，你们都试着让刺鱼在玻璃瓶里活着，但你们总是失败。在不经常更新的水中，小鱼很快就会死去。一旦水中所含的少量氧气被它们呼吸耗尽时，它们就死了。今后，如果你们想成功，就在瓶子里放上一大把水苔。植物和鱼会互相依存，植物为刺鱼提供氧气，刺鱼为植物提供二氧化碳。这样一来，即使水得不到更新，两者也会生龙活虎地活下去。总之，如果你们想让你们的水生动物活下去，就不要忘了给予它们不可或缺的伙伴——水生植物。"

23

硫

导 读

王凤文

孩子们，从今天开始我们就要进入"硫"家族，了解其家族成员的性质及用途啦！

通过前面的学习，大家对硫黄应该不再陌生了，它是一种淡黄色的固体粉末，能与铁反应生成一种黑色的固体。硫黄易燃烧，能在空气中燃烧，发出淡蓝色火焰，或纯氧气中燃烧，发出明亮的蓝紫色火焰，并且都生成一种刺激性气味的气体，叫二氧化硫。

看啊，保罗叔叔小分队又转移到花园来做实验了！这里有五颜六色的鲜花，空旷的花园旁边有低矮的砖墙，保罗叔叔让两位小伙伴采摘紫罗兰和红玫瑰花，这次可不是测试酸碱性了，他们要把鲜花放在燃烧的硫黄上方，奇迹马上就发生了。到底什么情况，让孩子们发出阵阵惊叹，并且早已跃跃欲试想要亲自动手了？

原来，硫黄燃烧产生的二氧化硫气体接触到鲜花，使花朵的蓝色或红色统统褪去了。这就是二氧化硫的漂白性实验。**漂白的原理是二氧化硫能够和花朵中的有机色素化合，生成一种白色化合物，这种无色物质实际上是不稳定的，如果受热，就会分解释放出二氧化硫，花朵可以恢复原来的颜色。**

二氧化硫还能使哪些物质褪色呢？美味的樱桃汁鲜艳的红色如果不慎洒在衣服上，则是很难清洗干净的，就可以用二氧化硫漂白处理，能达到很好的去渍效果。除此之外，羊毛、丝绸、麦秆和毛皮都可以用二氧化硫漂白，尤其是编织草帽的原料—麦秆经漂白后制成的草帽色泽洁白干净，在市场上很受欢迎。但是大家可以想一想，经历了风吹雨淋日晒后的草帽会是什么样呢？

硫黄是易燃性固体，却能够在关键时候起到灭火的作用，听起来很不可思议吧？因为我们知道大多数的燃烧反应是需要氧气参与的，烟囱内着火，特点是空间相对封闭狭小，易于阻断空气进入，所以向火焰上撒入一些硫黄，由于它能快速燃烧，瞬间降低氧气浓度，燃烧产生的二氧化硫密度又比较大，可以附着在可燃物表面进一步隔绝并排出烟道内的空气，所以就能快速灭火了。烟囱着火时，要以最快的速度、最简单的方式扑灭火焰，硫黄当仁不让。更神奇的是保罗叔叔交给我们利用硫黄燃烧杀灭螨虫的做法。

二氧化硫在红酒中可以起到杀死杂乱菌种、提高有机酸含量、抗氧化、增加色度等多种作用，如果合理、适量使用二氧化硫，可以对葡萄酒的成分和质量产生积极影响。

下面我们看一下现代硫酸的工业制备方法：

第一步，制备二氧化硫，可以用燃烧硫黄或煅烧硫铁矿的方法制备。

$$硫+氧气 \xrightarrow{\text{点燃}} 二氧化硫（硫黄燃烧，生成的产物有且仅有二氧化硫）$$

$$二硫化亚铁+氧气 \xrightarrow{\text{高温}} 三氧化二铁+二氧化硫$$

第二步，二氧化硫催化氧化为三氧化硫。

$$二氧化硫+氧气 \xrightarrow[\text{加热}]{\text{催化剂}} 三氧化硫$$

第三步，三氧化硫和水反应就可以得到硫酸。

$$三氧化硫+水 \longrightarrow 硫酸$$

浓硫酸的特性：

浓硫酸具有吸水性、脱水性、强氧化性和强腐蚀性。利用浓硫酸的强吸水性可以将其用作干燥剂，用来干燥某些气体。由于浓硫酸溶于水会放出大量热，所以在稀释浓硫酸时，正确的做法是**把浓硫酸沿烧杯壁缓慢地加入水中，并用玻璃杯不断搅拌。**千万不能把水加入浓硫酸中，以防造成液体迸溅而伤人。

保罗叔叔利用其脱水性为我们展示了"魔法墨水"的神奇实验。我们知道有机物主要含碳、氢、氧三种元素，**浓硫酸能把有机物中的氢和氧按照水的组成脱出，从而使有机物因脱水而碳化变黑。**如果硫酸接触皮肤或衣物，会发生同样的变化。**当少量浓硫酸接触皮肤后，一定要用大量水冲洗，并涂抹硼酸溶液。**所以一定要注意安全！

硫酸虽然是强腐蚀性的危险品，也是重要的化工产品，只要我们科学、合理使用，就能让硫酸为科学技术、工农业生产发挥其巨大贡献，想要知道硫酸还有哪些重要用途吗？那就赶紧加入保罗叔叔趣味化学小分队吧！

第 1 节

二氧化硫

硫黄对你们来说太熟悉了，我不需要再向你们描述它的样子。它主要被发现于火山附近，那里出土了大量的硫黄，有时是完全纯净的，有时与泥土和石头混合在一起。在后一种情况下，就得对它进行提纯。

你们已经看过硫在氧气中燃烧时，有着美丽的蓝色火焰。这一燃烧过程会产生一种十分浓烈刺鼻的气味，人们吸入时会引起一阵咳嗽；我们把这个气体称为二氧化硫（sulphorous oxid）。在平常的空气中，硫燃烧得更慢，光线更柔和，但尽管如此，最后产生的化合物还是一样的。即使只是火柴头上的一点点，只要靠近燃烧的硫，这种含硫的气体就会让人咳嗽。我们能利用这个难闻的气体做什么呢？仅仅是一点儿气味，就能让我们像患上百日咳一样咳嗽。它对我们来说有什么用呢？这就是我们今天这堂课的主题。你们先帮我去花园里摘一些紫罗兰和一枝玫瑰花。

这些东西迅速地被带到了保罗叔叔面前，他在一块砖头上撒上一点硫，点燃后把那束事先微微浸湿的紫罗兰放在火焰上。不一会儿，紫罗兰就在硫的烟雾的作用下褪去了原来的颜色，完全变成了白色。从蓝变为白的过程十分明显，成功引起了埃米尔惯常的惊叹。

"哦！多有意思！"男孩叫道。当他的叔叔把紫罗兰放在燃烧的硫升腾起的气体中时，他目不转睛地看着变色的过程，"看呐，它们一被放到烟雾上，就变得这么白！有些一开始是半白半蓝的，然后蓝色一点点消退，一整束花都变成了纯白色，花儿看起来几乎和之前一样新鲜。"

"现在，我们来试试玫瑰花。"他的叔叔继续道。玫瑰花也相应地被放在燃烧的硫上，随之它的红色也同样逐渐消失，变成了白色，朱尔斯和埃米尔很高兴，他们已经打算自己动手重复这个神奇的漂白实验了，因为操作非常简单，只需要一块硫黄和几朵花。

"到此结束。"他们的叔叔说。他把漂白的玫瑰花和紫罗兰交给男孩们，让他们闲暇时去检验，"刚才我所做的，你们自己也可以用数不清的别的花做，特别是红色的和蓝色的花，它们暴露在二氧化硫中也会变白。然后，你们就会知道，燃烧的硫散发出的刺鼻气体有着破坏某些颜色的属性，并且最后都会替换留下白色。

"这种特性体现在很多方面，甚至家里也有它的用武之地。让我们从最简单的运用开始。这是一块白棉布，高级密织棉材质。我将它泡进醇美可口的樱桃汁中。现在我们只需要把染上色的布取出来。这很难用肥皂洗掉，但硫烟可以完美而轻松地做到，因为既然它能把花毫不费力地漂白，也一定能去除樱桃汁的污渍，毕竟花和樱桃中都有植物色素。我把污渍润湿，然后放在一块燃烧的硫黄上方。为了使烟雾更直接地接触污渍，我用一个倒过来的小纸漏斗盖住硫黄，充当烟囱，看着那块污渍正好就在这个漏斗的出口处。片刻后或者再久一点，这微红的颜色就和同样放在硫上的玫瑰和紫罗兰的颜色一样，逐渐消失，变成了白色。现在我们只需要用清水冲洗变白的部分。有了这一预防措施，污渍就不会再出现了。这就是处理很难洗掉的红酒污渍的办法，并且所有红色果汁的水果罐头造成的污渍，比如葡萄、醋栗、草莓、桑葚、黑莓、覆盆子以及类似的水果，都可以用这个方法去除。

"让我们来看看另一个更有趣的应用。在经过所有可能的洗涤后，无论是丝绸还是羊毛，由于它们都是自然的状态，如果想要它们的光泽度不遭到破坏并展现出染色的纯度，完全漂白还是有必要的。无论是用来做草帽的麦秆还是用来做手套的皮都需要漂白。那么，为了让羊毛、丝绸、麦秆和毛皮变白，漂白它们原来淡黄的颜色，我们按照处理紫罗兰、玫瑰和樱桃渍的方法一样处理它们。先把它们微微弄湿，然后晾在一个紧密封闭的房间里，房间里的一只陶碗中有一把硫黄在燃烧。房间里变得充满了硫烟，一两天后，羊毛、丝绸和麦秆就会完全变成白色。"

第2节
硫黄的神奇用途

"硫黄也有许多其他用途，包括某些你们不常见的用途。它甚至可以用来扑灭火焰。没错，我的小朋友们，硫，一个本身极易燃的东西，可以掐灭火苗。"

"但是，"朱尔斯反驳，"这不就给火焰提供了更多燃料吗？还是最易燃的燃料之一。我不明白。"

"你很快就能明白了。火焰维持燃烧需要什么？两种东西——燃料和空气，它们都很重要。想象一团大火，如果我们切断它的空气供应，它就会迅速熄灭，比用水扑灭好，难道不是吗？如果我们不给它空气，而是换成不适合燃烧的气体，比如二氧化碳或氮气，火焰一刻都不会继续燃烧，不是吗？一支点燃的蜡烛，一旦没入其中任何一种气体，就会熄灭；即使是世界上烧得最旺的一束火焰，突然被类似的气体覆盖也会熄灭。"

"我明白了，如果我们在火焰上倒上纯氮气或二氧化碳气流，或者倒出所有气体完全包围燃烧的东西，火焰都会立刻被扑灭，但是我们做不到。"

　　"也不总是这样。露天状态下，我承认这几乎行不通；但是在烟囱里，就是另外一回事了。在那儿，火被限制在一个狭窄的通道里，空气只能通过两个开口进入，更可能是通过较低的那一个。在这种情况下，制造一种令人窒息的气体来代替本来进入烟囱的空气并非不可能。假设烟囱着火了。为了以最快的速度、最简单的方式扑灭火焰，必须用硫黄。任何不适合维持燃烧并且本身也不可燃的气体都会起作用，但是必须在短时间内获得大量的这种气体，而且要花费很少，不用任何仪器。氮气和二氧化碳在这里是不可能的，因为制造它们是一个困难、缓慢且代价昂贵的操作。然而，我们可以使用二氧化硫，因为在着火的烟囱下，如果我们在壁炉里燃烧的煤块上撒一把硫黄，可以很容易得到这种气体。没有其他气体能如此简单、迅速且大量地被制造出来。我们向壁炉里燃烧着的火炭上扔一大把硫黄，然后在壁炉的洞口挂上一块湿布，隔绝空气。硫黄烟雾穿过烟囱，排出空气，就能扑灭燃烧的油烟。"

　　"尽管如此，"埃米尔说，"用硫黄扑灭火看起来还是很反常。我根本想不到还有这种事的。"

　　"这种气体还有另一种用途值得一提。它与疾病及其治疗有关。我们把寄生在其他生物身上的各种小生物称为寄生虫，它们通常寄生在受害者的体表或体内。尽管高贵的天赋使人类成为创世主，但在这场吞噬者和被吞噬者之间的战争中，人类自己还是扮演着受害者的角色。就像樱桃和核桃有它们特有的害虫一样，人类也有寄生于体内的寄生虫。唉，例子不胜枚举，显然一般规律不受人类在创造领域上优越性的影响，也适用于人。

　　"像狮子和老虎，人类在它们的兽爪下，就像老鼠在猫爪下一样。除了这些强大而凶猛的动物，除了那些我们至少可以公然对抗的可怕物种，我们无法防备饥饿的昆虫族群，由于它们体型微小、数量庞大并且可以安全撤退，它们能够无视我们在自我保护上的努力，然后全身而退。首先是蚊子，它们带着有毒的柳叶刀，从血管里吸食我们的血，丝毫不怕报复，而且它们夜里在我们耳边唱着战歌，仿佛在嘲讽我们无用的怒火。这种战歌是昆虫靠近我们，在我们皮肤上寻找合适位置刺入柳叶刀时，发出的尖锐刺耳的嗡嗡声。"

"当那些可恶的蚊子，"埃米尔说，"在黑暗中对着我的耳朵唱它们该死的歌时，为了杀死它们，我打了自己不知道多少次！"

"还有虱子和跳蚤，前者攻击我们的头部，后者叮咬整个身体，引发瘙痒。它们像蚊子一样，以我们的血液为食；除非我们特别注意清洁卫生，否则，它们都能成功寄生。

"我再说说另一个小小的食人动物。它是一种微小的生物，一种肉眼几乎看不见的寄生虫，叫作疥螨，它挖出通道进入我们的皮肤，就像鼹鼠在地里挖洞一样。它的鼹鼠丘就是小丘疹或脓疱，会引起严重的瘙痒。这就是所谓的痒病的病因。"

"你说瘙痒是一种进入皮肤的寄生虫引起的吗？"朱尔斯问。

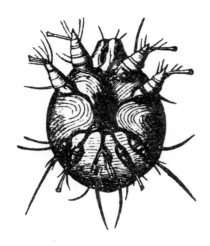

高倍放大下的疥螨

"是的，这种疾病仅仅通过接触就可以传播，所以寄生虫很容易从一个人传到另一个人，从感染者传到未感染者。"

"这个令人不停挠痒的讨厌的小生物，它长什么样子？"

"它看起来像一个小小的白色斑点，只有最锐利的双眼可以看到它。它是圆形的，有点儿容易让人想起乌龟。它有八条腿，前面两对，后面两对，都长着锋利坚硬的毛。它走路的时候伸出八条腿；但是当它休息的时候，它会把腿收进拱形的身体，就像乌龟把腿缩到壳下面一样。最后，它的嘴里长着锋利的钩子和尖尖的钳子。有了这些工具，它就能在皮肤上到处挖洞，开辟出长长的通道，来去自如，就像鼹鼠在地里一样。疥螨的学名意思是"切肉机"。你们想象一下，当它全副武装，朝各个方向大刀阔斧地开辟通道的时候，这人肉隧道会引起多么令人难以忍受的瘙痒啊。"

"别再说了，叔叔！"朱尔斯恳求道，"一想到它，我就想挠痒。"

"怎样才能消灭这种可恶的寄生虫呢？我们几乎看不见它，而且它生活在皮肤内部。想象一下，当它的数量上千的时候，试着抓住它。显然内服的药在这里没有任何用处。要治好病人只有一个药方，那就是杀死致病的生物。但是如何在它安全撤退时杀死它呢？这就是问题所在。当一只狐狸犯下太多的恶行，给邻近的养鸡场造成了严重的损失时，它被从洞穴里用烟熏出来，燃烧的硫黄使它在洞里无法呼吸，最后它被迫投降。对待疥螨也是如此。病人脱光衣服，被封闭在一种容器中，只把头留在外面呼吸，然后用硫蒸气填满容器。如果熏蒸得当，害虫被熏一次就够了：它会死亡，在逃跑撤退时窒息，病人就会痊愈。说实在的，每当点燃一根火柴产生的烟味挑逗我们的鼻子的时候，我们总是大声抱怨，但这种气体的贡献确实不小，我们应该感激才是。"

第 3 节

硫黄燃烧与催化剂

"为了给我们关于二氧化硫的讨论画上句号，我来告诉你们它最常见的用途之一。你们知道酒是怎么酿造的吧？我已经告诉过你们葡萄汁中的糖分是如何通过发酵变成酒精的。嗯，发酵的时间如果太长，酒就会一点点变酸，最后变成醋。为了防止它变质，我们必须及时中止发酵的过程，通过在即将装酒的木桶里燃烧硫黄来实现。由此产生的二氧化硫可以清洁酒桶，甚至可以进入木材，并在发酵过度之前阻止其继续发酵。这样一来，酒就不会变酸了。

"二氧化硫是硫在普通条件下燃烧形成的唯一化合物，这个过程你们已经见过了。但我还给你们讲过一种由硫制成的酸，它的含氧量比二氧化硫还要多。它叫硫酸（sulphuric acid）或矾油（oil of vitriol），我们用它分解水以获得氢气。那么，这种酸，这种拥有额外氧元素的硫的化合物，是怎么产生的呢？因为我们看到，不论我们给予燃烧的硫黄多少空气，最后也只能形成二氧化硫。

"我们采用间接的，比单纯的燃烧更有效的方法。正如你们所知，化合物中存在着某种富氧仓库，也就是说，在某种化合物中，我们发现氧气异常大量地聚集在一起，但并不稳定。有时一点热量就足以释放这些被囚禁的气体。这就是为什么，用几块燃烧的煤加热氯酸钾，可以为我们提供氧气。有些仓库中充满了氧气，很容易将一部分气体交给根本没有氧气或氧气不足的物质。硝酸，就属于这一类，它是一种非常有用的液体，可以氧化物质，或者给已经含有氧元素的物质再添加些氧元素。那么，如果将硝酸作用于二氧化硫，即未完全燃烧或氧化的硫，后者就可以从硝酸中吸收额外的氧气，并变成硫酸。许多大型工厂都在生产这种酸，因为这种酸可以应用于许多工业领域。这些工厂有喷着浓烟的高大烟囱和许多用来燃烧硫黄的熔炉。燃烧纯硫或富含硫的黄铁矿所产生的二氧化硫被导入巨大的铅室。铅室形状像我们的房间，在那里，二氧化硫遇见硝酸，硝酸为它释放出一部分氧气，然后二氧化硫很快就转变成硫酸。

"硫酸是一种沉重的液体，比水重得多，看起来像油，因此被称为矾油。纯硫酸是无色的，但通常情况下硫酸不纯，并且带着点轻微的褐色，与水混合后，会产生相当多的热量。我们在制备氢气时，硫酸和水的混合物会变得滚烫。锌燃烧或氧化时，会消耗水中的氧气，与热量的产生有很大关系；但硫酸和水的相互作用也与之有关。我们单独研究后一种过程。

"我小心地在这个只有一点水的杯子里倒入一些硫酸，并搅拌液体。混合物变得很热，几乎是滚烫的。把你们的手放在杯子上，自己感受一下。除了水和酸之间发生化合反应外，这种高温还意味着什么呢？它告诉我们硫酸有很强的与水结合的倾向。接下来是这种倾向的另一个证明。在玻璃杯里留下一指深的硫酸。几天时间过去后，我们会发现液体的体积明显增大，可能变成两指的深度，而不是一指的深度。这种增加是由于硫酸吸引周围大气中的水分并与之结合。当然，在吸收水分增加体积的过程中，其酸性也会变弱。因此，如果想要保持硫酸的酸性强度，我们应该把它放在一个封得严严实实的瓶子里。

"硫酸的脱水性是它最显著的特性之一。一切动植物主要由碳、氢和氧组成。那么，任何动物或植物与硫酸接触，后者就会立即抓住其中的氢和氧，制作成水并占为己有，只留下碳，就像火烧过一样。因此，所有的动植物在硫酸的作用下都被碳化了，也就是说，被还原成碳，所以人们会认为它们被火烧过。举个例子，这是一个松木片。我把它浸泡在硫酸中几分钟。你可以看到木头变黑了，它被还原为碳，即木炭。用火烧都没有这么快。"

第 4 节

魔法墨水

"现在我来做一个你们更感兴趣的实验。我往五六匙水里滴了一滴硫酸，别的什么都不做。它变成了像柠檬汁那样酸得不行的液体，尽管它看起来完全像纯水。我要用这种完全无色的液体作为书写墨水，非常黑的墨水。我拿的是鹅羽毛笔，而不是钢笔，因为钢笔会被酸腐蚀变色。我选用的纸是普通的白纸，没有经过任何特殊处理。现在，看！"

保罗叔叔从朱尔斯的作业本上撕下一张纸，用鹅羽毛蘸了蘸水和酸的混合物，就像他用清水写的字一样，写完之后什么都看不见。鹅羽毛笔留下的潮湿水迹一干，他就把纸给了孩子们。

"如果可以的话，"他们的叔叔说，"看我用我的化学墨水写的东西。"

纸在阳光下被仔仔细细检查了个透，先是这一面，然后是另一面，然后倒过来，再然后对着光，但还是什么也看不见，完全看不出字迹，甚至猜不出笔落在什么地方。

"你那黑黑的墨水一点也不黑，"埃米尔说，"我什么也看不见，哪怕一点点痕迹都没有。如果我没看见你写字，我可能会说这张纸从没被用过。"

"尽管如此，"他的叔叔向他保证，"看不见的东西将会变得可见。我把纸放在火前加热。看看会发生什么。"

像变魔术一样，一加热，白纸的白色背景上就出现了黑色的文字。有些是突然完整地出现的，而另一些则是支离破碎的，最后它们彼此连在一起，形成连续不断的线条，不一会儿就可以看到深黑的字：硫酸碳化。

"太棒了！"埃米尔看着自动形成的文字，叫道，"太好了！把你的魔法墨水给我，叔叔，我想给我的一个朋友看看。"

"魔法墨水你可以留着。酸已经被大量的水稀释了，即使是在像你这样不稳重的人手中，也不会有危险。现在我来解释一下让你们如此兴奋的字迹。纸是由植物制成的，类似用事先纺成线的棉花织成的布。由此，它含有碳、氢和氧。在炉子或明火的温度影响下，在笔书写过的地方，无色油墨中微量的硫酸吸引了氢和氧，把这两个元素变成水，硫酸侵吞了水分，只留下了变成清晰的黑色字迹的碳。这就是全部的奥秘。起初看不见的东西现在变成了深黑色，因为硫酸使纸上的碳暴露了出来。"

第 **5** 节

危 险 的 硫 酸

"我想，我刚才给你们看的一切，足以使你们明白这种硫酸有多么危险，它能轻而易举地把一切东西变成木炭，仿佛它不是酸，而是一团烈火。无论谁处理它，都应该非常小心。一滴硫酸滴在衣服上，先是一个红点，然后变成一个洞。如果一滴硫酸落在皮肤上，立即冲洗掉就没事，但如果任其发挥作用，会形成非常痛的伤口。然而，最怕这种液体的是眼睛。如果不立即用大量的清水把它冲走，哪怕是一点点飞溅的硫酸，也会导致最严重的后果。

　　"不过，这种危险的东西却经常应用于许多领域。制造商们发现了它最大的价值。我们的机织织物、各种皮革、玻璃、肥皂、蜡烛、染料、纸张、墨水——事实上，制造大量的日常生活用品都或多或少直接需要用到硫酸。我并不是说这种酸成为例如一块被单、一张纸、一块肥皂的构成成分，我的意思是，它在制作这床被单、这张纸和这块肥皂的过程中发挥了作用。硫酸是制造中必不可少的东西，是最强大的工具，推动了生产中的转化，没有那些转化，就没有这些制成品。

　　"以眼镜为例。它是由沙子和碳酸钠[1]（carbonate of soda）熔合而成的。大自然提供了可供使用的沙子，但我们必须制作碳酸钠。这是在硫酸钠（sulphate of soda）的帮助下完成的，而硫酸钠本身是通过使盐受到硫酸的作用而获得的。因此，虽然玻璃本身不含硫酸，但制造玻璃却需要硫酸，因为没有硫酸，就不能制造盐，不能给沙子提供碳酸钠，而只有沙子和碳酸钠结合在一起，才可以制造玻璃。在制作肥皂时，硫酸也起到了类似的作用，因为肥皂中也含有大量的碳酸钠。煤用来加热我们工厂的炉子，并产生蒸汽来使工厂的机器运转起来，而硫酸则用于进行重要的化学变化，这是现代制造工业中两个最有影响力的因素。"

---

1 碳酸钠（carbonate of soda）：俗名纯碱、碱灰、苏打（soda）。

24

氯气

导 读

王凤文

前面我们熟悉了"硫"及其主要化合物,知道了这个家族成员的强大势力以及其广泛的应用。今天我们将走进"氯"的王国,一个看似平凡却神通广大的"名门望族",去认识一下和氯有关的物质。

首先我们从熟知的食盐入手,食盐成分是氯化钠,只由"钠"和"氯"两种元素组成。今天我们就是要从食盐中分离出金属钠和氯气。

听到金属钠,埃米尔表现出极大兴致,可是在当时,保罗叔叔的实验室里却把"钠"视为奢侈品,不能满足孩子们的好奇心。由于金属钠性质比较活泼,要用电解熔融的氯化钠制备,价格也比较高昂。好在现在的中学实验室中,金属钠成了必备药品,我们有幸看到金属钠的"真容",并且能目睹金属钠与水反应的壮美景象。金属钠要在**煤油中密封保存**,以隔绝与水和空气的接触。用镊子从煤油中取出金属钠,用滤纸吸干表面的煤油,放在玻璃片上**可用小刀切割(质地较软)**,切开后可以看到银白色金属光泽,暴露在空气中瞬间就会被氧气氧化,从而失去金属光泽。钠的密度比水的还小,放入水中能浮在水面上,与水发生反应,迅速熔化成光亮的小球,在水面四处游动并发出咝咝的响声。如果所取用的金属钠稍大,就会看到燃烧甚至爆炸,生成的气体经检验确认为氢气,水中滴加酚酞试液会呈现美丽的红色。为了理解文中所述现象,我们把相关反应表示为:

$$钠 + 水 \longrightarrow 氢氧化钠 + 氢气$$

$$钠 + 氧气 \longrightarrow 氧化钠$$

$$钠 + 氧气 \xrightarrow{\text{点燃}} 过氧化钠$$

$$过氧化钠 + 水 \longrightarrow 氢氧化钠 + 氧气$$

亲爱的孩子们,记得千万不能用手或身体的任何一个部位去接触金属钠哦,反应生成的氢氧化钠这种强碱的腐蚀性可不是闹着玩的啊！从食盐中获得的金属钠竟然如此厉害。那么"氯气"是如何从食盐中得到的？又是怎样的一种物质呢？

快看，保罗叔叔已经着手实验了，保罗叔叔要在圆底烧瓶加入食盐和二氧化锰粉末，再加入浓硫酸，把烧瓶放在火盆上小火加热。这种氯气制备的原理可以表述为：

$$\text{氯化钠} + \text{硫酸（浓）} + \text{二氧化锰} \xrightarrow{\text{加热}} \text{硫酸锰} + \text{硫酸钠} + \text{氯气} + \text{水}$$

氯气是一种摸不着却看得见的气体，它的黄绿色外表不同于之前接触的任何气体，密度比空气的大，能溶于水，是具有刺激性气味的有毒气体。你的小伙伴埃米尔也许永远都不会忘记氯气带给他的感受了，好在他只是吸入了很少量的氯气。想知道氯气到底有多厉害？我们还是先学习一下中学化学中氯气的实验室制法吧。

反应原理为：

$$\text{盐酸} + \text{二氧化锰} \xrightarrow{\text{加热}} \text{氯化锰} + \text{氯气} + \text{水}$$

收集方法：氯气的密度比空气的大，可以用向上排空气的方法收集。

尾气处理：氯气有毒，为防止污染空气，多余的氯气要用氢氧化钠溶液吸收。

收集到的氯气究竟有哪些性质？普通墨水书写的作业纸弄湿之后字迹竟然"神秘消失"，打印的纸张上的字迹却安然无恙。紫罗兰和红玫瑰在它面前"黯然失色"！就连很难褪色的浅红色亚麻也不能幸免，可见其漂白性之强！之前所知的二氧化硫的漂白只能退居其次了。

孩子们注意，所谓的氯气的漂白原理是氯气和水反应生成的**次氯酸具有强氧化性，与有色物质发生化学反应而漂白**。干燥的氯气是不具备漂白性的。也不是所有的颜色都能漂白，比如打印字迹是碳粉，不会与次氯酸反应，因此就不会褪色。

次氯酸因具有强氧化性，也能用于杀菌消毒。城市自来水就曾经使用氯气做消毒剂。但是不论是用于漂白还是消毒，氯气的储运、使用都很不方便，因而工业上用氯气与碱反应的性质，制备漂白粉或"84"消毒液。反应为：

$$\text{氯气} + \text{氢氧化钙} \longrightarrow \text{氯化钙} + \text{次氯酸钙} + \text{水（制漂白粉）}$$

$$\text{氯气} + \text{氢氧化钠} \longrightarrow \text{氯化钠} + \text{次氯酸钠} + \text{水（84消毒液，又叫漂白液）}$$

漂白原理是次氯酸钙或次氯酸钠溶液与空气中的二氧化碳反应生成次氯酸。

第 **1** 节

分 离 食 盐

"我们不止一次谈到过盐，普通的食用盐，我已经告诉过你们，是由钠和氯，一种金属和非金属元素组成的。在化学语言中，盐是氯化钠（chlorin of sodium）。"

"你是不是要给我们看看钠？给我们看看它长什么样子？"埃米尔问，他刚听了一点儿关于这种金属的知识，就按捺不住自己的好奇心了。

"不，我年轻的朋友。钠，虽然在药店里并不罕见，但对于我们这个小村庄的实验室而言，却是一种过于昂贵的奢侈品，因此，我们只能听一听对它的描述。想象一下，一种像刚切开的铅一样闪闪发光的东西，十分柔软，手指一捏，它就会变形。事实上，它可以像蜡一样被塑形。把一块钠放在水里，它会浮在水面上，然后着火，并被火焰包裹着高速旋转。灰烬中所含的金属钾也一样，只是反应更加激烈。现在我们来了解一下为什么这两种金属有一接触水就会着火的奇特属性。

"水到底是由什么构成的？氧气和氢气。自从我们去过了铁匠铺，我们就知道，烧红的铁能分解水，吸收其中的氧气，释放出氢气。没有加热的铁和锌也可以用同样的方式分解水，并且用不到火，只需要添加硫酸来辅助这个过程就行。另外，钾和钠以及其他一些物质，尤其是石灰中的金属，或者说钙，放在水里比铁和锌更活跃。在不加热、没有硫酸或其他任何东西帮助的情况下，它们自行发挥作用，分解水，吸收其中的氧气，从而变成氧化物，然后释放出氢气。现在，氧气和金属结合，这种燃烧过程产生的热量足以点燃释放出来的氢气。这就解释了当金属在水面上旋转时，火焰包裹着它的原因。当火焰熄灭时，钾或钠就消失了，任何轻微可见的痕迹都没留下，但是溶解金属氧化物的水现在有一种火辣辣的味道和碱液的气味，而且它还能使以前因酸而变红的石蕊变回蓝色。

"虽然我没有钠可以给你们做示范，我至少可以让你们看看在食盐中与钠并列的元素，我可以给你们看氯，它比钠重要得多。要从盐中提取氯元素，就要使用硫酸，在化学领域的许多操作都要用到这种强大的试剂。在本次所举的例子中，酸的作用是侵吞金属，从而释放氯气。但为了与酸结合，钠必须首先转化为一种氧化物，然后转化成苏打，这就需要氧气。供应氧气的任务就交给二氧化锰，就是我们从盐中获取氧气时使用的黑色粉末。当时它的作用是调节盐的热量，从而使盐更容易分解。但是现在它的用途完全不同：它本身富含氧元素，它的任务是把其中的一部分让给钠，使钠转化成苏打，然后再和硫酸结合，形成硫酸钠。这一系列化合反应发生后，氯就会处于自由状态，不再受迄今为止与金属钠结合的束缚。

"这一操作所需的仪器与制备氧气时所使用的仪器是一样的。我在球形烧瓶里放了一把食盐和等量的二氧化锰。我把它们混合好，随意地洒上硫酸。然后，固定好管子，把球形烧瓶放在火盆上，以便接收火盆中少量燃烧的煤块散发出来的热量。一个非常温和的温度就足够了，甚至在温度还没有升高之前就已经开始有氯气被释放出来了。氯气是一种比空气重的气体，所以我们会像收集二氧化碳那样收集氯气，也就是说，我们将把球形烧瓶上的管子这样放，使它能够伸到我们打算用来储存氯气的大口的瓶子或广口瓶的底部。

"到目前为止，我们只研究过看不见的气体。空气、氮气、氧气、氢气、二氧化碳和一氧化碳都是看不见的气体，即使是最敏锐的眼睛，也看不见它们；而且大多数其他气体在这方面都有相似的特性，我们认为气体一类是看不见的。然而，现在我们有一种气体，它和其他气体一样不易察觉、不可捉摸，却可以很清楚地看到。它的可见性要归功于它淡淡的黄绿色。它的名字氯（chlorin），来自希腊语，意为绿色，就体现了这种品质。

"因为氯气拥有的这种淡淡的色彩，所以当气体在广口瓶底部聚集时，我们就可以观察到它。由于它比原来瓶子底部的气体更重，所以它沉到瓶子底部取代了那个较轻的气体，将它赶出了瓶子。看那儿！瓶底出现了一种微微泛黄的气体，气层的厚度逐渐增加，并从底部向上不断填满瓶子。黄色的气体是氯气；在它上面无色、看不见的是空气。几分钟后，可见的气层涨到瓶口，广口瓶里充满了氯气。"

广口瓶一装满，就被盖上了一块玻璃，然后用同样的方法另一个广口瓶也被装满了氯气。但是在操作过程中，有一点气体溜进了房间，也许是保罗叔叔故意这么做的，为的是让他的学生们知道吸入氯气是多么不舒服。特别是埃米尔他永远都不会忘记这次吸取的教训。正当空瓶子替换装满氯气的瓶子时，他恰好在仪器附近，一股强烈的气味吸入了鼻孔中，接着他开始咳嗽了起来，感冒和患百日咳都没有让他咳得这么厉害过。就这样，我们那粗枝大叶的小家伙咳了又咳，吐了又吐，吐完又咳，他试图摆脱那个令他窒息的东西，都无济于事。他需要叔叔的保证来平息他对这次事故后果的恐惧。

"这没什么，我年轻的朋友，几分钟后你的咳嗽就会好了。这是氯气引起的咳嗽，但幸运的是，只有一小部分被你吸进去了，而且这一小部分还混合着大量的空气，所以你闻到的可怕的气体比你咽下去的多。喝一杯冷水，有助于清清嗓子。"

咳嗽确实很快就减弱了，这次不幸的遭遇没有造成别的后果，只是受害者以后靠近氯气瓶时会更加小心。

"我的孩子，你现在过于谨慎了，"叔叔说，"闻一点氯气没什么好怕的，它甚至可能相当有益健康，特别是当空气被腐烂的东西污染的时候。可怕的是呼吸这种纯净的气体，并让它大量进入肺部，谁要是像我们把空气装进胸腔一样，用它装满胸腔，他只吸几口就会在可怕的痛苦中死去。"

"我也这么想，"埃米尔说，"我只闻了一口，就咳了好一阵。但奇怪的是，普通的盐竟然是由令人窒息的氯气和只要咬上一小口就会烧坏嘴巴的钠构成的！幸运的是，这两种可怕的东西在一起的时候变化很大，要不然我再也不敢在吃萝卜之前放盐了。"

"还有一件幸运的事，"他的叔叔接着说，"氯气从氯化钠中一分离出来，就又恢复了它的活性，而在工业的某些领域，这种活性可以给制造商带来很多利益。不过，我们只谈氯气的一种主要用途，那就是漂白。我把你们墨水瓶里的墨水倒进这个装满氯气的瓶子里，摇晃广口瓶，使气体作用于液体，很快就大功告成了。墨水，一开始是深黑色，现在变成了浅黄色并且看起来有点像浑浊的水。起初颜色很浓的液体现在几乎没有颜色了，氯气破坏了墨水的黑色。"

第 2 节

消 失 的 字 迹

"同样的事情，换一种表现方式会更令你们感兴趣。这是一张用普通墨水写过的纸，是从你的一本旧作业本里撕下来的。为了加速气体的化学反应，我用水把它弄湿，然后放在我们的第二罐氯气中。接下来我们看到的事情难道不令人称奇吗？字迹很快就消失了，纸就和以前一样白。我把纸从瓶子里拿出来，这样你们可以看得更仔细。好好看看，然后告诉我，你们能不能看到上面任何书写的痕迹。"

孩子们把那张纸仔细地检查了一遍，但一个字母也看不出来。这张纸看上去好像从来没有被用过，他们充其量只能看到钢笔在用力压过的地方偶然留下的划痕。

"字迹都消失了，"朱尔斯说，"这张纸跟新的一样。二氧化硫能做到吗？它能把紫罗兰和玫瑰都变白。"

"不，它不起作用。硫黄作为漂白剂效果太弱。在许多情况下，它没有效果，在这里，它也同样没什么影响力。相反，氯气的漂白力度很大，很少有染料能抵挡住它。在这方面，它是工业艺术领域已知的最有用的化学试剂。然而，在氯气的作用下，并不是所有的颜色都会褪色，第三个实验会向你们证明这一点。我从一本毫无价值的旧书上撕下一页，用普通的墨水在上面写字，甚至像个不会握笔的孩子一样乱涂乱画。墨水干了以后，我把纸稍微弄湿，然后把它放进氯气里。我写的字、我的墨迹像变了魔法一样消失了，但是印刷体仍然是黑色的。这页纸现在和刚印刷好时一样干净。我用墨水涂涂画画的痕迹已经被去掉了，但是印刷出来的字仍然十分清晰，它们在纸的白色背景上显得格外黑。氯气彻底改变了那张墨迹斑斑、难以辨认的书页，现在它看起来就像一本新书中的一页。"

"可是，"朱尔斯问，"为什么印刷的油墨保持原样，而墨水都被漂白了呢？"

"这是因为这两种墨水是由不同的材料制成的。打印机的墨水是由灯黑和亚麻籽油制成的。灯黑是碳的一种形式，因此是一种单质，只含有一种元素，不能被分解。现在，氯通过分解染料然后与其中一种元素氢结合来作用于染料。灯黑是碳，是不能分解的，它不能把氢元素给氯气，因为它根本没有氢元素，因此，它仍是灯黑，其黑色保持不变。然而，写字用的墨水就不是这样。墨水含有多种成分，通常由硫酸铁、五倍子和苏木制成。后两者属于植物王国，含有氯气想要的氢元素；而其中一个元素一旦被带走，颜色就会消失了。"

第 **3** 节

氯 气 的 漂 白 作 用

"氯作为漂白剂主要用于机织织物和纸张的生产制造中。我们的亚麻布和书写纸之所以洁白无瑕，全都归功于氯；所以，在用任何白纸书写或打印之前，或用任何白色棉布或亚麻布制作衬衫、手帕、窗帘和其他商品以及色彩华丽的印花之前，我们必须利用盐，或者，更确切地说，盐中的氯元素，我们在硫酸的帮助下可以制备出氯气，然后用作漂白剂。除了上述例子外，还有一个例子说明硫酸在我们的制造业中起着重要作用。

"麻和亚麻的天然颜色是浅红色的，而且颜色很牢固，只有反复洗涤之后才会消失，因此，亚麻被使用的时间越长，经过洗涤的次数越多，它就越白越软。为了使亚麻布尽可能的白，我们把它铺在修剪过的草地上，一放就是几个星期，白天阳光暴晒，晚上更深露重。长时间暴露在阳光和空气中，湿润和干燥的状态不断交替，最终削弱了浅红色的牢固程度，因此，随后的洗涤可以逐渐完全去除它。

"但是这种漂白方法起效非常缓慢，而且当它被用于大量的布料，并且长时间使用的话，是非常费钱的，因为它使相当大的一块土地无法生产。因此，在生产亚麻、大麻，特别是棉织品的工厂里，我们使用一种比太阳和露水更强大、起效更快的漂白剂；这种化学试剂就是氯气，你们刚才已经见识过它对墨水快速起效的样子。显然，有一种能以迅雷不及掩耳之势夺走墨水那么黑的颜色的气体，可以轻易去除破坏亚麻、棉花和大麻织物的淡红色。"

　　"羊毛和丝绸，"朱尔斯建议说，"也可以用氯气漂白，这个方法比燃烧硫黄要快得多。"

　　"但除了一个笨手笨脚的人，没有人会想去尝试它，哪怕片刻的想法都没有，"他的叔叔回答，"因为这种气体会攻击羊毛和丝绸，会很快把它们变成纸浆。"

　　"可你说棉、麻、丝都承受得住。"

　　"是的，但是它们对药剂作用的抗性是无与伦比的，这赋予了它们不可估量的价值。想想亚麻、棉花和大麻织物的许多用途以及它们受到的粗暴处理，用腐蚀性碱液和最强的肥皂反复洗涤、揉搓和拍打，并暴露在阳光、空气和雨水中。这是怎样一种材料啊！在经受用肥皂搓洗、阳光暴晒和风吹雨淋的粗暴处理后，即使周围腐烂了，它也完好无损，蔑视制造商的强大的药剂，在历经所有测试之后，反而比以前更白、更柔软。这种几乎坚不可摧的材料，就是我们所知的麻、亚麻、棉等植物的植物纤维，是同类中无与伦比的纤维。氯气能使用这种纤维制成的纺织品毫发无损，又能将它们漂白成精美的白色。而氯气却能破坏所有用动物纤维制成的织物，比如用羊毛制成的羊毛织物和用蚕茧制成的丝绸。

　　"氯气作为漂白剂的使用是如此普遍，以至于有许多工厂专门生产氯气。为了便于携带和使用，我们把它储存在石灰中，石灰可以自由地吸收氯气。这种化合物是一种像石灰的白色粉末，有着非常强烈刺鼻的气味。它被称为次氯酸钙[Ca（ClO）$_2$]（chlorid of lime），是真正的氯气仓库。每当需要强力的漂白剂时，我们通常都用它。"

第 **4** 节

氯 在 造 纸 中 的 作 用

　　"现在我必须告诉你在造纸中氯所起的作用。我们把自己的想法付诸写作，而没有想过生产我们用来书写的白纸所必需的诸多过程。几千年前，巴比伦和尼尼微的亚述人用尖头物体在未硬化的黏土砖上写字，然后放在烤炉中烘烤，以使文字永久存在。如果有人想寄一封信给朋友，那信和我们今天用来盖楼的砖头的重量和大小差不多。"

　　"那么多沉甸甸的信，"埃米尔说，"现代的邮递员会被压得走不动路的。"

　　"如果有人经过多年的阅读，"他的叔叔接着说，"想写一本书，比如说，关于那个时代值得纪念的事件的历史书，那本书会占满图书馆的所有书架，历史书的每一页都是一块烧制的砖。我们印刷一本书就需要足以盖一栋房子的砖块。由此你们可以判断出，在那个遥远的年代，即使是一个大图书馆，每一页书都那么大、那么笨重，阅读材料也一定相对较少。在尼尼微和巴比伦的遗址中，有一些古代砖书的遗物流传到今天，这些文学遗物已经被人们破译和翻译了。

　　"在那很久以后，在同一地区的东部人们开始使用另一种在我们看来非常奇怪的书写方式。削成笔尖的芦苇是书写工具，用烟灰在醋里搅拌而成的黑色液体是墨水，纸则是经过风吹日晒被漂白的骨头——羊又宽又平的肩胛骨。在这个东西上写出来的一捆作品，简而言之就是一本书，就是由一些用绳子捆在一起的骨头组成的。

　　"很久以前的欧洲，特别是在文明高度发达的希腊和罗马，人们习惯使用涂上一层薄薄的蜡的木板和一端锋利，另一端有一个宽扁头的带尖头工具进行书写。尖的一端用于在蜡上描字，平的一端用于擦除，使柔软的表面变平滑，以便再次书写。

"在所有的古代民族中，埃及人最早发明类似于现代纸张的东西。在尼罗河岸边茂盛地生长着一种芦苇，叫作纸莎草，其表面包裹着长条状又细又白的外皮。这些长条浸泡在充当胶水的泥泞河水中，然后并排排列，上面再铺上类似的一层长条，横向排列。用锤子敲打，压平压实，它就成了一张适合写字的纸。这里的笔还是带尖头的芦苇，墨水也是用烟灰制成的液体。我们的单词'纸'（paper）就是从单词'纸莎草'（papyrus）中得来的。

"纸莎草纸并不是像我们所熟悉的纸那样，被切成小小的矩形，有四四方方的角，而是被制成一个连续的长条，其长度随所写的文字量而变化。因此，一本纸莎草书都是一整张或一整条的，为了便于处理，它被卷在一个小木制圆筒上，末端被紧紧系牢。当我们读一本书的时候，我们一页一页地翻，并且纸页的两面都有印刷的字。古人则用另一种方法读书：他们一点一点地展开长条的纸莎草纸，纸上只有一面写着字。

"纸是中国人发明的。在公元9世纪，阿拉伯人把造纸术传播到了近东地区，但直到13世纪造纸术才在欧洲广泛使用。大约在1340年，第一批造纸厂在法国建立起来。像你们作业本上那些漂亮的白色纸张以及那些用来制作更昂贵的印刷书籍的纸张，都来自杂七杂八，我们看不上眼的东西。造纸方法如下：

　　碎布条和破烂的衣物被收集起来，有些是从街上的烂泥里捡来的，有些沾上了难以形容的污渍。它们被分类挑选出来，较好的用来做高级纸，较差的用来做粗纸。在经过一次强力清洗后，这些碎布被切成碎毛絮。这个过程要用到一个带有锋利刀片的圆筒，把它放在一个泡着破布的水槽中旋转。就这样，破布被撕成碎片，最后变成一种纸浆或半液体的灰色糊状物，必须彻底漂白，才能成为我们所熟悉的完美的白纸。在圆筒仍在运转时，向纸浆中加入由前面提到的次氯酸钙制成的氯的稀溶液。这是氯在造纸行业中的重要用途，即把破布浆漂白成纯洁无瑕的白色。

但是，在纸能用来写字之前，必须经过加工，让墨水不渗进纸张并四处扩散，以免使字迹难以辨认。为此，浆料或糊状物中必须加入一定量的树脂和淀粉制成的浆料。但是，如果纸张是用于印刷的，则无须进行这种加工。这就是为什么如果我们试着在书上写字，纸能无拘无束地吸收墨水。

用氯漂白、用树脂和淀粉处理的破布浆现在可以进行最后一步操作。它的细丝向各个方向纵横交错，它很快就会变成一张薄薄的纸。一台复杂到不可言喻的机器完成了造纸过程的最后一步。浆料在一层精细的丝网上不断筛动，较粗的颗粒被保留下来，较细的颗粒穿过金属丝网。第二层更细的丝网不断滚动，接住从第一层上落下的东西，留住纸浆，把水排出去。由于丝网轻微地左右摇晃，加快了水排出的速度。用这种方法，碎纸浆被摊成均匀的、薄薄的一层纸浆。这一层纸浆铺在丝网上，通过丝网向前移动，与一条宽宽的羊毛带接触，并紧贴在上面，通过这条带子，它被送到一个由蒸汽加热的中空圆筒处。在这个圆筒上，纸张变得又干又硬，然后在第二个圆筒上滚过，形成长度不定、连续的、宽宽的长条。只需几分钟，便可将槽内的半液态纸浆转变为可供使用的纸张。

"之后所要做的就是，将卷在最后一个圆筒上的纸切成我们所需大小。

"将来，无论什么时候，你们阅读印刷书籍或是在你们的作业本上写字时，请记住，纸张精美的白色归功于氯气，一种从普通食盐中制取出的气体。"

25

氮的化合物

导　读

王凤文

　　孩子们一定不会忘记空气中主要成分之一的氮气吧，那种"让火焰熄灭，让小鸟死亡"的气体，我们却没有理由恨它，因为它无时无刻不在我们身边，如果没有氮气稀释了氧气，我们的生活也无法正常进行。

　　我们还知道氮气的化学性质比较稳定，不容易与其他物质化合或发生化学反应，所以氮气始终与氧气相安无事，但是在某些特定条件下，依然会衍生出很多其他家族成员，比如硝酸、硝酸盐、氨气等，那么"氮"家族的其他成员，又各自有着怎样的"脾气"？它们与我们的生活又有怎样的关联？让我们今天一起来认识一下吧！

　　氨气性质：一种无色、具有刺激性的气体，这种刺激不同于氯气，氯气吸入后会让人止不住地咳嗽，那么闻氨气会让埃米尔产生怎样的感受呢？氨气的密度比空气的小，极易溶于水得到氨水，一体积水大约可以溶解700体积的氨气。

　　氨气的合成：合成氨是人类科学技术发展史上一项重大突破，解决了地球上因粮食不足而导致的饥饿和死亡问题。为什么这么说呢？19世纪以前，农业生产所需的氮肥，主要是动物粪便或腐败动植物，因为最早的氮肥主要从硝酸钾而来，就是文章中提到的方法，但是硝石的产量很低，并且还主要用于军事生产炸药。因此科学家们就开始着手研究利用空气中的氮气和氢气合成氨气。这个过程是曲折而又漫长的，经过众多科学家的不懈努力，终于找到了合成氨的工艺条件，"高温、高压、催化剂"这样苛刻的条件，可见氮气与氢气反应是很困难的。目前氨气或制成的铵盐是最常用的"氨态"氮肥，合成氨气的反应表述为：

$$\text{氮气} + \text{氢气} \xrightarrow[\text{催化剂}]{\text{高温高压}} \text{氨气}$$

氨气的实验室制法：如果想在实验室获得少量氨气，则可以利用实验室制备氧气的装置，把熟石灰氢氧化钙与氯化铵固体粉末混合加热。

$$氢氧化钙＋氯化铵 \longrightarrow 氯化钙＋氨气＋水$$

氨气的收集不能用排水法，可以用向下排空气的方法收集。

氨水：是氨气溶于水所得溶液，其中氨气与水发生化学反应，生成一水合氨，是一种弱碱，遇酚酞能变成红色，遇紫罗兰和其他蓝色的花变成绿色。实际生活中利用其弱碱性，稀氨水可以涂抹在蚊虫叮咬后的皮肤上，达到去痛止痒的作用，或者用于衣物去油污（但是因其有腐蚀性，现在并不常用）。挥发产生的刺鼻氨气还可以在于粮食储存过程中用于防虫等。

硝酸的制备：在文章中，保罗叔叔所讲的用硫酸和硝石制备硝酸的方法一般只用在实验室中，工业大量制备硝酸的方法是什么呢？孩子们可能听说过"雷雨发庄稼"的说法。但是你知道其中蕴含什么样的道理吗？原来空气中的氮气和氧气能够在雷电（或放电）的条件下化合生成一氧化氮。一氧化氮可以和氧气继续化合生成二氧化氮，二氧化氮是一种红棕色的气体，可以和水反应生成硝酸，具体反应为：

$$氮气＋氧气 \xrightarrow{放电} 一氧化氮$$

$$一氧化氮＋氧气 \longrightarrow 二氧化氮$$

$$二氧化氮＋水 \longrightarrow 硝酸＋一氧化氮$$

通过上述反应，生成的硝酸就可以和土壤中的金属离子形成硝酸盐，为植物补充"硝态"氮肥，促进植物生长，提高粮食产量。

但实际工业生产硝酸是以氨气为原料，在催化剂并且加热的条件下与氧气反应：

$$氨气＋氧气 \longrightarrow 一氧化氮＋水$$

硝酸的性质：硝酸有着和硫酸类似的强酸性和强腐蚀性，同时，受热或光照都能分解，因而硝酸要避光密封低温存放。硝酸的氧化性比硫酸的更强烈，能够和铜和银等不活泼金属发生反应。比如铜和硝酸反应表现为金属溶解，溶液温度上升，生成红棕色的气体，溶液变成蓝色等现象。

$$铜＋硝酸 \longrightarrow 硝酸铜＋氮氧化物＋水$$

第1节

硝酸的制作方法

"在地下室、酒窖和类似场所潮湿的墙上，我们经常可以看到一种白色的绒毛，类似于最细小的绒羽。可以想象一下石头上覆盖着柔软的羊毛时的样子。我们已经提及过这层奇怪的东西，并且朱尔斯曾告诉我们，他是如何用羽毛刷过潮湿的墙壁，收集到一些这种材料的，一旦它被扔到燃烧的煤上，就会立刻引起一股熊熊烈焰。它的俗称是硝石（saltpeter），意思是石盐或岩石盐，因为这种含盐的物质是在我们建筑物的石头表面、洞穴或地下室的岩石表面发现的。化学上称之为'硝酸钾'（nitrate of potash），这个名字表明它是由硝酸（nitric acid）和钾盐（potash）组成的。这是一个容易获得氧气的仓库，这就解释了为什么当被扔到燃烧的煤上时，硝石会使煤立刻迸发出火焰。正是从硝石中释放出来的氧气导致了这个结果。

"人类能够通过正确的方法制造，也就是说，通过将必要的元素结合在一起，得到各种各样的酸——硫酸、亚硫酸、碳酸、磷酸等。其中亚硫酸、碳酸、磷酸制法简单，只要燃烧硫、碳、磷即可得到。制造硫酸要更难些，需要经历一个比简单的燃烧更复杂的过程。然而，它确实能够被制造出来，并且可以大量制取。但是硝酸是一种完全不同的物质，它的形成非常的困难，以至于化学家还没有成功地通过直接结合氧气和氮气来获得它，因为氮几乎没有与其他元素结合的倾向。它是一种惰性气体，一种不活泼的元素，排斥所有的化合反应。我们有明确的证据，每天都在我们的炉子、炉灶和炉栅里上演。在燃烧的燃料中心，温度很高，不断地有大气气流在流动，这股气流是氧气和氮气的混合物；然而，尽管温度很高，后一种气体既不燃烧，也不和它的同伴氧气结合，从火堆里出来时和进去时一样。简而言之，它不能进行普通字面意义上的燃烧。

"然而，无论是化学的技巧还是炉子的高温都做不到的事情，大自然通过我们无法观察到的微妙过程，在不使用任何火的情况下，慢慢悠悠，悄然完成。在潮湿石头的多孔物质中，氮气与氧气结合产生硝酸，硝酸在石墙中发现了一点钾，因此与之结合形成了硝石。用石墙或者别的什么地方的硝石，我们可以制作硝酸。方法非常简单，我们所要做的就是用强酸把硝酸从这个化合物中赶出来。适用于碳酸的残酷法则，在这里也同样适用，'滚出去，给我腾个地方'，更强壮的入侵者说。硫酸，大多数化学反应中不可或缺的辅助剂，可以完成这种置换。将其加入硝石中，然后整个儿加热。硝酸从原来的位置移开，以气体的形式逸出并被收集在一个阴凉的容器中，在那里它冷凝成液体，现在我们得到了硝酸。"

第 2 节

硝 酸 的 性 质

"所以，在这里，两种气体（氧气和氮气）化合在了一起，当它们单纯是一种机械的混合物时，则构成我们呼吸的空气。如果你还不清楚混合物和化合物之间的巨大差别，一个鲜明的例子可以说明这种差别。我们呼吸的空气和硝石形成的可怕的酸都含有相同的两种成分。我说'可怕的酸'，这个形容词是非常恰当的。事实上，硝酸的作用非常强烈，以至于我们常说它是王水。一滴硝酸落在皮肤上会立即产生一个黄色的斑点，最后那块皮肤就会被烧穿，变成死皮脱落。如果酸保存在用软木塞封住的瓶子中，它会迅速腐蚀软木塞，并将其变成黄色的浆水。

"金属本身，即使是最坚硬的金属，也会被硝酸腐蚀。这种液体是一个真正的氧气仓库，里面含有大量的氧气，并能自由地产生氧气。因此，它会腐蚀或灼烧所接触到的大多数物质。由于富含氧气，它会引起一种燃烧过程，所造成的结果有时与普通燃烧的结果相同。虽然我们看不到火，也看不到火焰爆发，但它确实相当于燃烧，因为氧气和被攻击的物质进行了化合反应，温度也随之显著上升。

"让我们举几个金属被腐蚀的例子。我往铁屑上倒了点硝酸。浓艳的红色蒸气立即升起，同时伴随着非常明显的声响，然后混合物不断变热。过了一会儿，铁就烧光了，变成了铁锈。我用同样的方法处理这个用来包裹巧克力蛋糕的锡箔纸，我们看到了同样的红色蒸气，听到了同样的声响，感觉到了同样上升的温度。锡变成了白浆。现在它是烧焦的锡，生锈的锡，氧化的锡。我用铜重复这个实验，结果也一样，只是铜锈一形成，就溶解在了酸中，并产生一种蓝绿色的液体。但也有一些金属不受硝酸的影响，其中一个是黄金，它从不生锈。这是一片镀金用的金箔，薄得连一丝空气都可以吹走它。好吧，这片轻薄的金叶子放在酸里，没有任何反应。它仍保持着它的光泽，并将永远保持下去。即使把酸加热到沸点，黄金也不会被腐蚀。我要顺便说一下，这是金匠用来区分这种珍贵的金属和铜的实验，它们在外观上非常相似。铜会被硝酸腐蚀，而黄金则不受其影响。

"金属雕刻师也考虑到了硝酸的这种特性。比如，当他们想雕刻一个铜板时，他们先用熔化的蜡给它涂上一层不透水的涂层。然后，在这层涂层上，他们按照要复制的图案，用一个细尖的工具除去蜡，以便将金属裸露在他们希望被腐蚀的地方。之后，他们把稀硝酸倒在准备好的盘子上。铜受蜡层保护的地方，不会受到任何影响，但与酸接触的部分，就会被犁出一条沟。一旦人们认为酸已经完成了它的使命，就去除蜡层，腐蚀性酸在金属上切割出的图案就显现出来了。

"关于硝酸，我要讲的就这么多。现在让我们简单地研究一下它的化合物，即硝石或硝酸钾。"

第 **3** 节

黑 火 药

"硝石的主要用途是制造火药，这种火药是由硫、碳和硝石按适当比例混合而成的。所以你们可以看到，火药中有两种高度易燃的物质，硫和碳，还有第三种物质，硝石，它在分解时提供了大量的氧气。因此，一旦火药被点燃，硝石就会肆无忌惮地释放出氧气，从而燃烧硫和碳，硫和碳最后被迅速转化为气体。这样产生的气体量是巨大的。如果任其自由膨胀到最大体积，它的体积将是装着火药、形成气体的空间的150倍。然后，由于被限制在一个对它来说太小的空间里，这种气体使出浑身解数，以极大的力量把子弹、球或任何阻碍它前进的东西推开，就像一个弹簧被强行压下时，会对任何把它固定在那个位置的东西施加巨大的推力一样。

"我们现在必须认识一下另一种氮的化合物，也是最重要的一种，特别是在农业上。这个瓶子里有一种液体，看起来和水一模一样。然而，我不建议你们把打开的瓶口靠近鼻子，因为你们的嗅觉会受到很大的刺激，但是可以把湿润的软木塞拿出来，轻轻地闻一闻。现在你们能告诉我这是什么吗？"

"呸！"埃米尔极其小心地闻了闻瓶塞的味道后叫道，自从他接触氯气以来，他对所有的化学气味都非常不信任，"天啊，好痛！它爬上鼻子，让人感觉好像被很多锋利的小针扎过一样。"他揉了揉眼睛，虽然他一点也不想哭，眼里的泪水还是不受控制地冒出来。他把软木塞递给朱尔斯，朱尔斯立刻闻到了液体的气味。

"啊，那一定是氨水。"他说。

"这是裁缝前几天为了去掉油渍，清洗旧外套领子用的东西。我一闻到就知道了。另外，这种东西会让人流眼泪，当我离裁缝的氨水太近的时候，就是这样的。它在一个杯子里，与水混合在一起。大概一两分钟，我的眼睛就都红了，然后泪如泉涌。"

"你说得很对，"他的叔叔回应，"我给你们展示的瓶子里装的确实是氨水。它也被称为'挥发性碱'和'鹿角酒'，但'氨水'是常用名称。它所具有的一个实用的特性就是与油脂结合，形成一种可溶性的化合物，可以通过洗涤去除。这就是为什么我们用它来清洗沾有油渍的衣服。我们先用一把小硬刷，把稀释的氨水刷到脏的地方，然后用清水简单地洗一下，就可以把油脂洗掉。这就是你看裁缝做的事。

"这种清洁液的成分是溶有大量称为氨气的特殊气体的水。这种溶液就是氨水或挥发性碱或鹿角酒，其有效成分是我刚才提到的那个气体。"

第 **4** 节

氨 水 和 氨 气

"那么氨水和氨气是两个不同的东西？"朱尔斯问。

"是的，它们互不相同。氨气是一种无形无色气体，能刺痛鼻子并使人流泪；但当我们单纯地说氨水时，我们通常指的是通过将大量氨气溶解在水中制成的液体，它有其独特的性质。我给你们看的这个瓶子里是储存了极大体积氨气的水。我说极大体积，是因为在1升的水中含有600多升的氨气，这两种东西合在一起形成大约1升的液体。从这个满满当当的仓库里，气体会逐渐逸出，这就是为什么会有那么强烈的气味，让人热泪盈眶。如果气体逸出速度很快，就像我们加热液体一样，它刺鼻的气味会叫我们难以承受。"

"它会让我们所有人都痛哭流涕，"埃米尔补充说，"氯气是使我们咳嗽的气体，氨气是使我们哭泣的气体。每种气体都有自己的小把戏。"

"说得好，"他叔叔很是赞同，"氨气强烈地作用于眼睛，使眼睛变红并充满泪水。这种特性，加上刺鼻的气味，使我们很容易察觉到这种气体化合物的存在。

"为了制取氨气，我们加热使某些价值不大的动物产品直到变红，例如旧的羊毛布、头发、骨头和皮屑；而在分解产生的气体产物中，我们想要的只是氨气。只需要将它溶解在水中就可以进行收集。从煤中获取照明气体的过程也可以产生氨气。粗煤气经由水变得纯净，水则在气体通过时，拘留了氨气，最终获得了大丰收。

"氨气是由氮气和氢气组成的。由于氮不愿意与其他元素结合，因此任何把两种气体直接结合产生这种化合物的过程都和直接产生硝酸一样困难。化学仍然不能用这种直接的方法制造氨气，而且我们对它能否制造出如此大量的氨气仍然存疑。从农民的角度来看，这种无能为力非常令人遗憾，因为虽然氨气对你们来说仅仅是一种很好的脏衣服清洁剂，但是它在我们的田地和花园中发挥着最重要的作用，它帮助庄稼生长，为我们日常的面包做出了巨大的贡献。所有的生命形式，无论是植物还是动物，都含有氮元素。当它们死后，通过腐烂的过程把它们的元素还给了无机世界。它们的碳散布在二氧化碳中，氢散布在水中，氮散布在氨气中。但所有这些腐败的产物又被植物吸收，二氧化碳提供碳，水提供氢，氨气提供氮，而氧无处不在。我们的面包、蔬菜和各种水果都是植物将这四种元素集齐后制造出来的。在植物中发现的相同的原料，在动物体内经过改造后，变成了肉、牛奶、羊毛或其他有用的产品。简言之，氮元素，必须通过植物才能进入动物体内；为了进入植物，无机物的世界必须为植物供应它的化合物——氨气。我们现在明白了为什么谷仓的粪肥在农业上是十分宝贵的肥料，因为它是氨气的丰富来源。

"关于溶解在水中的氨气，再多说几句。这种溶液，即氨水或挥发性碱，是一种无色液体，具有与气体本身相同的刺鼻气味。它有着和石灰及钾盐一样的灼烧的味道。而且它们还有别的相似性，因为氨水有一种特殊的属性，能把遇酸变成红色的石蕊溶液变回原来的蓝色。碳酸钾、苏打或石灰使石蕊恢复蓝色时，并不比氨水做得更好、更快。我们知道石灰能把紫罗兰和其他蓝色的花变成绿色。氨水也能使它们变绿，无论是从它们原本蓝色变绿，还是在它们被酸染红之后变绿，都可以实现。

"氨水的用途很多。我们曾说过它是一种清洁剂，可以去除油渍，但应该补充一句，它也会作用于我们衣服上的色素，使浅色度的衣物变色。因此，它只能用于深色，或颜色牢固，能够抵抗这种强大的清洁剂作用的衣料。在此，我来告诉你们可能有一天对你们有用的事情。那些从事化学实验的人经常把酸洒在衣服上。深色的布料通常会因此变红；但在红色的地方滴一滴氨水，就会使它消失，恢复到与原来非常接近的颜色。

"氨水也被用来抵消毒刺的影响，如蝎子、黄蜂或蜜蜂的毒刺，甚至可以防止毒蛇咬伤造成更严重的后果。往小伤口里滴一滴氨水，如果足够及时，它通常会预先阻止毒性发作。

"最后，氨被发现存在于各种各样的盐中，是所有植物和蔬菜最重要的食物，为它们提供了充足的氮元素。因此，它对农业来说具有很大的价值。而且由于腐烂过程中的肥料很容易释放氨气，所以显然这种肥料对耕种的土地非常有益。同时，如今对含钾、磷酸和氨的人造肥料的需求量都很大。"